实用岩土工程施工新技术
(2022)

雷　斌　王志权　杨　静　赵建国　李洪勋　著

中国建筑工业出版社

图书在版编目（CIP）数据

实用岩土工程施工新技术.2022/雷斌等著. —北京：中国建筑工业出版社，2021.11
ISBN 978-7-112-26676-0

Ⅰ.①实… Ⅱ.①雷… Ⅲ.①岩土工程-工程施工 Ⅳ.①TU4

中国版本图书馆CIP数据核字（2021）第208442号

本书主要介绍岩土工程实践中应用的创新技术，对每一项新技术从背景现状、工艺特点、工艺原理、适用范围、工艺流程、操作要点、设备配套、质量控制、安全措施等方面予以全面综合阐述。全书共分为8章，包括灌注桩施工新技术、灌注桩二次清孔施工新技术、基坑支护施工新技术、逆作法结构柱定位新技术、潜孔锤钻进施工新技术、桩基检测施工新技术、灌注桩孔内事故处理新技术、绿色施工新技术。

本书适合岩土工程设计、施工、科研、管理人员学习参考。

责任编辑：杨 允
责任校对：张惠雯

实用岩土工程施工新技术（2022）
雷 斌 王志权 杨 静 赵建国 李洪勋 著

*

中国建筑工业出版社出版、发行（北京海淀三里河路9号）
各地新华书店、建筑书店经销
霸州市顺浩图文科技发展有限公司制版
北京君升印刷有限公司印刷

*

开本：787毫米×1092毫米 1/16 印张：17¼ 字数：424千字
2021年11月第一版 2021年11月第一次印刷
定价：**68.00**元
ISBN 978-7-112-26676-0
（38027）

前　　言

2009年，作者开始工法编制工作，2010年获得第一项市级工法证书，至2021年底累计获工法证书突破100项，这得益于深圳工勘集团的大力支持和创新工作室研发人员的共同努力。

十多年来，雷斌创新工作室不忘初心，始终致力于岩土工程施工技术的研发，取得了丰硕的科研成果。同时，不懈探索岩土工程科研的组织机制和创新实践形式，形成了一套具有工勘特色的科研创新模式，主要体现在以下几个方面：一是建立高管引路、骨干支撑、新人辈出的创新组织模式；二是培育“创新工作室＋技术中心＋专业部门＋技术人员”的金字塔式创新群体；三是选择以工法为抓手的全成果链创新发展模式；四是形成全员参与、以老带新、全过程监管的创新活动形式；五是始终坚持“出成果、出人才、出效益”协调并进、长远发展的良性循环发展道路；六是形成不断完善的创新考核、激励机制。通过持续的科研创新活动，工勘集团行业知名度全面提升、市场竞争力显著加强、人才素质不断提高、创新效益稳步改善、综合实力持续增强。雷斌创新工作室作为科研活动的平台，成为公司广大技术工作者的创新舞台，为公司岩土施工技术的进步发挥了积极的引领和促进作用，推动了岩土施工新技术的发展。雷斌创新工作室先后于2019年被广东省住房和城乡建设工会委员会命名为“劳模和工匠人才创新工作室”、2020年被广东省总工会命名为“广东省劳模和工匠人才创新工作室”。

2021年，雷斌创新工作室共立项科研课题46项、完成40项，现将完成的系列成果汇编为《实用岩土工程施工新技术（2022）》。本书共包括8章，每章的每一节均为一项新技术，每节从背景现状、工艺特点、适用范围、工艺原理、工艺流程、操作要点、设备配套、质量控制、安全措施等方面予以综合阐述。第1章介绍灌注桩施工新技术，包括抗拔桩嵌岩段孔壁泥皮旋挖伸缩钻头清刷施工技术、超厚覆盖层大直径嵌岩桩钻进与清孔双反循环成桩技术、旋挖钻筒三角锥辅助出渣降噪施工技术、长螺旋钻进糊钻粘泥自动清除技术；第2章介绍灌注桩二次清孔施工新技术，包括超深灌注桩强力涡轮渣浆泵反循环二次清孔技术、超深桩气举反循环二次清孔循环接头弯管系统及清孔技术；第3章介绍基坑支护施工新技术，包括基坑支护锚索渗漏双液封闭注浆堵漏施工技术、基坑支撑梁混凝土垫层与沥青组合脱模施工技术、大面积深基坑三级梯次联合支护施工技术；第4章介绍逆作法结构柱定位新技术，包括基坑逆作法钢管结构柱与工具柱同心同轴对接技术、逆作法大直径钢管结构柱“三线一角”综合定位施工技术、基坑逆作法钢管结构柱装配式平台灌注混凝土施工技术；第5章介绍潜孔锤钻进施工新技术，包括松散填石边坡锚索偏心潜孔锤全套管跟管成锚综合施工技术、地下连续墙硬岩套管管靴超前环钻与潜孔锤跟管双动力钻凿技术；第6章介绍桩基检测施工新技术，包括预应力管桩免焊反力钢盘抗拔静载试验技术、基坑逆作法灌注桩深空孔多根声测管笼架吊装定位技术；第7章介绍灌注桩孔内事故处理新技术，包括灌注桩回转钻进孔内掉钻磁卡式打捞技术、灌注桩导管堵管振动起拔处理技术；第8章介绍绿色施工新技术，包括洗车池污泥废水一站式绿色循环利用技术、基坑土洗滤压榨残留泥渣模块化自动固化台模振压制砖技术、施工现场零散工字钢自动成捆技术、施工现场零散钢管自动成捆技术。

《实用岩土工程施工新技术》系列丛书出版以来，得到广大岩土工程技术人员的支持和厚爱，感谢关心、支持本书的所有新老朋友！限于作者的水平和能力，书中不足在所难免，将以感激的心情诚恳接受读者批评和建议。

雷　斌

于广东深圳工勘大厦

目　　录

第1章　灌注桩施工新技术

1.1　抗拔桩嵌岩段孔壁泥皮旋挖伸缩钻头清刷施工技术

1.1.1　引言

当建筑物上部结构荷重不能平衡地下水浮力时，结构的整体或局部会受到向上浮力的作用，如建筑物的地下室结构、地下大型水池、污水处理厂的地下生化池等，为确保建（构）筑物的使用安全，通常设计基础抗拔桩，抗拔桩一般依靠桩身与土层或岩层的摩擦力产生竖向抗拔力。当桩端嵌入岩层时，摩擦力主要由嵌岩段提供。

目前，灌注桩通常采用旋挖钻机成孔，钻进过程中采用泥浆护壁；为确保孔壁稳定，泥浆相对密度维持在1.10～1.20。护壁泥浆一般由膨润土、纯碱、水及添加剂按比例配制，钻进过程中泥浆在孔壁形成一定厚度的泥皮，泥皮吸附在孔壁上可提高孔壁稳定性。但对于抗拔桩而言，泥皮的存在相当于在桩身与孔壁间添加了一层润滑剂，一定程度上使抗拔桩抗拔力降低。

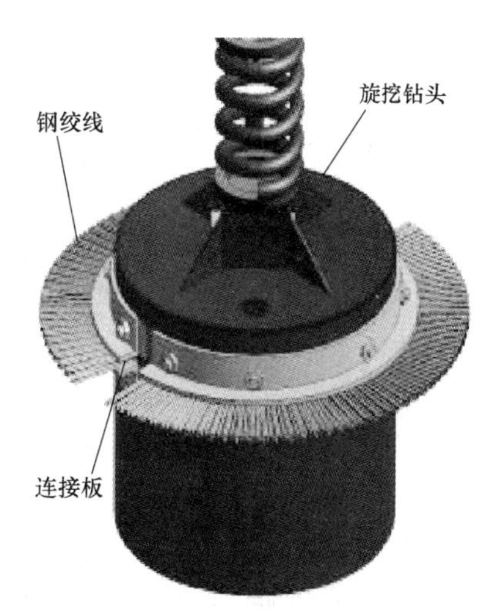

图1.1-1　旋挖固定式刷壁钻头

为了改善泥皮对嵌岩段孔壁的附着影响，有的项目在旋挖钻头筒身上安置钢刷，对孔壁入岩段进行刷壁操作，刷壁钻头见图1.1-1；但由于钢刷为固定式安装，其从孔口深入至孔底的过程中会对通长孔壁进行不同程度的刷壁操作，对土层段的刷壁会产生较多的泥渣掉落堆积在孔底。还有的项目使用可收缩排刷钻头刷壁，刷壁钻头见图1.1-2，由于排刷设置较复

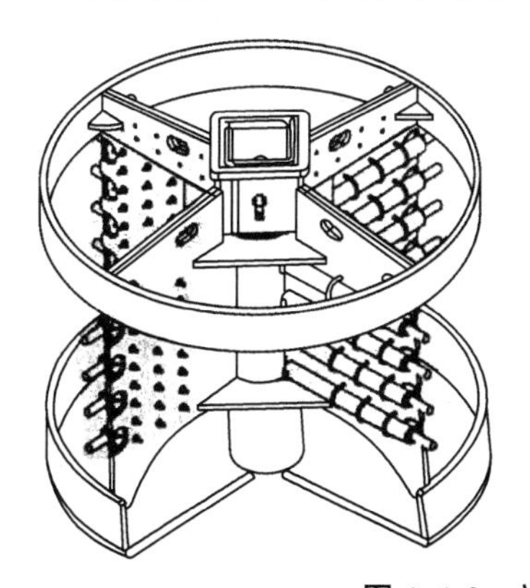
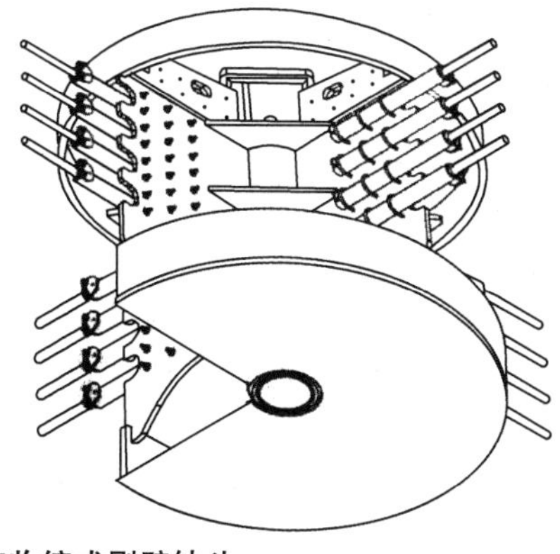
图1.1-2　旋挖收缩式刷壁钻头

杂，钻头打开、合拢往往较困难，且受排刷安装高度位置的影响，其对孔底段的部分岩段无法实施有效刷壁，从而影响对岩层段的刷壁效果。

针对上述问题，我公司研究发明了一种桩孔内岩壁泥皮的清刷钻头，并应用于前海嘉里（T102-0261 宗地）项目土石方、基坑支护及桩基础工程施工中，通过安装在旋挖钻头底部刷头的伸出、收缩，实现刷壁器对嵌岩段孔壁泥皮的有效清除，同时避免了刷壁钻头对土层段孔壁的清刷扰动影响，从而达到保证抗拔桩成桩质量的目的，有效提高了抗拔力。

1.1.2　工艺特点

1. 刷壁钻头操作便利

旋挖伸缩刷壁钻头分筒身、刷壁器两部分，在车间加工制作完成后运送至施工现场安装，其与通常的旋挖钻头安装、钻进操作相同，现场使用便利。

2. 有效提升抗拔桩质量

本工艺所研发的刷壁器具有“自动”伸出、收缩功能，仅针对嵌岩段孔壁泥皮进行有效清除，可避免刷壁钻头对土层段孔壁产生扰动，有效提升了抗拔桩嵌岩段的抗拔力，成桩质量更有保证。

3. 有效控制成本

本工艺通过采用旋挖伸缩刷壁钻头，有效去除了抗拔桩嵌岩段孔壁上附着的泥皮，可避免常规采用加大抗拔桩直径或增加入岩深度来保证桩身抗拔力，既加快了施工进度，又能提高抗拔力，有效降低了施工成本。

1.1.3　适用范围

适用于采用旋挖钻机钻进的直径 ϕ800～ϕ1200mm 的抗拔桩施工。

1.1.4　工艺原理

1. 刷壁钻头设计技术路线

考虑到刷壁器要实现对嵌岩段孔壁的刷壁操作，则刷壁器的刷头伸出时的直径需略大于桩孔设计直径；同时，刷头直径又要小于桩孔直径，这样方可实现刷头随钻头下放过程中与土层段无接触。因此，刷壁器刷头应具有伸缩开合的功能。

为了实现此功能，设想利用摩擦力、作用力和反作用力的原理，研制出一种具有伸缩功能的刷壁钻头；考虑到张、合是完全相反的两个动作，则可通过钻头顺时针旋转、逆时针旋转的操作，完成刷壁器的张开、收缩，实现刷壁器的使用功效。

2. 刷壁钻头结构

伸缩刷壁器安装在旋挖钻头筒身的底部，刷壁器由底板、限位挡板、刷头三部分组成，具体见图 1.1-3、图 1.1-4，以直径 ϕ800mm 抗拔桩刷壁钻头为例说明。

（1）旋挖钻头筒身

筒身主要起连接作用，通过其顶部接头与旋挖钻机钻杆连接，底部与刷壁器底板焊接。筒身为圆柱状，是刷壁器与钻杆的中间连接部分，其由切除旋挖钻筒底部改造而成；筒身直径与刷壁钻孔的直径一致或略小，筒身长度与通常采用的旋挖钻头的长度一致，一般长约 1.2m。具体见图 1.1-5。

图 1.1-3 刷壁钻头实物

图 1.1-4 伸缩刷壁器结构

（2）刷壁器底板

刷壁器底板的作用主要是将限位挡板、刷头等集成于一体，形成伸缩刷壁器整体。底板与钻头焊接，使伸缩刷壁器固定于钻头底部，由钻杆带动下放至桩孔底进行刷壁施工操作。底板由 3cm 厚钢板制成，直径为 ϕ800mm，底板上刻有 3 道限位挡板安装凹槽，凹槽深 3mm，宽度 30mm，3 道凹槽相交形成的等边三角形中心点与底板圆心重合。底板正中间开设 ϕ150mm 泄压孔，距离底板圆心 250mm 处按照限位挡板安装凹槽位置均布 3 个刷头安装孔，直径 ϕ100mm，用于后续安装刷头。底板三维图见图 1.1-6。

图 1.1-5 筒身与刷壁器连接

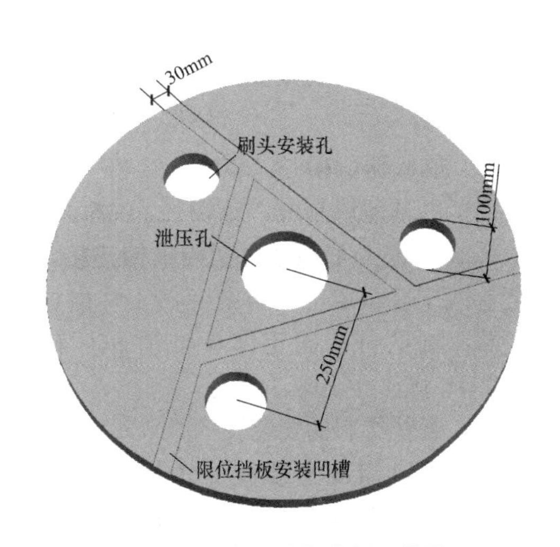

图 1.1-6 刷壁器底板三维图

（3）刷壁器限位挡板

刷壁器限位挡板主要作用在于刷壁器孔底刷壁时，限位挡板对刷头形成转动限制，以此实现刷头伸出、收缩的功能。限位挡板为形状规则的扁平状长方体钢块，由 28mm 厚钢板制成，长 560mm、高 140mm，置入底板凹槽并牢固焊接，底板上安装限位挡板见图 1.1-7。

图 1.1-7　底板上安装限位挡板

（4）刷壁器刷头

刷头的作用主要是由刷柄带动钢丝绳刷对岩层孔壁进行泥皮清刷，刷头由刷柄和钢丝绳刷毛组成，具体见图 1.1-8。

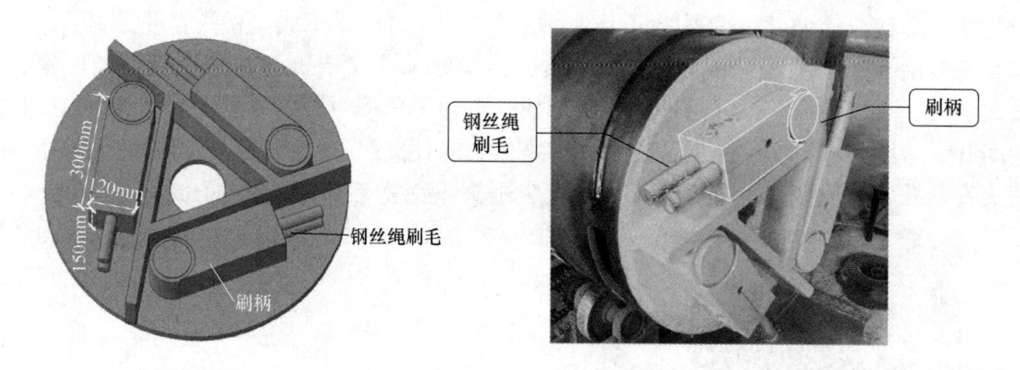

图 1.1-8　刷头三维设计图及实物

（5）刷壁器刷柄

刷柄由厚钢块制成，钢块长 300mm、宽 120mm、高 150mm，其与底板通过螺栓轴销连接，螺栓中加设安全卡销拧紧固定，以防刷壁器工作时刷柄脱离、底板掉落，刷柄可绕固定螺栓轴销 360°转动，具体见图 1.1-9、图 1.1-10。

图 1.1-9　螺栓轴销实物图

（6）刷壁器刷柄安装孔

刷柄短边侧面上开设 2 个钢丝绳安装孔，直径 ϕ30mm，两孔距离 70mm；刷柄长边侧面上开设 2 个直径 ϕ30mm 紧固钢丝绳螺栓插入孔，刷柄短边侧面

图 1.1-10 刷柄通过螺栓轴销与底板固定

需纵向进深切割 200mm，以便后续将钢丝绳顺利插入安装孔，具体见图 1.1-11。

图 1.1-11 钢丝绳安装孔、紧固钢丝绳螺栓插入孔及纵向进深切割展示图

(7) 刷壁器钢丝绳毛刷

钢丝绳毛刷在刷壁时接触孔内岩壁，各刷柄 2 个安装孔内各插入 1 股 ϕ26mm 钢丝绳，钢丝绳由两颗膨胀螺栓从侧面螺栓插入孔拧入固定，避免刷壁时钢丝绳松动脱落。钢丝绳置入安装完成后，人工将钢丝绳散开呈清扫刷头状，具体见图 1.1-12。

图 1.1-12 将钢丝绳散开呈清扫刷头状

3. 刷壁钻头工作原理

（1）筒身顺时针旋转、刷头向外展开伸出

将伸缩刷壁器焊接于钻头底部，以刷头收缩状态随钻杆伸入钻孔，下放至孔底。顺时针方向旋转刷壁钻头，在孔底摩擦力的作用下，刷头与钻筒形成相对运动，使刷头表现为“自动外伸”，直至刷头完全张开；继续保持该方向转动钻头，刷壁器始终为伸展状态触碰到孔底岩层侧壁，完成泥皮清刷操作。当完成该层岩壁的泥皮清刷后，保持刷头状态，提升钻杆一定高度，重复进行上层岩壁的泥皮清刷，直到完成孔内整段岩层壁泥皮的清除，具体见图1.1-13。

图1.1-13　刷壁器刷头展开全过程（图中虚线箭头为钻头旋转方向）

（2）筒身逆时针旋转、刷头往内返回收缩

完成嵌岩段孔壁泥皮清除后，将钻头重新下放至桩孔底部，逆时针方向旋转刷壁钻头，在孔底摩擦力的作用下，刷头与钻头形成相对运动，使刷头表现为“自动内缩”，直至刷头完全收缩，再提钻出孔完成刷壁。刷头收缩过程具体见图1.1-14。

图1.1-14　刷壁器刷头收缩过程（图中虚线箭头为钻头旋转方向）

1.1.5　施工工艺流程

抗拔桩嵌岩段孔壁泥皮旋挖伸缩钻头清刷施工工艺流程见图1.1-15。

1.1.6　工序操作要点

1. 抗拔桩旋挖钻进至设计桩底标高

（1）使用全站仪对桩孔实地放样，并进行定位标识，报监理工程师复测确认。

（2）预先钻孔，安装孔口定位护筒，有效保护孔口稳定。

（3）土层段采用旋挖钻斗取土钻进，当钻头顺时针旋转时，钻渣进入钻斗，装满

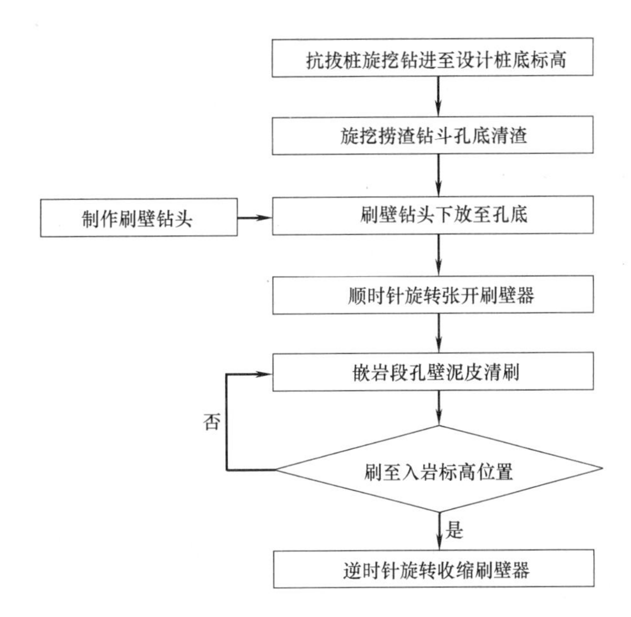

图 1.1-15　抗拔桩嵌岩段孔壁泥皮旋挖伸缩钻头清刷施工工艺流程图

近一斗后将钻头逆时针旋转，底板由定位块定位并封死底部开口，提升钻头至地面卸土。

（4）岩层段更换截齿筒钻钻进，依靠截齿切削破岩或取芯，再定期更换捞渣钻斗清渣，反复循环操作直至钻进成孔至设计入岩深度。现场旋挖钻进见图 1.1-16。

图 1.1-16　旋挖钻进

2. 旋挖捞渣钻斗孔底清渣

（1）钻进施工至终孔后，采用旋挖捞渣钻斗进行孔底一次清孔。

（2）将捞渣钻斗放入孔底后正向旋转钻杆，一边旋转一边向下施压，反复旋转后停止转动，提出钻头卸渣。

（3）反复进行清渣，直至基本将孔底钻渣清理干净。

3. 制作刷壁钻头

（1）刷壁钻头筒身采用旧的旋挖钻头加工制作，将钻头底部进行切割处理，使底部形成平滑切割面，便于后续与刷壁器底板进行焊接，具体见图 1.1-17。

（2）在加工车间使用钢板预制伸缩刷壁器的底板和限位挡板，并进行焊接安装，具体见图 1.1-18；将带有限位挡板的刷壁器底板，与钻头筒身通过满焊的方式进行焊接，具体见图 1.1-19。

（3）制作刷柄，并将其安装在刷壁器底板上，并在刷柄上插入钢丝绳刷毛，见图 1.1-20、图 1.1-21，人工将钢丝绳散开呈清扫刷头状。

图 1.1-17　旧旋挖钻头筒身底部切割处理

图 1.1-18　将限位挡板焊接于底板上

图 1.1-19　底板与钻头筒身焊接

图 1.1-20　刷柄制作

图 1.1-21　安装刷柄并插入刷毛

4. 刷壁钻头下放至孔底

(1) 将旋挖刷壁钻头吊运至桩位附近，见图 1.1-22。

(2) 拆卸清孔用的旋挖捞渣钻头，更换为旋挖伸缩刷壁钻头，见图 1.1-23。

图 1.1-22　旋挖刷壁钻头现场调运

图 1.1-23　现场将捞渣筒钻更换为旋挖伸缩刷壁钻头

(3) 刷壁钻头安装就位后，在现场进行展开收缩试运转，确保其在孔内刷壁时的顺利开合，见图 1.1-24。

(4) 刷壁器 3 个刷头呈内缩状态随钻杆下至桩孔内，见图 1.1-25。

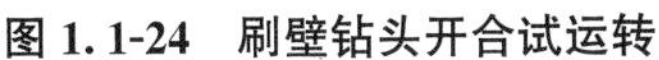

图 1.1-24　刷壁钻头开合试运转

图 1.1-25　刷壁钻头入孔施工

5. 顺时针旋转张开刷壁器

(1) 刷壁钻头整体下放至孔底硬岩处，旋挖钻机加压使钻头对孔底施以压力，使刷壁器 3 个刷头充分与桩孔底壁接触。

(2) 顺时针旋转刷壁钻头，使刷壁器 3 个刷头充分展开伸出。

6. 嵌岩段孔壁泥皮清刷

(1) 继续保持顺时针方向旋转钻头，进行最底层嵌岩段孔壁泥皮清刷施工，岩壁清刷时间需 2～4min。

（2）完成第一层岩壁泥皮清刷后，提升钻杆向上一层岩壁进行清刷，提升高度约 10cm，持续保持顺时针方向旋转钻头实施刷壁，依此类推至刷壁到入岩标高位置处。

7. 逆时针旋转收缩刷壁器

（1）孔内嵌岩段孔壁全部完成清刷操作后，重新将刷壁钻头整体下放至桩孔底部，同时对桩底施加压力，使刷壁器 3 个刷头充分与桩孔底壁接触。

（2）多圈逆时针旋转旋挖刷壁钻头，使刷壁器 3 个刷头向内收缩，然后将旋挖刷壁钻头提出钻孔。

（3）提钻出孔后刷壁器上沾满渣土泥皮，用清水冲洗刷头，可见由于刷壁作用，钢丝绳刷毛呈单一方向侧倾，表明刷头与硬岩壁接触效果良好，具体见图 1.1-26、图 1.1-27。

图 1.1-26　刷壁钻头出孔清洗

图 1.1-27　刷壁后钢丝绳刷毛呈单一方向侧倾

1.1.7　材料与设备

1. 材料

本工艺所用材料主要为旋挖钻头筒身、钢板、钢块、螺栓轴销、钢丝绳等。

2. 设备

本工艺现场施工主要机械设备见表 1.1-1。

主要机械设备配置表　　**表 1.1-1**

名称	型号	工艺参数	备　注
旋挖钻机	BG30	最大扭矩 294kN·m	钻进成孔
刷壁器	—	张开略大于设计桩径	岩壁泥皮清刷
挖掘机	PC200-8	铲斗容量 $0.8m^3$，额定功率 110kW	场地平整、清渣

1.1.8　质量控制

1. 刷壁器制作

（1）根据施工项目设计桩径的大小，进行伸缩刷壁钻头制作；制作时，严格按照钻头整体结构设计操作，下料采用自动切割机进行精密切割，拼接时焊缝密实、牢固。

（2）旋挖伸缩刷壁钻头制作完成后，在加工场进行试运转，起吊钻头垂直置于平地上，先正向、后反向旋转钻头，观察刷壁器刷头是否正常伸出、收回，如出现刷头无法顺利开合的问题，需检查刷壁器各组成构件及连接部位是否存在异常情况，并重新进行调试。

2. 旋挖刷壁钻头刷壁

（1）吊运安装好刷壁钻头后，预先在现场进行试运转，提起钻头垂直置于平地上，先正向、后反向旋转钻头，观察刷壁器刷头是否正常伸出、收回。

（2）放入孔内时刷壁器刷头为收缩状态，可避免钻头下放过程中刷头可能产生的对土层段孔壁清刷扰动。

（3）下放钻头至桩孔底，旋挖钻机加压并保持顺时针转动钻杆，使刷头充分张开，完成泥皮清刷操作。

（4）刷壁操作过程中，为使桩孔底部嵌岩段各层孔壁泥皮得到充分清刷，向上一层刷壁时需严格控制钻头提升高度，不得过快过急提起钻头，并对各层提升的钻头高度进行累加，与桩底嵌岩深度对比，既保证岩段侧壁各层均可实施泥皮清刷施工，又有效避免因过高提升钻头导致误刷土层。

（5）完成桩底嵌岩段孔壁泥皮清刷后，重新将刷壁钻头置于孔底，旋挖钻机加压并保持多圈逆时针转动钻杆，保证刷头充分收缩后方可提起出口，提升钻杆时轻缓慢速。

（6）冲洗干净提出桩孔的刷壁器刷头，根据每次提起后刷头上附着的泥皮情况判断是否还需再次进行岩壁泥皮清刷施工，直至提出桩孔的刷壁器刷头上泥皮较少为止。

（7）项目预留富余的钢丝绳作为备用，当发现刷壁器刷头上的钢丝绳刷毛变形严重无法有效发挥泥皮清刷功能时，可现场卸下刷壁钻头，拆除原钢丝绳刷毛，重新安装新钢丝绳。

1.1.9 安全措施

1. 刷壁器制作

（1）伸缩刷壁钻头制作时，焊接作业人员按要求佩戴专门的防护用具（如防护罩、护目镜等），并按照相关操作规程进行焊接操作。

（2）钻头刷壁时受到的阻力大，对钻头的焊接质量要求高，制作过程检查焊接质量，满足要求后投入现场使用。

2. 旋挖刷壁钻头刷壁

（1）在制作场试运转起吊时，由专业起吊人员操作，司索工指挥，严格按吊装操作要求作业。

（2）刷壁过程中，严禁逆时针方向旋转钻头，避免钻头钢丝绳毛刷杂乱而影响刷壁效果。

1.2 超厚覆盖层大直径嵌岩桩钻进与清孔双反循环成桩技术

1.2.1 引言

随着城市建筑向空间伸展，越来越多的高层、超高层建筑的核心筒采用单桩单柱钻孔灌注桩，在桩基设计中表现为大直径端承桩，此类桩径往往超过 2000mm，有的达 3000mm。受区域地质的影响，有的桩基项目中的端承桩需穿透上部超厚覆盖层嵌入中、微风化岩层，桩孔深度超深，有的超过 100m。

近些年来，旋挖钻机由于自动化程度高、成孔速度快而得到广泛应用，但对需穿透上部深厚覆盖层超长大直径嵌岩桩钻进，成孔作业时上部覆盖层钻进速度快，钻进时不能原土造浆，特别是覆盖层中分布较厚淤泥或砂层时，泥浆护壁效果差，需下深长护筒孔壁；同时，受钻机扭矩限制，中、微风化硬岩需分级扩孔，钻进难度大、入岩耗时长；另外，大直径、超深孔清孔困难，孔底沉渣厚度较难控制。

鉴于此，在深圳南山“安居南馨苑桩基础工程”“招商局前海环贸中心项目地基与基础工程”等项目中，桩基均需穿透 50～80m 的深厚覆盖土层，桩端持力层嵌入中、微风化硬岩中。为解决旋挖机在穿透深厚覆盖层的超长嵌岩桩施工中出现的上述问题，选用全液压反循环钻机成孔，针对桩孔上部覆盖层及中、微风化基岩配备相应的钻头，液压加压回转钻进、大流量泵吸反循环排渣，安放钢筋笼、灌注导管后采用气举反循环工艺二次清孔，达到了成孔速度快、成桩质量好的效果，形成了超厚覆盖层大直径嵌岩桩钻进与清孔双反循环成桩综合施工技术。

1.2.2　工艺特点

1. 泥浆护壁效果好

本工艺采用全液压反循环钻进工艺，钻头在覆盖层孔内切削地层回转钻进，可利用覆盖层中的黏粒自然造浆；钻头在孔内回转钻进过程中将覆盖层中细小颗粒及泥浆中的黏粒组分挤入孔壁，形成性能稳定的泥皮，护壁效果好，孔口无需安放超长护筒。

2. 反循环出渣效率高

本工艺在钻进过程中，同步采用大流量泵吸反循环排出钻渣。钻机配备流量为 $800m^3/h$ 砂石泵，钻杆内空腔净截面直径达 300mm，钻渣由钻杆内腔上返速度快，携带钻渣能力强，钻渣快速排出免去重复破碎，出渣效率高，钻进速度快。

3. 硬岩钻凿能力强

本工艺中、微风化硬岩采用与设计孔径同径的滚刀钻头凿岩钻进，钻头重量大，加之钻机液压加压作用，钻凿破岩能力强；桩孔全断面破岩钻进，无需分级扩孔，嵌岩段成孔速度快。

4. 反循环清孔效果好

钻孔终孔后停止钻进，保持泥浆的正常大流量泵吸反循环，进行一次清孔，尽可能清除孔底沉渣；下放钢筋笼和灌注导管后，采用大流量气举反循环进行二次清孔，较好控制孔底沉渣厚度，保证桩基施工质量。

5. 绿色环保

本工艺带有滚刀头的钻头在孔底回转钻进，滚刀头切割、破碎硬岩，泥浆携岩渣从孔底排出，回转钻头切削硬岩振动小、噪声低，对周边环境影响小，绿色环保效果好。

1.2.3　适用范围

（1）直径 2000mm 及以上灌注桩施工；

(2) 桩孔覆盖地层大于 60m 的嵌岩灌注桩施工；

(3) 桩端持力层为强度大于 60MPa 的硬岩灌注桩施工；

(4) 对振动、噪声要求严格的施工场地。

1.2.4 工艺原理

本工艺的目的在于提供高效的超厚覆盖层大直径端承嵌岩灌注桩成桩施工技术，旨在解决利用旋挖桩机施工覆盖层易塌孔、入硬岩钻进难、清孔效果差的难题。

本工艺利用大功率履带式 FXZ-400 型全液压钻机液压加压回转钻进，针对覆盖层中不同土层配备不同类型的单、双腰带合金钻头，中、微风化硬岩采用滚刀钻头液压加压免振钻进，过程中配合大流量砂石泵泵吸反循环排渣；充分利用黏性土地层回转钻进自然造浆，采用自流回灌式泥浆循环保护孔壁；二次清孔采用气举反循环二次清孔，并增设了孔口循环泥浆消压装置，提高了二次清孔的工效及安全性，从而保证大直径超深钻孔灌注桩成孔质量。

本技术的工艺原理主要表现为：

1. 自然造浆、自流回灌式泥浆循环护壁技术

本工艺采用全液压反循环回转钻进，上层覆盖层钻进过程中，钻头在孔内切削地层，在钻头上合金腰带、翼板及翼板切削块反复钻削、搅动作用下，将地层中的黏粒组分悬浮于水中形成泥浆，钻头在孔内回转产生侧向压力将泥浆中的黏粒组分挤入孔壁，形成性能稳定的泥皮保护孔壁。反循环抽吸上返的泥浆经沉淀池处理后，回流至循环池，再通过循环沟经护筒上部的开口处返回孔内，保持钻孔内液面稳定，平衡桩孔四周径向水平压力，较好维持孔壁稳定。

2. 大流量泵吸反循环排渣钻进技术

本工艺选用 FXZ-400 型履带式反循环钻机钻进，采用液压驱动动力头，对钻杆有液压加压能力，用液压旋转大功率动力头提供足够的扭矩及下压力，并通过高强合金钻杆传递至钻头，使钻头在钻孔内回转钻进，钻头可在钻孔径向、竖向两个方向对岩土体钻凿，从而提升钻进效率；同时，钻机配备的砂石泵流量达 800m^3/h，钻机匹配内腔直径 300mm 的钻杆，利用钻杆内腔作为大直径出渣通道；钻机砂石泵启动时，通过大功率砂石泵的强大抽吸作用，在钻杆内腔形成负压并产生高压差，在高压差的作用下孔壁与钻杆环状空间内的泥浆流向孔底，将钻渣携带进钻杆内腔，泥浆及钻渣混合液沿钻杆内腔上升，再经与钻杆连接的砂石泵排至沉淀池内，形成大流量泵吸反循环排出钻渣，其具体工艺原理见图 1.2-1。

3. 深厚覆盖层快速钻进技术

本工艺根据覆盖层中不同地层配备不同类型的单、双腰带合金钻头，覆盖层中钻进的钻头主要由腰带（起导正及保径作用）、翼板、锥尖、合金切削块、排渣通道等构成，对钻头上起导正作用的合金腰带的数量及宽度、翼板数量、翼板上合金切削块数量进行调整和组合，以适应上部超厚覆盖层中不同性状的土层，从而达到快速钻进的目的。组合的原则是：对于易糊钻地层，采用单腰带犁式钻头钻进，防止钻头被包裹后钻进困难；对于地层交错或层面倾斜需要增加钻头的导正性时，适度增加腰带的宽度及数量（最多可增至 3 个）；对于抗剪强度大的地层需增加翼板，以及翼板上焊接合金钢切削块的数量。覆盖层

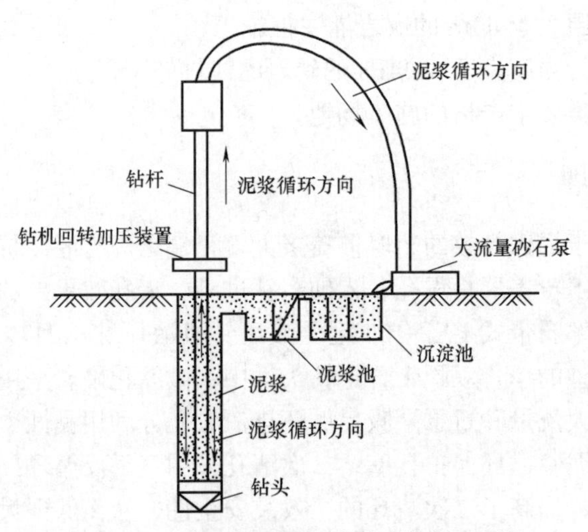

图 1.2-1　液压加压泵吸反循环钻进原理图

使用的钻头见图 1.2-2。

图 1.2-2　覆盖层使用的单翼、双翼钻头

4. 中、微风化硬岩快速钻进技术

本工艺对中、微风化硬岩采用滚刀钻头全断面凿岩、一次性成孔钻进。滚刀钻头钻身采用直径为设计孔径的环形钢质配重，除起配重作用外，在钻进的过程中起到导正及保径作用；钻头滚刀数量根据基岩的风化程度，设置 8～12 个钨合金碳钢合金滚刀头，滚刀头在钻具（钻头及钻杆）重力、液压动力头传递扭矩以及液压加压作用下，对硬岩面产生剪切、碾磨，不断把岩渣剥离母岩形成岩渣，再由大泵量泵吸反循环泥浆携带，及时排出桩孔。施工现场滚刀钻头见图 1.2-3。

5. 反循环清孔技术

(1) 泵吸反循环一次清孔

本工艺采用泵吸反循环钻进，其钻进的全过程即是持续清除孔内沉渣的过程。在终孔停止进尺后，将孔底钻头提起 30～50cm，保持泥浆的正常大流量反循环，泥浆携带孔底沉渣经大内腔钻杆上升排至桩孔外，从而清除孔底沉渣。

(2) 气举反循环二次清孔

本工艺在安放钢筋笼及灌注导管后，采用大泵量密闭式气举反循环进行二次清孔。密闭式送气系统由容积流量为 $13m^3/min$ 螺杆式空气压缩机(90SDY 型)、送风管、泥浆胶管、接头弯管及灌注导管组成。接头弯管顶部密闭连接送风管、泥浆胶管，底部与混凝土灌注导管密封，送风管采用 PVC 材料制作，下部装有配重块，下放至灌注导管约 2/3 处，压缩空气与导管内的泥浆混合，从而使管内泥浆的密度和压力小于管外泥浆的密度和压力；在此压力差的作用下，管外泥浆携带孔底钻渣进入，并沿导管上升，最后从泥浆管排出孔外，经沉淀净化处理后再流回孔内。具体工艺原理见图 1.2-4、图 1.2-5。

图 1.2-3 现场滚刀钻头

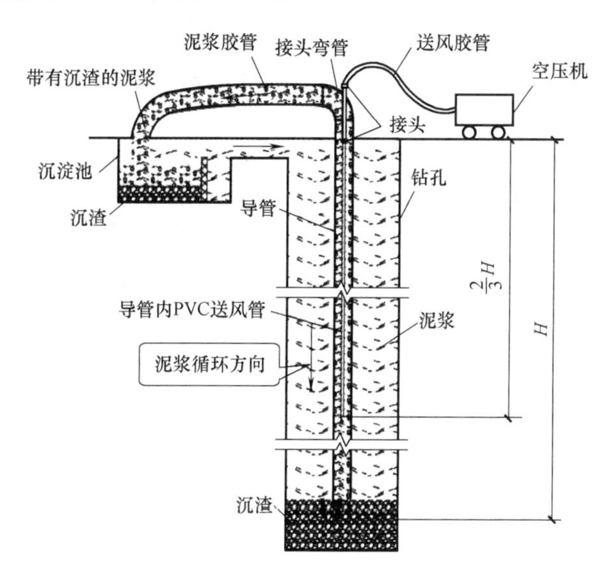

图 1.2-4 密闭式气举反循环二次清孔原理图

图 1.2-5 现场气举反循环二次清孔

(3) 二次清孔孔口消压装置

由于钻杆内腔和循环泥浆胶管直径大，反循环泵抽吸能力强，气举反循环二次清孔时排出的泥浆速度快、压力大，为防止泥浆四处飞溅，本工艺在出浆胶管出口处设置孔口消压装置。孔口消压装置外形为圆柱体，由钢板焊制而成，循环泥浆出浆胶管一端与孔口气举反循环接头连接，另一端与消压装置的进浆口连接，这样泥浆胶管两端被固定，起到有效的消压作用，确保其稳定性；同时，消压装置设有两个出浆口，高压循环泥浆经胶管排入后，再由出浆口流入泥浆池中。具体工艺原理见图 1.2-6。

图 1.2-6　密闭式气举反循环二次清孔孔口消压原理图

1.2.5　施工工艺流程

大直径超厚覆盖层嵌岩灌注桩钻进与清孔双反循环成桩施工工艺流程见图 1.2-7。

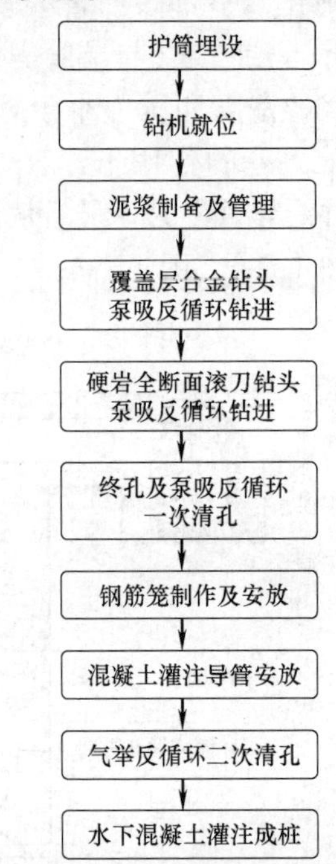

图 1.2-7　超厚覆盖层嵌岩灌注桩钻进与清孔双反循环成桩施工工艺流程图

1.2.6　工序操作要点

1. 护筒埋设

（1）本工艺相对于旋挖钻成桩工艺，不需要埋设超长护筒即可满足孔壁稳定要求，钢护筒的埋置深度 3～6m，护筒选用 16mm 厚的钢板制作，钢板材质为 Q345B，护筒内径大于桩径 300mm，顶面高出地面 30～50cm。

（2）为便于泥浆循环，在护筒顶端留有高 30cm、宽 20cm 溢浆口。

（3）护筒埋设采用挖设法埋设，用挖掘机以测定的桩位为中心下挖；护筒下放后，对桩位和垂直度进行复核，经复核满足技术要求后，护筒四周用人工均匀对称回填黏土并压实；若护筒埋设过程出现塌孔，则采用振动锤沉放。现场埋设护筒具体见图 1.2-8。

图 1.2-8　挖设法埋设护筒

2. 钻机就位

(1) 本工艺选用田野 FXZ-400 型履带式反循环钻机性能，其性能见表 1.2-1。

FXZ-400 型履带式反循环钻机性能表 **表 1.2-1**

序号	项目	参数
1	最大钻孔直径(mm)	4000
2	最大钻孔深度(m)	120
3	发动机组型号(kW)	200
4	动力头扭矩(kN·m)	400
5	砂石泵流量(m^3/h)	800
6	排渣方式	泵吸反循环
7	整机重量(t)	32
8	钻杆连接方式	丝扣连接
9	钻杆规格(mm)	325×2000(外径×单节长)

(2) 钻机就位前，整平压实场地，对钻孔各项准备工作进行全面检查，确认无误后钻机履带驱动开行就位；钻机安装后的底座平稳，保证在钻进过程中不产生移动或沉陷。

(3) 钻机液压支架下方铺设钢板，就位后调平机座；检查钻头中心与护筒中心是否在一条铅垂线上，与孔位中心的偏差是否在规范允许范围之内，确认无误后开始施钻。钻机就位具体见图 1.2-9，现场检查钻头中心点位置见图 1.2-10。

图 1.2-9 钻机就位

图 1.2-10 现场检查钻头中心点位置

3. 泥浆制备及管理

(1) 钻进采用泵吸反循环回转钻进，制浆以原土自然造浆为主。

(2) 开孔时，向护筒内注入适量清水，钻进过程钻头在孔内切削地层，在钻头上合金腰带、翼板及翼板切削块反复切削、搅动作用下，将覆盖层中的黏粒组分悬浮于水中形成泥浆；如泥浆性能较差，则采用膨润土调制开孔泥浆。

(3) 现场设置三级泥浆沉淀池，沉淀池的容积约为桩孔体积的 1.5 倍，泥浆中钻渣靠自身重量逐级沉淀，沉淀后比重较小的泥浆流入泥浆循环池。

(4) 采用自流回灌式泥浆循环，泥浆经沉淀后自流回灌入孔内，保持孔内泥浆液面高度，以平衡桩孔内壁径向水土压力，维持钻孔孔壁稳定，自流回灌式三级泥浆循环系统见图1.2-11。

（5）每台钻机单独配置各自使用的泥浆循环系统，防止施工过程工序不同步影响泥浆性能指标。具体钻机泥浆布置见图1.2-12。

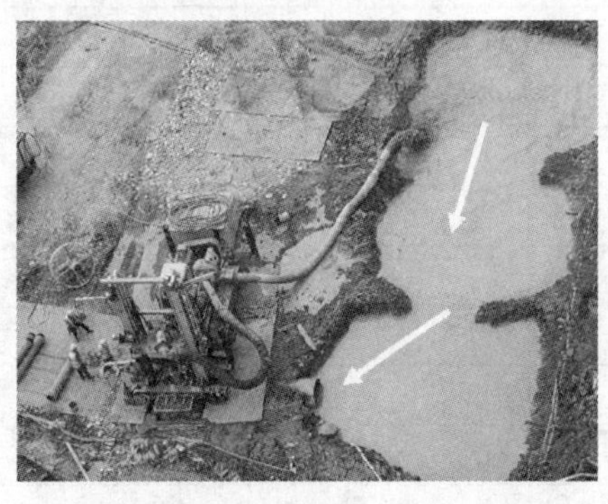

图1.2-11　自流回灌式三级泥浆循环

图1.2-12　每台钻机配置独立泥浆循环系统

（6）对沉淀在泥浆池底的钻渣，定期采用挖掘机清理，挖掘机沉淀池清理钻渣见图1.2-13，钻渣经储渣池沥干后装车外运。

（7）桩孔混凝土灌注时，孔内溢出的泥浆引流至储浆池内。经沉淀处理后的废浆采用专用的罐车集中外运处理，大型封闭罐车现场抽吸泥浆见图1.2-14。

图1.2-13　挖掘机沉淀池清理钻渣

图1.2-14　罐车现场抽吸废浆外运处理

4. 覆盖层合金钻头泵吸反循环钻进

（1）初始钻进

初始钻进时，将钻头提离孔底20～30cm，轻压慢转，可采用正循环钻进，钻头先在孔内回转造浆，形成泥皮护壁；钻进至护筒底后，启动钻机开始反循环钻进。

（2）软弱土层及黏土层钻进

钻进遇黏性强的土层时，选用宽腰带短节三翼钻头，其结构简单，钻进黏土时不易糊钻，具体见图1.2-15；遇黏性弱的土层时，选用单腰带长钻头，由于钻进速度快，为有效控制钻进时的垂直度，在钻头腰带处对称设置四块导向板，钻头具体见图1.2-16。在黏性土层中钻进时，可适当加压钻进，大泵量抽吸，泵吸反循环抽吸钻进见图1.2-17、

图 1.2-18。

图 1.2-15 黏性土层单腰带三翼合金刮刀犁式短钻头

图 1.2-16 弱黏性土层单腰带三翼合金刮刀长钻头

图 1.2-17 填土层轻压慢转反循环钻进

图 1.2-18 黏土层大泵量反循环抽吸钻进

(3) 砂性土及强风化层钻进

砂性土层钻进时易塌孔，强风化层遇水容易软化，此时除调配好泥浆外，为控制钻进垂直度，宜选用双腰带四翼刮刀钻头钻进，该种钻头设置两个合金腰带，钻进导向性好，便于控制桩孔垂直度。双腰带四翼合金刮刀钻头见图 1.2-19，双腰带四翼截齿钻头见图 1.2-20，双腰带四翼合金钻头入孔见图 1.2-21。

图 1.2-19 双腰带四翼合金刮刀钻头

图 1.2-20 双腰带四翼截齿钻头

图 1.2-21　双腰带四翼合金钻头入孔

（4）加接钻杆

当即将完成一节钻杆进尺时，及时加接钻杆。接钻杆时，先停止钻进；起钻时操作轻稳，钻杆连接时拧紧上牢。田野 FXZ-400 型反循环钻机设置有专用的副卷扬装置，便于钻杆起吊、加接、拆卸，可减轻人力操作强度。现场加接钻杆见图 1.2-22。

图 1.2-22　加接钻杆

5. 硬岩全断面滚刀钻头反循环钻进

（1）采用滚刀钻头全断面钻进中、微风化硬岩，一次性成孔。滚刀钻头及分布见图 1.2-23、图 1.2-24。

图 1.2-23　滚刀钻头

图 1.2-24　滚刀分布

（2）滚刀钻头由钻身和钻头组成，钻身起到加大钻头配重的作用；钻头配置 8～12 个合金钢滚刀头，刀头沿全断面钻进方向按一定的角度和方向优化布置。

（3）钻进时采用加压钻进，滚刀钻头经研磨、切削、剪切作用而破碎硬岩，形成的岩渣由大泵量泵吸反循环泥浆携带排出桩孔。

6. 终孔及泵吸反循环一次清孔

（1）终孔

钻孔达到设计入岩深度后，经监理现场确认后终孔；终孔后，对钻孔孔径、垂直度、孔深、岩样、入岩深度等进行现场自检，终孔后现场测量孔深见图 1.2-25。

（2）泵吸反循环一次清孔

终孔后，采用泵吸反循环一次清孔，尽可能清除孔底沉渣，以减小二次清孔时的沉渣厚度；一次清孔时，将孔底钻头提起 30～50cm，并保持泥浆的正常循环，钻孔底部的泥浆携带孔底沉渣经反循环泵的抽吸由钻杆内腔上升至孔口排出，经三级沉淀池沉淀后的性能较好的泥浆自流入桩孔内。反循环一次清孔见图 1.2-26。

图 1.2-25　终孔后现场用标准测绳测量孔深

图 1.2-26　泵吸反循环一次清孔

7. 钢筋笼制作与安放

（1）钢筋笼制作

钢筋笼严格按设计要求分节加工制作，钢筋笼外侧设混凝土垫块，以确保钢筋保护层的厚度；为便于起重、场内转运及安放，每节最大长度不大于 30m；制作时，设置专用的硬地化加工场地及制作平台；钢筋笼加工完成后，对每节钢筋笼进行编号以便于钢筋笼孔内按顺序安放。钢筋笼制作见图 1.2-27，钢筋笼制作场地及堆放场地见图 1.2-28。

图 1.2-27　钢筋笼制作

图 1.2-28　钢筋笼制作及堆放场地

（2）钢筋笼安放

钢筋笼采用履带式起重机吊装，吊装时对准孔位，吊直扶稳，缓慢下放；下放过程中，在每段钢筋笼的两端设三角临时固定撑，防止长笼吊装时变形。钢筋笼孔口接驳纵筋采用机械直螺纹连接，孔口采用四根吊筋接至孔口并固定。钢筋笼安放见图 1.2-29、图 1.2-30。

图 1.2-29　钢筋笼安放

图 1.2-30　钢筋笼两端设三角临时固定撑

8. 安放混凝土灌注导管

（1）为防止超深桩压差过大而产生混凝土灌注导管末端瘪管现象，大直径超深桩混凝土灌注导管采用直径 300mm、壁厚 10mm 的无缝钢管制作，中间每节长 2.0m，底节长 4.0m，导管间丝扣连接。

（2）导管首次使用前先试拼，并进行水密性试验，试验压力不小于孔底静水压力的 1.5 倍。

（3）吊装时将导管置于桩孔中心，导管接口连接牢固，设密封圈并拧紧，接头封闭严密；导管安装后，其底部距孔底 30～50cm。灌注导管安放见图 1.2-31。

图 1.2-31　灌注导管安放

9. 气举反循环二次清孔

（1）将 PVC 送风管下端放入灌注导管底部 2/3 处，上部通过三通弯头与空压机相连。

（2）将三通弯头与导管通过螺纹连接，保证其密封不漏气。

（3）安装孔口消压装置，出浆口朝泥浆池方向摆放，进浆口与循环泥浆胶管末端连接。

（4）开启空压机，进行密闭式气举反循环二次清孔。

（5）清孔结束时后，在监理旁站下用测绳测量沉渣厚度，并现场量测泥浆指标。

气举反循环二次清孔见图1.2-32、图1.2-33。

图1.2-32 螺杆式空气压缩机

图1.2-33 气举反循环二次清孔

10. 灌注混凝土成桩

（1）根据不同桩径计算好初灌量，准备4～6m^{3}初灌斗。灌注料斗用吊车吊运至孔口与导管连接，在孔口安放稳固，灌注前用清水湿润，具体见图1.2-34。

（2）初灌前，将隔水球胆塞放入导管内，压上灌注斗底部导管口盖板；初灌时，混凝土罐车出料口对准灌注斗，待灌注斗内混凝土将满时，采用吊车副卷扬提升导管口盖板，此时混凝土即压住球胆瞬时冲入孔底，同时罐车混凝土快速卸料进入料斗完成初灌。现场初灌见图1.2-35。

图1.2-34 初灌斗安装及湿润

图1.2-35 桩身混凝土初灌

(3) 备好足够的预拌混凝土，保持灌注连续进行；灌注过程中，定期测量混凝土上升高度和埋管深度，及时拆卸导管，严格控制导管埋深2～6m，孔口拔除导管见图1.2-36；正常灌注时，改换孔口小斗，便于节省拆除料斗的辅助作业时间，小斗灌注见图1.2-37；桩顶按设计要求超灌足够的长度，确保桩顶混凝土强度。

图1.2-36　灌注桩身混凝土时拔除导管

图1.2-37　孔口小斗灌注混凝土

1.2.7　材料和设备

1. 材料

本工艺所使用的材料主要有灌注导管、PVC塑料管、钢板、预拌混凝土。

2. 设备

本工艺所涉及设备主要有FXZ-400型泵吸反循环钻机、空气压缩机、钻头、吊机、挖掘机等，详见表1.2-2。

主要机械设备配置表　　表1.2-2

序号	机械名称	型号	备注
1	泵吸反循环钻机	FXZ-400	泵吸反循环钻进
2	空气压缩机	90SDY	二次清孔
3	单腰带三翼合金刮刀钻头	自制	一般黏土层钻进
4	双腰带四翼合金刮刀钻头	自制	砂性土、残积层及全、强风化钻进
5	滚刀钻头	自制	中、微风化硬岩钻进
6	超声波测壁仪	DE-604	检测
7	挖掘机	PC200	埋设护筒、清理钻渣
8	履带吊	SCC550E	吊放钢筋笼
9	汽车吊	25t	起吊钻头、钻具
10	钢筋切断机	GW-40	钢筋加工
11	钢筋调直机	GDTZ-Ⅲ	钢筋加工
12	钢筋弯曲机	GW-40	钢筋加工
13	电焊机	ZX7-400T	钢筋笼制作、维修
14	泥浆罐车	27m^3	抽吸废浆外运

1.2.8 质量控制

1. 护筒埋设

（1）护筒采用16mm厚的Q345B钢板卷制，保证施工过程中钢护筒不发生变形。

（2）护筒埋设准确、稳定，护筒中心与桩位中心的偏差不大于20mm，护筒的倾斜度不大于1%。

（3）护筒埋设于不透水地层，护筒周边用黏性土回填密实。

2. 覆盖层合金钻头泵吸反循环钻进

（1）开钻前，充分研读超前钻探资料，预判钻进地层性状，选用适宜的钻头。

（2）不同地层转换时控制钻进进尺，低压慢速，待钻头导向装置进入该层时正常施钻。

（3）开孔时，泥浆相对密度控制在1.20～1.25，循环过程中的泥浆相对密度控制在1.15～1.20；在易塌孔的地层中钻进时，泥浆的其他控制指标：黏度18～28s、含砂率不大于4%、胶体率不小于95%。

3. 硬岩全断面滚刀钻头泵吸反循环钻进

（1）硬岩钻进时，适当加大钻压，砂石泵开启至最大流量，以保证携带钻渣泥浆正常反循环。

（2）定期检查钻头滚刀头磨损情况，特别是钻头外侧滚刀，遇有崩齿、磨秃等情况及时更换，以确保硬岩钻进效率。

4. 清孔

（1）终孔后，采用KODEN公司DE-604型超声波测壁仪检验孔径与成孔垂直度，标准测绳量测孔深。

（2）终孔后，立即进行泵吸反循环一次清孔，持续检测泥浆性能指标及孔底沉渣厚度，满足设计要求后终止一次清孔。

（3）混凝土灌注导管安装完毕后，进行气举反循环二次清孔；清孔时，反循环抽吸的泥浆量与回流孔内的循环泥浆量保持平衡，维持孔内孔头正常高度，确保孔壁稳定；当孔底沉渣厚度、泥浆性能指标符号设计要求后完成二次清孔。

5. 灌注混凝土成桩

（1）由于桩径大、桩身混凝土量大、灌注时间长，调整混凝土初凝时间至36h，防止灌注过程混凝土堵管。

（2）混凝土灌注在二次清孔结束后即刻进行。

（3）灌注时，定期测量孔内混凝土面位置，及时拆卸导管，确保导管埋深满足要求。

（4）桩顶标高距地面较深，为此采用“灌无忧”控制桩顶标高，即通过在钢筋笼顶位置预先埋设探头，当灌注混凝土到达探头位置时，则地面监测仪出现警示。采用此方法，可准确判断灌注混凝土位置。

1.2.9 安全措施

1. 护筒埋设

（1）护筒埋设至黏性地层中，埋设稳固，周边压实，防止护筒倾斜、孔口塌孔。

（2）护筒埋设完成后，顶部加盖钢格栅或防护栏。

2. 泥浆循环系统管理

（1）泥浆池周边安装警示灯，挂警示带，设置安全护栏。

（2）挖掘机清理泥浆池沉渣时，保护距池边2m范围。

3. 钻机就位及行走

（1）钻机就位时，将场地整平压实，在钻机底座下铺设钢板。

（2）钻机行走时，确定行走路线场地的稳定性，尤其是已成桩空孔段的回填密实情况，防止钻机陷入。

4. 反循环钻进成孔

（1）钻进过程中，反循环泥浆胶管下不得站人，胶管间连接紧密。

（2）更换钻头时，采用吊车起吊钻头，严禁采用钻机自带卷扬起吊。

（3）循环泥浆沟池设置醒目安全警示标牌。

5. 钢筋笼制作与安放

（1）钢筋笼加工过程中，不得抛掷钢筋；采用滚轮机缠绕箍筋时，设置专门的红外线保护装置，规范操作，防止人员卷入；制作完成的钢筋滚动前，检查滚动方向上是否有人，防止人员砸伤。

（2）电焊机安装二次降压保护器，地线不得用钢筋代替；焊接操作时，佩带好个人防护装置。

（3）起吊钢筋笼时，钢筋笼直径大，设置若干三角撑保护，确保起吊安全；起吊时，设专人指挥，并且在其工作范围内不得站人。

6. 一次清孔及二次清孔

（1）清孔时，泥浆胶管连接紧密，防止高压循环泥浆因连接处脱落而喷溅。

（2）检查孔底沉渣厚度时，暂停清孔作业，严禁边清孔边检查。

（3）二次清孔时，泥浆胶管前端放置消压装置，防止高压泥浆伤人。

7. 灌注混凝土成桩

（1）灌注混凝土时，起吊漏斗的吊具稳固可靠，拆卸导管提升不能过快。

（2）灌注完成后的桩孔起拔护筒后及时回填压实。

1.3　旋挖钻筒三角锥辅助出渣降噪施工技术

1.3.1　引言

旋挖钻机与其他传统桩机设备相比，具有自动化程度高、劳动强度低、施工工效高等优点，在基础工程建设中得到了广泛的应用。当旋挖钻进碎裂岩、强风化岩或破碎硬质岩层时，一般采用旋挖筒钻，利用筒钻截齿向下快速回转钻进，完成回次进尺后即提钻排渣；出渣时，由于碎裂岩、风化岩和破碎岩呈岩块、岩屑状密实堆积在钻筒内，造成排渣困难。当遇到以上旋挖钻筒出渣困难的情况时，旋挖机手通常采用反复旋转钻头或通过急刹制动操作将钻筒内岩渣抖出，有的采用挖掘机碰撞钻筒出渣。整个甩渣过程中，机械间接触、碰撞产生较大的噪声，造成周边环境噪声严重超标，成为旋挖灌注桩施工被投诉的主要原因，给现场周边居民正常生活带来极大的困扰。旋挖筒钻出渣见图 1.3-1。

图 1.3-1 旋挖筒钻反复旋转排渣

针对上述旋挖钻筒出渣产生噪声扰民的问题，我公司结合旋挖灌注桩施工工程项目，开展了“旋挖钻筒三角锥出渣减噪施工技术”研究，采用在地面设立三角锥式辅助出渣装置，将旋挖钻筒中的岩渣与三角锥顶部接触，三角锥贯入钻筒钻渣内，钻筒内岩渣发生刺入剪切，使钻筒内密实岩渣结构松散从而顺利排渣，达到出渣快捷、操作便利、不产生噪声污染的效果。

1.3.2 工艺特点

1. 装置设计及制作简单

所使用的出渣装置采用锥式设计，体积小、重量轻；装置材料由普通钢板焊接而成，材料容易获取，制作简单。

2. 操作安全便捷

辅助出渣时只需将三角锥式出渣装置贯入旋挖钻筒岩渣内即可快速完成排渣，三角锥式结构稳定性好，出渣操作安全，现场操作简便，排渣便捷。

3. 排渣效果好

采用的排渣装置为三角锥式设计，锥体中间采用锥式镂空架构，有利于增大三角锥头与钻筒内岩渣的接触面，便于钻筒内钻渣疏松，出渣效果好。

4. 出渣噪声低

辅助出渣时采用旋挖钻筒底与三角锥式装置贯入接触，此接触为钢锥体与岩渣的贯入式刺入作用，锥体快速插入使钻渣松散排出，整个操作过程噪声小，显著提升现场文明施工。

1.3.3 适用范围

适用于桩径不大于 1.0m 的旋挖筒式钻头，钻进碎裂岩、全风化岩、强风化岩、破碎硬质岩出渣。

1.3.4 工艺原理

1. 锥式出渣装置结构

锥式出渣装置整体为三角锥式设计，主要由底部支座、三角锥体、锥体顶部连接板组成。

（1）底部支座为 450mm×450mm 正方形底板，由厚度 20mm 钢板制成，主要对三角锥起稳固作用。

（2）三角锥体整体高度为 600mm，采用 10mm 钢板焊制，为镂空结构，通过钻筒与锥体产生贯入作用，使钻筒内岩渣疏松而顺利排渣。

(3) 锥体顶部连接板垂直高度约 333mm，其作用是加大锥体的贯入面积，同时在钻筒与锥体脱离时连接板能带下更多的钻渣。

三角锥式出渣装置三维建模见图 1.3-2，实物见图 1.3-3。

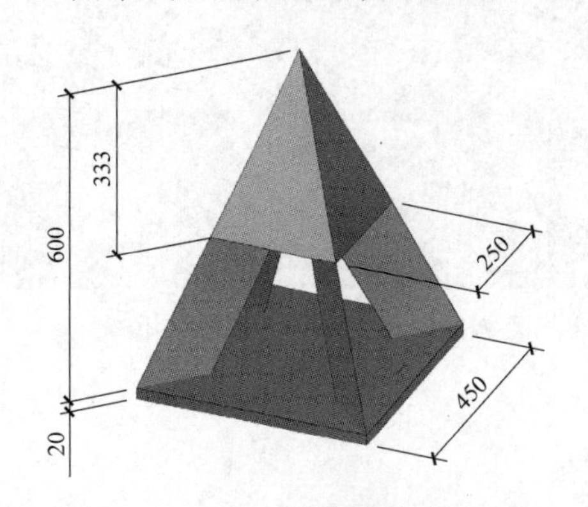

图 1.3-2　三角锥式出渣装置示意图

图 1.3-3　三角锥式辅助出渣装置图

2. 三角锥式辅助出渣原理

本工艺所述的旋挖钻筒辅助出渣降噪技术，其主要工艺原理表现为以下两个方面：

(1) 旋挖钻筒冲击锥体贯入松散钻渣

在旋挖钻进完成回次进尺后，将旋挖钻筒从孔内提出，移动钻筒至三角锥上方，并将钻筒快速放下，使钻筒内的密实钻渣面冲击贯入锥体，钢锥体使锥刺破坏面加大，而镂空的锥体结构便于锥体进入钻渣内，锥体的整体结构设计利于密实钻渣松散，经一次或多次反复操作后筒内全部钻渣即可顺利排出。

(2) 三角锥体对钻渣的挤压剪切扰动

在钻筒冲击贯入三角锥体时，除发生锥体贯入钻渣外，钻筒内的钻渣同时发生挤压破坏，钻渣在锥体冲击挤入时会沿钻筒壁向上产生一定的位移，使钻筒内顶部积存的泥浆从钻筒顶的洞口挤出，导致钻筒内部挤压密实的钻渣结构松动，钻渣松散后在其重力作用下快速排出。

旋挖筒钻三角锥出渣原理及现场排渣见图 1.3-4～图 1.3-6。

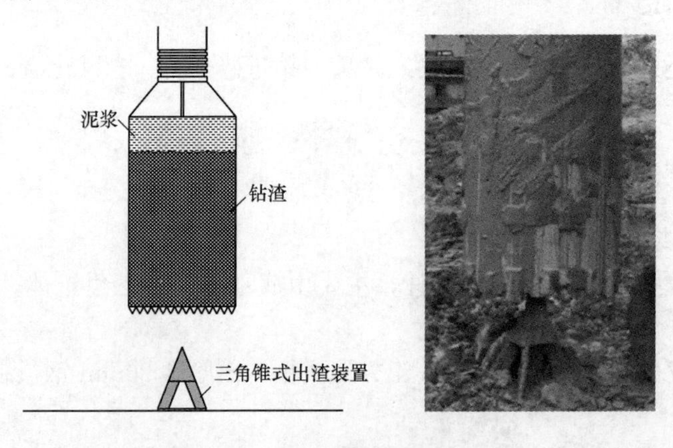

图 1.3-4　旋挖钻筒冲击贯入锥体

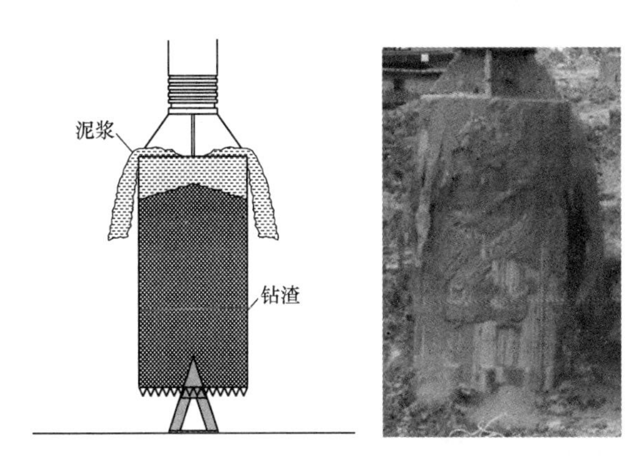

图 1.3-5 锥体贯入与钻渣产生剪切挤压后钻筒顶洞口挤出泥浆

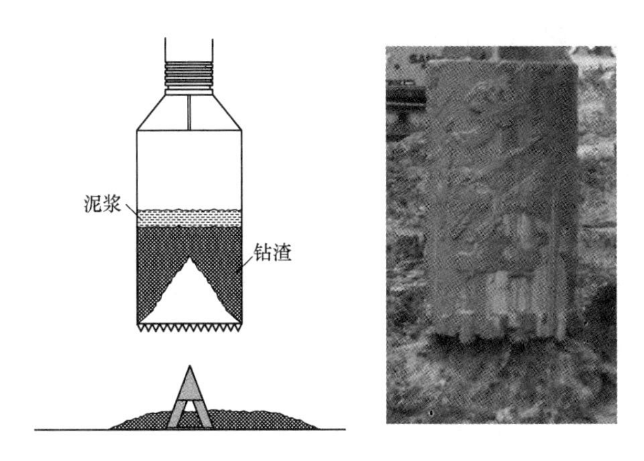

图 1.3-6 锥体贯入拔出后钻筒内渣土完全脱落

1.3.5 施工工艺流程

旋挖钻筒三角锥辅助出渣施工工艺流程见图 1.3-7。

1.3.6 工序操作要点

1. 旋挖钻机钻筒钻进

（1）钻机安装旋挖钻筒，钻进时控制回次进尺不大于80%，避免钻渣太过密实，也便于后续提钻后筒钻内渣土经三角锥出渣装置的贯入时能顺利排渣。

（2）钻进成孔过程中，采用优质泥浆护壁，始终保持孔壁稳定，防止钻孔时出现坍塌情况。旋挖机钻进见图 1.3-8。

2. 旋挖钻筒提离出孔

（1）完成回次进尺后提钻。

（2）提钻时，严格控制钻筒升降速度，旋挖钻筒提离出孔见图 1.3-9。

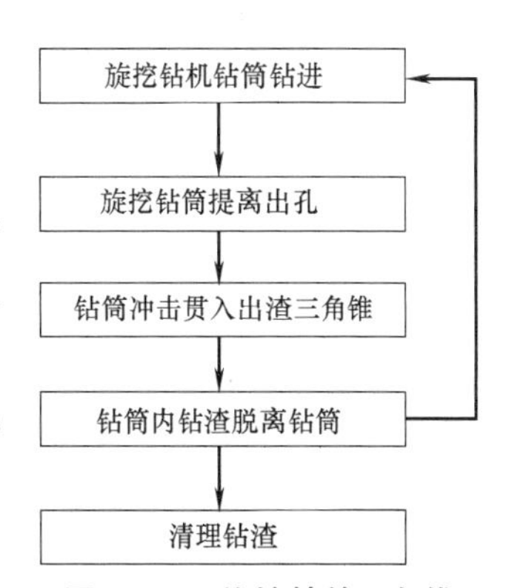

图 1.3-7 旋挖钻筒三角锥辅助出渣施工工艺流程图

图 1.3-8 旋挖机钻进

图 1.3-9 旋挖钻筒提离出孔

3. 钻筒冲击贯入出渣三角锥

(1) 将三角锥式出渣装置放置于筒钻卸渣点，放置场地提前平整清理，将出渣装置平稳摆放，防止在排渣时出渣装置出现倾倒、位移过大，影响出渣效果。

(2) 移动钻筒至三角锥式出渣装置上方附近，并将钻筒快速放下，使钻筒冲击贯入三角锥内再提钻，具体见图 1.3-10。

图 1.3-10 移动钻筒并贯入三角锥内出渣

4. 钻筒内钻渣脱离钻筒

(1) 在三角锥的冲击刺入作用下，筒内上部的泥浆受挤压由钻筒顶的孔洞溢出，底部密实钻渣散落至地面。

(2) 经一次或反复多次操作后，筒内全部钻渣顺利排出，具体见图 1.3-11。

5. 清理钻筒和场地

(1) 钻进终孔后，用清水冲洗钻筒外部及内壁。

(2) 及时清理桩孔附近的钻渣。

图 1.3-11 钻筒内钻渣脱离钻筒

1.4 长螺旋钻进糊钻粘泥自动清除技术

1.4.1 引言

长螺旋钻孔灌注钻进成孔时，通过钻机动力头带动螺旋钻杆及钻头，使螺旋片转动向下切削，被切削的土层随钻头旋转沿螺旋叶片自动排出孔外。在实际施工中，当钻进遇较厚的粉质黏土、淤泥质土时，钻头及部分长螺旋钻杆容易糊钻，出现黏土或淤泥粘附在钻杆及螺旋叶片上而不易被甩脱，容易引起卡钻而影响长螺旋钻进速度。当发生长螺旋钻进钻杆糊钻时，一般采用将钻头提出钻孔，在孔口安排专人用工具清理糊泥，以便正常钻进。在螺旋叶片除泥的过程中，长螺旋钻机需要停钻，降低了长螺旋钻机的工效。长螺旋糊钻具体见图 1.4-1。

图 1.4-1 长螺旋钻进时钻杆糊钻

针对长螺旋钻进粘泥糊钻问题，研制了一套长螺旋自动除泥装置，通过在长螺旋钻机螺旋叶片间架设一套随长螺旋钻杆转动的自动刮泥铲，当长螺旋钻杆上的糊泥提升时，受到与刮泥铲运动方向相反力的作用，将糊泥从长螺旋钻杆上剥离，从而实现了螺旋钻杆上糊泥自动清除。

1.4.2 工艺特点

1. 清除效果好

采用本工艺进行长螺旋糊钻处理，刮泥铲安装在长螺旋叶片之间，并随长螺旋叶片转动，可以实时对附着在长螺旋叶片间的糊泥进行快速清除，并根据糊泥的性状设计了多种刮泥铲，清除效果好。

2. 提高钻进工效

采用本工艺清除长螺旋糊泥，可自动操作，无需停钻处理，减少了钻机的待机时间，提高了长螺旋钻机的施工效率。

3. 结构简便

本工艺采用的长螺旋自动除泥装置设计结构简单，制作材料常见，易于取材加工。

4. 经济实用

本套长螺旋自动除泥装置无需额外增加动力驱动装置，刮泥旋转圆盘可随长螺旋钻杆旋转而随螺距自由转动，无需再安排工人进行手动铲泥作业，节省了劳动力；装置可循环使用，制作和使用成本低。

1.4.3　适用范围

适用于粉质黏土、黏土、淤泥质土等易糊钻地层，适用于各种桩径、长螺旋钻杆的糊钻粘泥清除施工。

1.4.4　技术路线

1. 自动除泥装置设计

长螺旋钻进受淤泥、黏性土等易粘地层的影响，容易在长螺旋片之间产生糊钻、卡钻造成钻进困难。为使糊钻粘泥顺利清除，设想在长螺旋钻杆与钻机立杆之间架设一套自动除泥装置，除泥装置在长螺旋钻杆上升时，随长螺旋螺距转动，自动剥离螺旋叶片间的糊泥。

2. 自动除泥装置结构

根据上述技术路线，设计此自动除泥装置由旋转圆盘和安装座两部分组成。安装座与旋转圆盘连接一体，其作用是对旋转圆盘的安装位置进行定位。

本自动除泥装置根据不同长螺旋钻机型号及长螺旋叶片间的螺距定制，其刮泥铲可为圆形、方形、尖形。不同形状刮泥铲设计效果见图 1.4-2。

图 1.4-2　不同形状刮泥铲设计效果图

3. 旋转圆盘结构

(1) 旋转圆盘主要由5个刮泥铲和中间轴承组成，旋转圆盘直径800mm。

(2) 刮泥铲的作用是将长螺旋叶片间的糊泥从螺旋叶片上剥离，方形和圆形刮泥铲采用厚度25mm的钢板制成，5个刮泥铲厚度、直径相同；尖形刮泥铲采用锥形圆钢制成，通过锥形实心圆钢与轴承焊接连接，5个锥形刮泥铲长度、大小一致。

(3) 轴承选用外径150mm的圆柱滚子轴承加工，其负荷能力大，轴承的内芯与安装座焊接。其结构见图1.4-3。

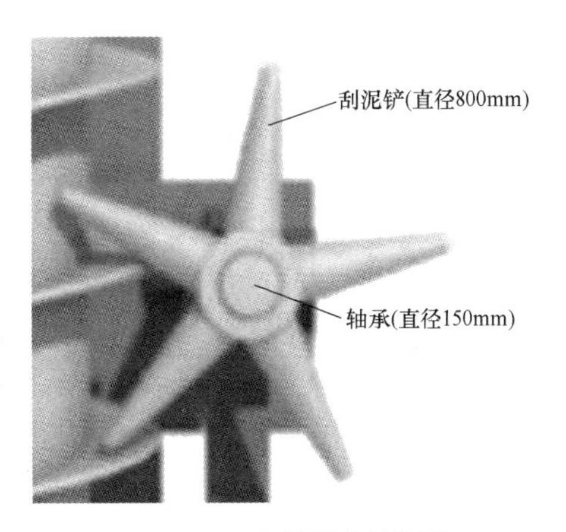

图1.4-3 旋转圆盘结构图

4. 安装座结构

(1) 安装座结构设计根据不同长螺旋钻机型号而定制。

(2) 安装座根据不同型号的长螺旋钻机结构采用不同支座安装，以确保刮泥铲伸入长螺旋螺距并随之旋转。

1.4.5 工艺原理

当遇到长螺旋钻杆糊钻时，提升钻杆将粘附在螺旋叶片间糊泥带至孔口，当糊泥的螺旋叶片遇到安装的自动除泥装置时，伸入至螺旋叶片内的刮泥铲自动清除附着在长螺旋叶片间的粘泥。随着长螺旋叶片向上旋转提升，带动自动除泥铲的旋转圆盘顺时针旋转，长螺旋单螺距转动一圈与每一个刮泥铲间的转动距离相等，如此同步循环，刮泥铲可以有效除泥，快速将糊泥从螺旋钻杆上剥离，避免了长螺旋钻机停机等待人工清理糊泥造成的工时浪费，提升了长螺旋钻机的施工效率。

自动刮泥铲工艺原理见图1.4-4。

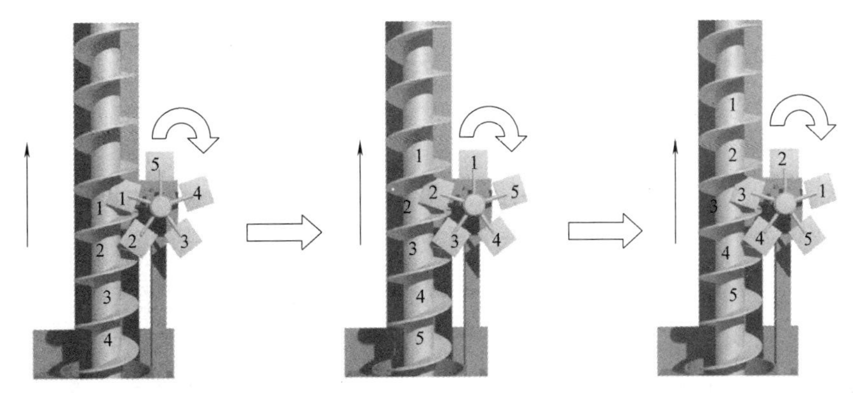

图1.4-4 自动刮泥铲工作原理图

1.4.6 施工工艺流程

长螺旋钻机自动除泥装置施工流程见图1.4-5。

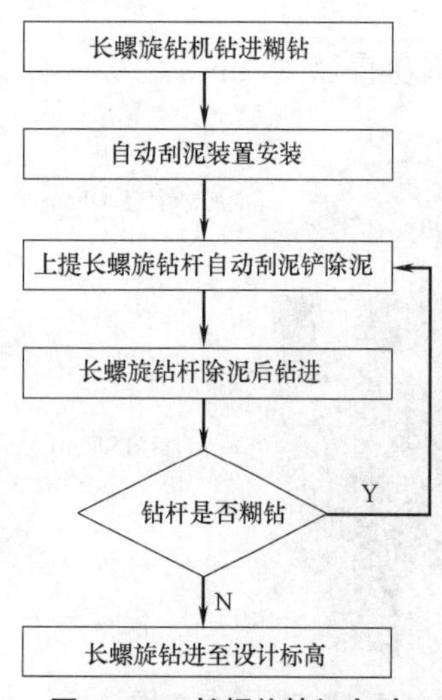

图1.4-5　长螺旋钻机自动除泥装置施工流程图

1.4.7　工序操作要点

1. 长螺旋钻机钻进糊钻

（1）长螺旋钻机就位后开始钻进，观察钻进情况。

（2）当长螺旋发生糊泥影响钻进时，将长螺旋钻头提至孔口附近，空钻将附着在钻杆螺旋上的粘泥甩脱；若粘泥仍无法清除，则安装自动刮泥装置。

2. 自动刮泥装置安装

（1）当粘泥具强塑性、含水量小时，选择具有一定破碎能力的尖形刮泥铲，见图1.4-6；当粘泥含水量较大、附着力强时，选择圆形或方形刮泥铲，可一次性刮净附着的粘泥，具体见图1.4-7。

（2）安装时，控制旋转圆盘的刮泥铲与螺旋钻杆间的距离，确保刮泥铲可以和长螺旋叶片间的泥土充分接触，以便彻底清除长螺旋叶片间的泥土。

图1.4-6　尖形刮泥铲

图1.4-7　圆形刮泥铲

（3）不同长螺旋钻机的安装方式

以上海金泰SZ80履带式长螺旋钻机为例，长螺旋与钻机主钻杆距离较近，通过主钻杆上固定横杆安装刮泥铲，具体见图1.4-8。

图1.4-8　履带式长螺旋钻机刮泥铲安装

以浙江生产ZJL型螺旋钻机为例，其安装座包括垂直固定的横杆和纵杆两部分，横杆一端与长螺旋钻机的立柱焊接，并在四周采用小三角形钢板加固焊牢，另一端与旋转圆盘的轴承焊接；纵杆一端与横杆焊接，另一端与长螺旋钻机的底盘焊接，起到支撑的作用，连接部位的四周也采用小三角形钢板加固焊牢。具体安装方式见图 1.4-9。

3. 上提长螺旋钻杆自动刮泥铲除泥

(1) 发生长螺旋钻机钻进糊钻时，上提长螺旋钻杆。

(2) 提升钻杆将粘附在螺旋叶片间粘泥带至孔口，当粘泥的螺旋叶片遇到安装的自动除泥装置时，伸入至螺旋叶片内的刮泥铲自动将附着的粘泥进行快速清除，见图 1.4-10。

图 1.4-9　步履式长螺旋钻机刮泥铲安装

图 1.4-10　刮泥铲自动清除粘泥

4. 长螺旋钻杆除泥后钻进

(1) 通过自动刮泥铲将粘泥清除，为确保除泥效果，可进行反复清理。

(2) 除泥完成后，可在长螺旋钻杆上喷洒适量水，湿润螺旋钻杆，起到防止糊钻的效用。

5. 钻进至设计标高

(1) 钻进除泥过程中，派人在孔口及时清理。

(2) 施工过程中，当钻进再次出现糊钻时，则重复提升钻杆进行除泥，直至钻进至设计标高。

1.4.8　材料与设备

1. 材料

本工艺所用材料及器具主要为圆钢、钢板、轴承等。

2. 设备

本工艺所涉及的主要机械设备见表 1.4-1。

主要机械设备配置表　　**表 1.4-1**

序号	名称	型号	备注
1	长螺旋钻机	SZ80 长螺旋钻机	钻进
2	螺旋钻头	设计直径	钻进
3	刮泥铲	自制	直径 800mm
4	电焊机	ZX7-315	现场焊接

1.4.9 质量控制

1. 刮泥铲制作

（1）除泥装置由5个刮泥铲组成，其大小、间距根据长螺旋钻机的螺距匹配，确保长螺旋螺距转动一圈与刮泥铲间的距离保持一致，制作前做好各种数据的量测，按相关参数加工制作。

（2）刮泥铲制作材料严格按要求选用，满足强度要求；制作时焊接长度满足要求，焊缝饱满。

（3）刮泥铲轴承满足质量要求，制作时检查轴承旋转是否灵活，检查轴承零件表面有无缺陷。

2. 长螺旋自动除泥

（1）刮泥铲安装时，根据长螺旋钻机的型号，选择适当位置固定。

（2）进行刮泥铲支座安装时，注意安装的角度及高度，确保刮泥铲伸于螺旋叶片内。

（3）安装时，仔细检查刮泥铲轴承的密封效果，防止泥砂等异物进入，影响轴承运转。

（4）刮泥铲的选择根据现场糊泥的含水量、附着程度等情况，可选择尖形、方形或圆形刮泥铲，以确保除泥效果。

1.4.10 安全措施

1. 刮泥铲制作

（1）制作前，作业人员接受安全教育，焊接前进行动火审批。

（2）安装刮泥铲登高作业时佩戴个人安全带。

2. 长螺旋自动除泥

（1）桩机作业前，长螺旋钻机进行试运转，检查机械传动装置、防护措施等是否到位。

（2）确保安装现场清洁，严防异物进入轴承内。

（3）无关人员不得靠近长螺旋钻机，避免被清除落下的泥土触伤。

第 2 章　灌注桩二次清孔施工新技术

2.1　超深灌注桩强力涡轮渣浆泵反循环二次清孔技术

2.1.1　引言

二次清孔是灌注桩成桩过程中的一道重要工序，如果孔底沉渣过厚，容易引起孔桩底沉渣超标，降低桩身承载力，影响建（构）筑物结构安全。

灌注桩二次清孔根据替换孔内泥浆循环方式不同，主要分为正循环清孔、泵吸反循环清孔、气举反循环清孔，具体根据孔径、孔深、地层及成孔工艺等因素综合优化选择。为保证清孔满足设计和规范要求，对大直径、超深桩通常采用泵吸或气举反循环清孔工艺。采用泵吸反循环需增加 6BS 反循环砂石泵形成真空，产生抽吸作用，现场操作专业性较强，真空度的形成具有一定的难度。采用潜水电泵反循环清孔时，其潜水电泵抽吸能力较弱，对于深孔需要从浅部逐渐往下抽吸，随着孔深的加大，底部段的清孔时间长，清孔效率相对低。采用气举反循环工艺清孔，需投入空气压缩机，整体循环系统管路布设较复杂，在不稳定地层使用易塌孔。

以深圳市招商局前海环贸中心项目地基与基础工程为例，桩基设计桩径 1400～2400mm，桩端以微风化花岗岩为持力层，最大成孔深度约 75m。为解决大直径、超深桩的二次清孔效果差、易塌孔、泥浆循环管路复杂等难题，项目组对“大直径超深灌注桩强力涡轮渣浆泵反循环二次清孔施工技术”进行了研究，采用强力渣浆泵实施反循环二次清孔，即采用渣浆泵与孔口灌注导管连接，当电机启动后带动泵体涡轮叶片高速旋转，直接抽吸孔底沉渣，其超强力抽吸形成孔内泥浆反循环，抽吸上返的泥浆进入净化器，实施浆渣分离后再流入孔内，经过不断的浆渣抽吸、循环转换，达到便利高效、安全环保、经济的效果。

2.1.2　工艺特点

1. 操作便利

（1）所使用的渣浆泵的泵体与电机同轴一体，整体平面尺寸最大处仅 970mm，安放方便；泵体重量轻，设计有专门的吊放架，起吊便利。

（2）泵体吊放至孔口后，泵体下端与灌注导管连接、出浆口与胶管连接后，启动电源即可进行清孔作业，现场操作快捷。

（3）出浆管路采用单向阀设计，如遇清孔过程临时暂停，单向阀在自重作用下自动关闭，管路内真空度和水头持续维持，当再次启动清孔时即可连续清孔，不用重新排除管路内空气，保持连续清孔操作。

2. 清孔效果好

(1) 渣浆泵俗称物料泵，为输送渣浆浓度在65%以内固体颗粒的离心泵，其广泛应用于矿浆输送、火电厂水力除灰、洗煤厂煤浆及重介输送、河道疏浚、河流清淤等，本工艺将渣浆泵用于孔底浆渣清孔，其超强抽吸力使得形成的反循环更顺畅、抽吸更彻底。

(2) 本工艺渣浆泵电机转轴直接与涡轮泵体连接，产生的抽吸力强；渣浆泵采用模压成型的耐磨过流件，使内部循环流体更平稳、快速，并减少内部流体的紊乱，有利于提高渣浆泵的效率。

(3) 本工艺渣浆泵采用特制水泵涡轮代替常见的叶轮水泵，涡轮密封性好，电机轴带动水泵涡轮高速运转，形成强力抽吸作用，使孔底沉渣快速上返，清孔效果好。

3. 经济性好

(1) 采用本工艺的渣浆泵现场清孔时间短，大大缩短作业时间，有利于提高施工工效。

(2) 渣浆泵清孔效果好，桩底沉渣少，确保桩身灌注质量的同时减少质量通病的处理时间和费用。

(3) 渣浆泵采用高硬合金铸铁制成，耐腐耐磨，抗冲击能力较强，重复使用寿命长。

4. 安全环保

(1) 本渣浆泵的出浆管路采用鹅颈式向上延伸，减缓了高速上返浆体的冲击力；同时，出浆管口设计为双出浆口，有利于抽吸上返的泥浆消压，有效消除出浆胶管的甩动，保证操作安全可靠。

(2) 本工艺采用“渣浆泵+净化器”组合清孔，孔内抽吸上返的泥浆直接进入净化器进行渣浆分离，经处理后的泥浆循环入孔，泥渣直接外运，有利于现场绿色环保。

2.1.3 适用范围

适用于桩径≥1200mm、孔深≤80m的灌注桩二次清孔，适用于现场废弃泥浆的抽吸处理。

2.1.4 渣浆泵结构

本工艺使用的渣浆泵为项目组自主设计，已获外观专利证书。渣浆泵主要由电动机、涡轮泵体、出浆管路单向阀、双出浆口、灌注导管抽吸连接接头等组成，具体渣浆泵见图2.1-1、图2.1-2，渣浆泵结构分解设计见图2.1-3。

1. 电动机

(1) 电动机为泵体的动力源。为确保泵的抽吸效果，选用大功率、高转速三相异步电动机，电动机见图2.1-4，电动机转轴见图2.1-5。

(2) 电动机与泵体连接，电机可防尘、防喷水，机体严禁入水。

(3) 本工艺所选用的电动机主要技术参数见表2.1-1。

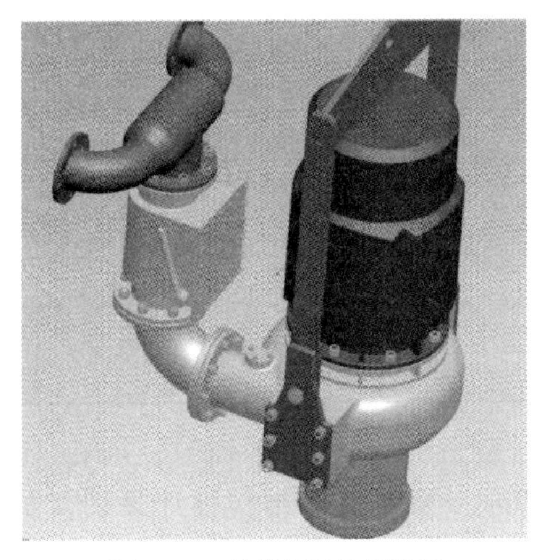

图 2.1-1　渣浆泵结构设计图

图 2.1-2　渣浆泵现场实物图

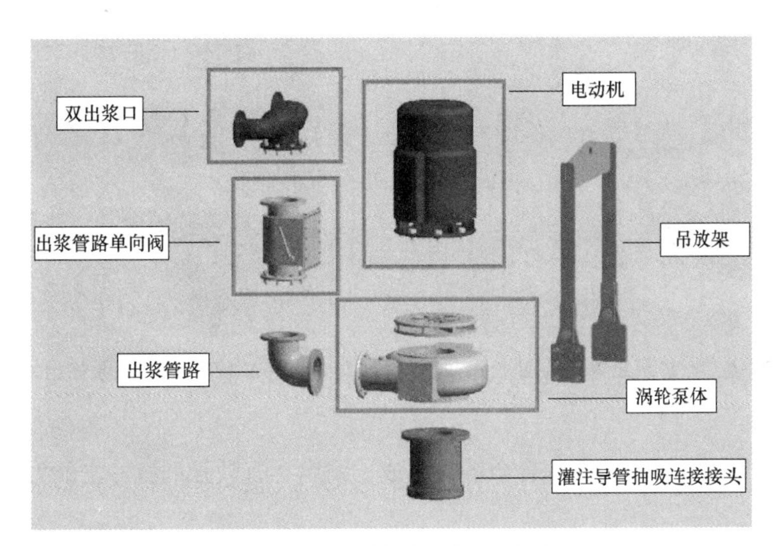

图 2.1-3　渣浆泵结构分解设计图

图 2.1-4　电动机

图 2.1-5　电动机转轴（与涡轮连接）

三相异步电动机主要技术参数表 表2.1-1

序号	参数	技术指标
1	型号	YE2 225M-6(山西雷力机电有限公司)
2	功率/电压/电流	30kW/380V/59.3A
3	转速	980r/min
4	绝缘等级	E(耐热温度为120℃)
5	防护等级	IP55(防尘、防喷水)
6	质量	278kg

2. 泵体

渣浆泵泵体由壳体、涡轮叶片、连接座组成。泵体具体结构设计见图2.1-6、图2.1-7。

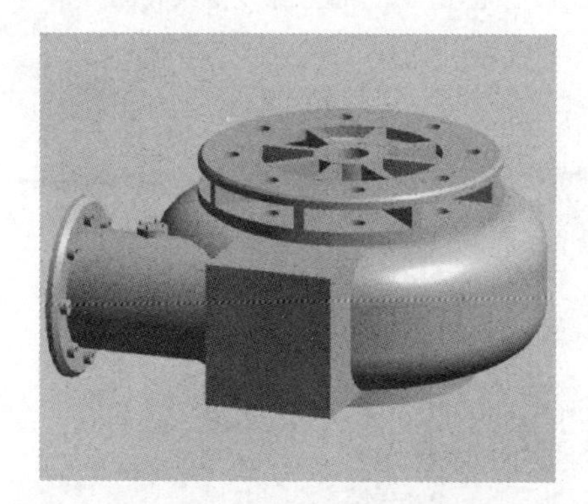

图2.1-6 渣浆泵泵体结构图

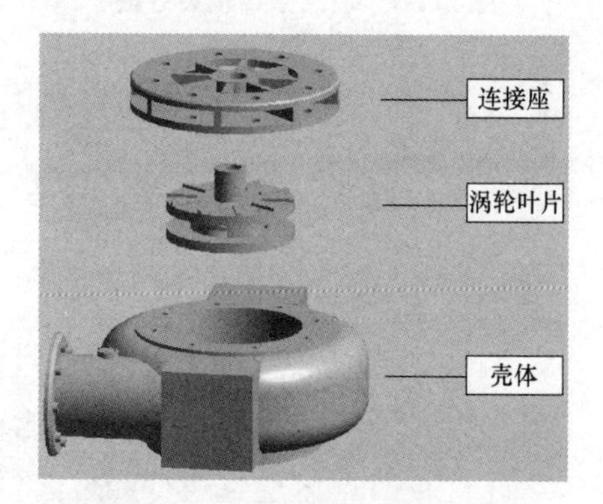

图2.1-7 渣浆泵泵体结构分解图

(1) 壳体

壳体为泵的外壳，采用高硬合金铸铁制成，耐腐，有较强的抗冲击能力。壳体结构见图2.1-8。

图2.1-8 壳体结构（左：向上顶面；右：向下底面）

(2) 涡轮叶片

涡轮叶片安装调试过程中，可通过在涡轮叶片上焊贴动平衡调节块来调节涡轮叶片旋转时的平衡，涡轮叶片见图 2.1-9；涡轮叶片安装时，直接安放入壳体内部（图 2.1-10）。

图 2.1-9 涡轮叶片（左：侧面；右：向上顶面）

图 2.1-10 涡轮叶片放入壳体内

（3）连接座

连接座（图 2.1-11）置于涡轮叶片之上，与涡轮叶片通过旋转丝扣连接，连接座与涡轮叶片连接见图 2.1-12。电动机与连接座以螺栓连接，电动机的转轴与涡轮叶片丝扣连接，涡轮叶片在电动机转轴的带动下旋转，具体连接见图 2.1-13；涡轮叶片置于泵体壳体内，壳体与连接座通过螺栓连接，具体见图 2.1-14。

图 2.1-11 连接座（左：向上顶面；右：向下底面）

图 2.1-12　连接座与涡轮叶片连接

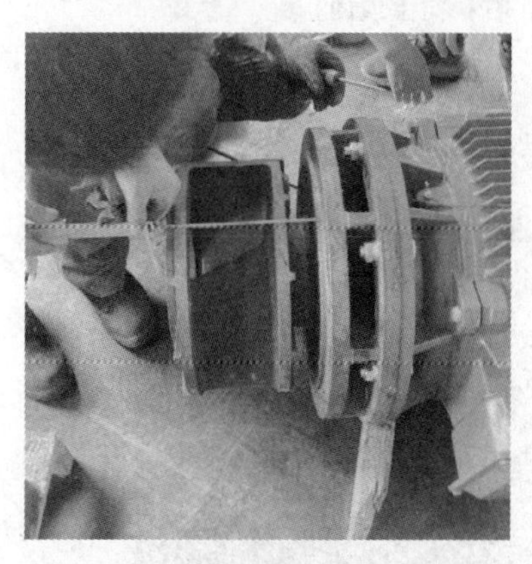

图 2.1-13　叶轮、连接座与电机连接

图 2.1-14　壳体与连接座螺栓连接

3. 出浆管路单向阀

(1) 单向阀设置在抽吸上返出浆管路上，其初始状态为关闭，在启动电机形成泥浆反循环后，其在二次清孔过程中受高速流动的泥浆冲击而始终保持开启。具体结构见图 2.1-15。

图 2.1-15　单向阀（左：正面；右：侧面）

(2) 当二次清孔出现暂停时，单向阀在自重作用下自动关闭，此时出浆管路中的水头

压力持续保持，再次启动后即可继续清孔。在单向阀的作用下，泥浆只能从渣浆泵流向净化器，避免泥浆倒流。单向阀及阀门开闭状态见图 2.1-16。

图 2.1-16　单向阀开闭状态

4. 双出浆口

（1）上返泥浆经单向阀由出浆口返出，在出浆口安装胶管连接接头和胶管即可。

（2）为避免使用过大的胶管外接排浆，抽吸上返泥浆的出浆口采用双出浆口设计，使得原需采用 6 寸粗大胶管改为使用 3 寸常用胶管，同时可有效减缓高速上返泥浆的流速。双出浆口具体设置见图 2.1-17～图 2.1-19。

图 2.1-17　双出浆口

图 2.1-18　双出浆口出浆效果

图 2.1-19　出浆口接胶管

5. 灌注导管抽吸连接接头

（1）灌注导管抽吸连接接头安装在泵体下端，与孔口用于清孔的灌注导管连接，连接接头直径与灌注导管保持一致。

（2）在灌注导管抽吸连接接头顶部按水平间距 40mm 焊接钢筋，防止抽吸上返的泥浆混杂粗大颗粒经导管连接接头进入泵体，产生高速碰撞破坏或卡位涡轮。

（3）为使抽吸接头与泵体连接，在接头处设置连接法兰，并采用螺栓连接紧固；为确保接头与泵体连接紧密，在接头法兰处布置凹槽，凹槽内设置橡胶密封圈。

导管钢筋设置、连接接头密封圈设置见图 2.1-20，连接接头与泵体螺栓连接见图 2.1-21。

图 2.1-20　连接接头实物图

图 2.1-21　连接接头与泵体螺栓连接

2.1.5　工艺原理

本工艺采用渣浆泵与孔口灌注导管相连，放置于孔口液面之上，灌注导管底部距孔底30～50cm；启动渣浆泵进行二次清孔时，通过离心力作用实现对输送渣浆增压，这实际是一个能量传递和转化的过程，它将电机高速旋转的机械能，通过泵的涡轮叶片传递并转化为被抽升浆渣的压能和动能；当电机带动叶轮旋转时，渣浆泵涡轮中的叶片迫使浆液高速旋转，即叶片对浆体沿抽吸上返的运动方向做功，从而迫使流体的压力势能和动能增加；与此同时，浆体在惯性力的作用下，从中心向叶轮边缘流动，并以高速流出叶轮片。另外，由于叶轮中心的流体流向边缘，在叶轮中心形成低压区，当它具有足够的真空时，在吸入端大气压强的作用下，浆体从灌注导管底抽吸进入叶轮；由于叶轮连续的旋转，浆体经连续的抽吸、排出，经净化器处理后，形成连续循环清孔。

2.1.6　施工工艺流程

大直径超深灌注桩强力涡轮渣浆泵反循环二次清孔施工工艺流程见图 2.1-22。

2.1.7　工序操作要点

1. 旋挖钻进终孔

(1) 旋挖钻进深度达到设计桩端持力层和入岩深度后，进行终孔验收；终孔验收时，检查桩径、桩长、桩孔垂直度、桩端持力层等。

(2) 终孔验收后进行一次清孔，采用旋挖捞渣斗将孔底沉渣尽可能捞出。

(3) 本工艺为深孔作业，终孔后始终保持泥浆性能指标满足规范要求，以保持孔壁稳定和良好携渣能力。

2. 钢筋笼制作、安装

(1) 一次清孔完成后，及时吊放钢筋笼。

(2) 钢筋笼制作严格按设计图纸加工制作，并进行隐蔽验收，验收合格后方可投入使用。

(3) 钢筋笼采用吊车分节吊放，接长时采用孔口固定驳接，安放到位后在孔口将钢筋笼固定。现场吊放钢筋笼见图 2.1-23。

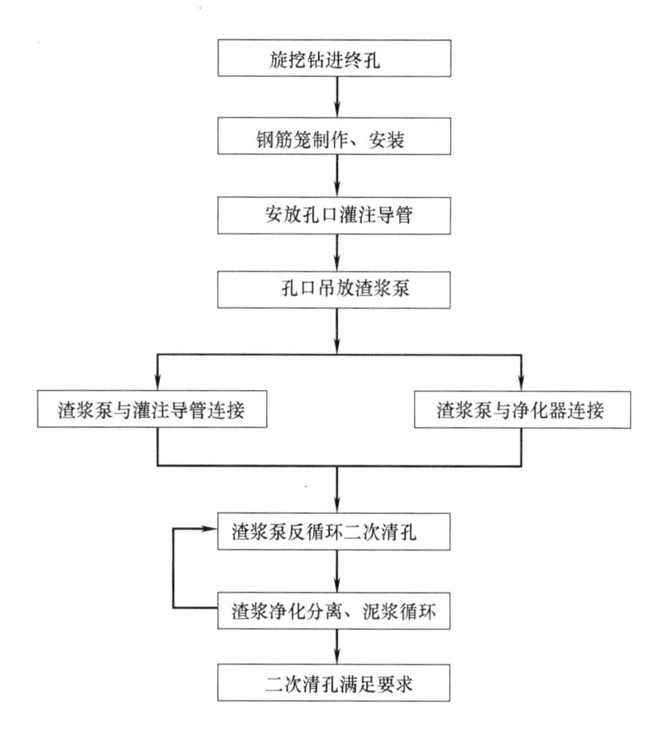

图 2.1-22 强力涡轮渣浆泵反循环二次清孔施工工艺流程图

3. 安放孔口灌注导管

（1）由于大直径、深孔作业，灌注导管选用内径 30cm 无缝钢管，其型号、尺寸等与渣浆泵底部连接接头管保持一致；导管使用前进行闭水试验，合格后导管才投入使用。

（2）导管居中沉放，严禁触碰钢筋笼，以免导管在提升中将钢筋笼提起；导管连接时，涂抹黄油、加密封圈，确保连接紧密；导管底部距孔底 0.3～0.5m，并在孔口用灌注卡板固定。现场安放灌注导管见图 2.1-24。

图 2.1-23 现场吊放钢筋笼

图 2.1-24 现场安放灌注导管

4. 孔口吊放渣浆泵

（1）渣浆泵吊车吊放，起吊时设专人指挥。

（2）渣浆泵由吊车用钢丝绳起吊于灌注孔孔口位置，始终保持平稳，吊车现场起吊渣浆泵见图 2.1-25。

5. 渣浆泵与灌注导管连接

（1）渣浆泵起吊至孔口，将灌注导管抽吸连接接头与孔口已安放的灌注导管对接。

（2）连接过程中，始终保持吊车的起吊状态，并对准丝扣拧紧。现场渣浆泵孔口对接见图 2.1-26。

图 2.1-25 吊车现场起吊渣浆泵

图 2.1-26 渣浆泵与孔口灌注导管连接

6. 渣浆泵与净化器连接

（1）渣浆泵通过出浆胶管与净化器进浆口相连。

（2）渣浆泵在孔口连接就位后，将两个出浆管口连接接头与出浆胶管一端连接；胶管连接时，用扎丝固定、扎牢，严禁漏气，防止受泥浆冲力脱落。渣浆泵出浆胶管连接见图 2.1-27。

图 2.1-27 双出浆口与胶管连接

(3) 净化器置于泥浆池附近，安放平稳；渣浆泵与出浆胶管一端连接好后，再将出浆胶管另一端与净化器进浆口连接；经净化器处理的泥浆排入循环池内，回流至灌注孔内。净化器现场连接见图 2.1-28。

图 2.1-28 出浆胶管与净化器进浆口连接

7. 渣浆泵反循环二次清孔

(1) 在渣浆泵安装完毕后，进行全面检查，检查内容包括：泵体安装是否牢固，胶管连接是否紧密，电源线路连接是否正确，泥浆循环管路系统是否准备就绪等，检查符合要求后即可进行二次清孔。

(2) 清孔时，先启动渣浆泵电动机电源，开动净化器，泥浆开始循环；二次清孔过程中，采用吊车起吊渣浆泵作业，可根据孔内情况调整渣浆泵及灌注导管的位置和高度，注意始终保持泵壳在浆面之上。

(3) 二次清孔抽吸作业时，控制孔内泥浆面的高度不低于地面 0.5m，保证孔壁稳定。

渣浆泵现场二次清孔作业见图 2.1-29。

图 2.1-29 渣浆泵现场二次清孔作业

8. 渣浆净化分离、泥浆循环

(1) 二次清孔过程中，抽吸上返的泥浆通过胶管流入净化器进行渣浆分离，分离后的泥浆返回孔内进行循环清孔；分离后的渣粒集中清运至场地临时堆放、晾晒后，集中外运处理。

（2）由于泵量大、抽吸力强、泥浆经净化处理，二次清孔时间相对短，一般30～60min即可完成。

9. 二次清孔达标

（1）二次清孔过程中，定期派专人对孔底沉渣厚度和泥浆指标进行量测，当孔底沉渣厚度、泥浆相对密度、含砂率、黏度等符合规范要求后，即可停止清孔作业。

（2）二次清孔达到要求，经监理验收后，即刻拆卸管路连接、吊移孔口渣浆泵，及时进行桩身混凝土灌注成桩。

2.1.8　材料与设备

1. 材料

本工艺所用的材料主要为胶管、二次清孔时孔内用于造浆的膨润土等。

2. 设备机具配套

本工艺二次清孔主要机具包括：渣浆泵、净化器、吊车等，其主要设备机具配套见表2.1-2。

渣浆泵二次清孔系统主要设备机具配套表　　**表2.1-2**

名称	型号	说　明
渣浆泵	自制	抽吸孔底渣浆
净化器	ZX-200	循环泥浆的渣浆分离
吊车	50t	起吊钢筋笼、灌注导管、渣浆泵
挖掘机	PC200	清理分离后的沉渣

2.1.9　质量控制

1. 灌注导管安放

（1）导管使用前进行密封性试验，确保导管连接密封可靠，防止漏气影响泥浆抽吸效果。

（2）导管安放时，合理搭配各节导管长度，导管底部距孔底30～50cm。

（3）渣浆泵连接灌注导管时，要求紧密、牢靠。

2. 二次清孔

（1）在清孔过程中，不断置换泥浆，直至灌注水下混凝土。

（2）清孔时，可用吊车将渣浆泵移动位置和在孔内的深度，以提升清孔效果。

（3）安装现场设专人持续对泥浆性能指标进行测试。

（4）当孔底沉渣厚度、泥浆相对密度、含砂率、黏度等满足设计要求后，立即停止清孔作业并及时灌注桩身混凝土成桩，防止灌注准备时间过长造成泥浆沉淀、孔底沉渣厚度超标。

2.1.10　安全措施

1. 导管安放

（1）钢筋笼吊装完毕后，尽快安放导管，吊放作业由专人指挥。

（2）导管起吊前，专职安全员对吊具稳固性进行事前检查，并现场旁站监督。

（3）吊放导管时，位置居中，防止卡挂钢筋笼。

2. 二次清孔

(1) 渣浆泵由专人操作，作业前做好安全交底，严格遵守安全操作技术规程。

(2) 二次清孔前，检查渣浆泵反循环二次清孔系统机具连接的紧固性，如：出浆胶管与渣浆泵、净化器的连接是否牢靠；渣浆泵与孔口灌注导管连接是否紧固，不得在螺栓松动或缺失状态下启动。

(3) 渣浆泵电动机正确接线，使用时电动机不得淹没于水中。

(4) 渣浆泵在使用过程中，不得随意拉动电缆，以免电缆破损发生触电事故。

(5) 当渣浆泵发生故障时，先切断电源，然后检查并排除故障，严禁带电检查与带故障运转。

2.2 超深桩气举反循环二次清孔循环接头弯管系统及清孔技术

2.2.1 引言

在灌注桩身混凝土前，按要求须对灌注桩孔底沉渣厚度进行检测，如沉渣厚度超过设计要求，则应进行二次清孔。清孔原理是利用循环泥浆使孔底沉渣处于悬浮状态，进而利用泥浆胶体的粘结力把沉渣随循环泥浆带出桩孔。

对于桩径大于 2m、桩深大于 60m 的大直径超深灌注桩，二次清孔通常采用气举反循环工艺。在通常的二次清孔操作中，有的采用将空压机送风胶管绑扎在灌注导管外壁，随灌注导管一同下入孔内（图 2.2-1），该种方法在空压机送风时，由于孔内断面大，送入孔内的风量形成的抽吸力相对小，造成清孔效果不佳；同时，风管安装时需要间隔绑扎固定，存在安装效率较低等问题。

图 2.2-1 气举反循环二次清孔风管绑扎导管外壁

为解决上述问题，我们专门设计了一种大直径超深灌注桩气举反循环二次清孔送风、泥浆循环接头弯管系统，其送风胶管通过孔口灌注导管的接头弯管置于灌注导管内，导管内送风管采用整根 PVC 管并与弯管连接，一次性下至导管内下部位置，形成孔内泥浆气举反循环，达到了安装快捷、密封性好的效果。气举反循环送风及泥浆循环接头弯管系统见图 2.2-2，气举反循环接头弯管二次清孔现场见图 2.2-3。

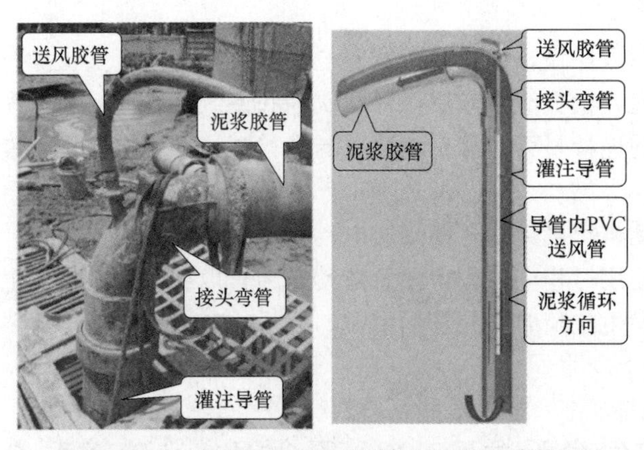

图 2.2-2　气举反循环送风及泥浆循环接头弯管系统

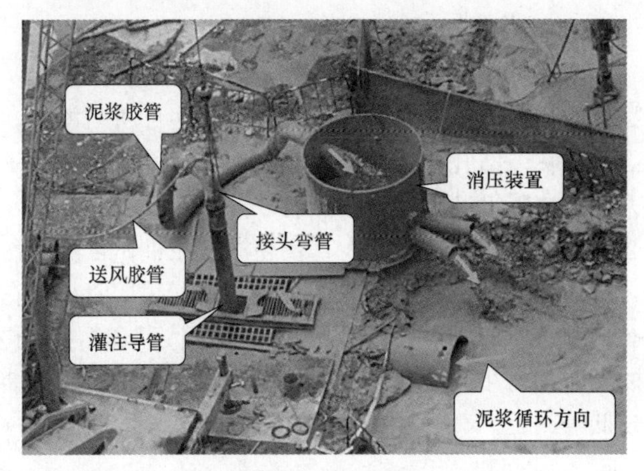

图 2.2-3　气举反循环接头弯管二次清孔现场

2.2.2　工艺特点

1. 清孔效果好

本工艺所述的泥浆循环接头弯管系统在二次清孔时，将空压机产生的高压空气直接送入灌注导管内部，进而产生流速、流量极大的反循环，清孔效果好。

2. 结构简单

本工艺所述的泥浆循环接头弯管装置结构简单，现场易加工，采用螺栓和钢丝连接，便于安装。

3. 降低成本

本工艺在现场安装时，清孔速度快，大大提高工效；可重复使用，适用性强，总体降低施工成本。

2.2.3　工艺原理

本工艺所述的气举反循环二次清孔原理，主要是将空压机产生的高压缩空气，通过孔口灌注导管的接头弯管，将空压机送风胶管、泥浆循环胶管连接；同时，接头弯管将灌注导管中的 PVC 风管共同连接，建立起完整的风压系统。当启动空压机后，高压缩空气被输送至孔内与泥浆混合，由于送入孔内的压缩空气相对密度小于孔内泥浆相对密度，使得在灌注导管内形成密度小于泥浆的浆气混合物，并在灌注导管内风管的底端形成负压，连续输送压缩空气使得导管内外压力差不断增大，当达到一定压力差后，灌注导管内的浆气混合体沿灌注导管向上流动；由于灌注导管的断面大大小于导管外壁与桩壁间的环状断面面积，便形成了流速、流量极大的反循环，循环泥浆携带孔内沉渣从导管内经孔口接头弯管、泥浆胶管返出，并流至地面的泥浆沉淀池，泥浆经沉淀后流经泥浆循环池，再回流入孔内，从而实现循环清孔。

灌注桩气举反循环泥浆循环接头弯管系统二次清孔原理见图 2.2-4。

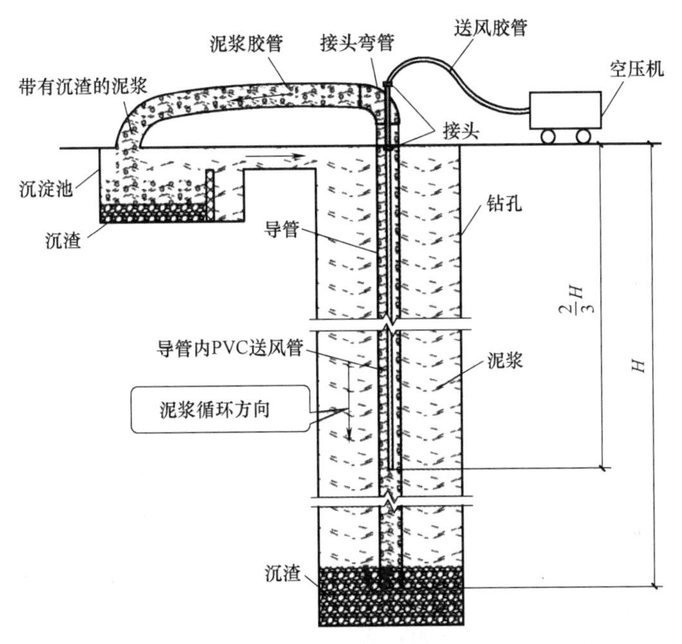

图 2.2-4　灌注桩气举反循环泥浆循环接头弯管系统二次清孔原理图

2.2.4　泥浆循环接头弯管结构系统

本工艺所述的气举反循环接头弯管系统由泥浆胶管、送风胶管、接头弯管、导管内 PVC 送风管四部分组成。

1. 泥浆胶管

（1）泥浆胶管采用型号 12 寸橡胶管，长度根据现场管路布置确定。

（2）泥浆胶管通过钢丝绳连接在接头弯管出浆口和消压装置的进浆口上，见图 2.2-5。

2. 送风胶管

（1）采用 ZHIGAO 90SDY 空压机，选用排气量 12.8m^3/min、功率 90kW 空压机，具体见图 2.2-6。

（2）送风胶管由特种合成橡胶配合制成，为压力型胶管，具有优良的抗压性、耐挠曲性和抗疲劳性。

图 2.2-5　泥浆胶管与接头弯管和消压装置连接

（3）送风胶管通过螺纹管与空压机出风口、接头弯管的接头螺旋丝扣连接，形成高压空气的输送。

3. 接头弯管

（1）接头弯管是本清孔系统的重要装置，通过接头弯管将孔外送风胶管、泥浆胶管和孔内灌注导管、PVC送风管连接，构成二次清孔泥浆循环接头弯管系统。

（2）接头弯管材料为钢制管状弯头结构，其材质和弯管直径尺寸与灌注导管一致。

（3）接头弯管由外露接头和内部接头两部分组成，主要用于连接孔外的泥浆胶管、送风胶管和孔内的灌注导管、PVC送风管，其具体结构及连接方式见图 2.2-7。

图 2.2-6　ZHIGAO 90SDY 空压机

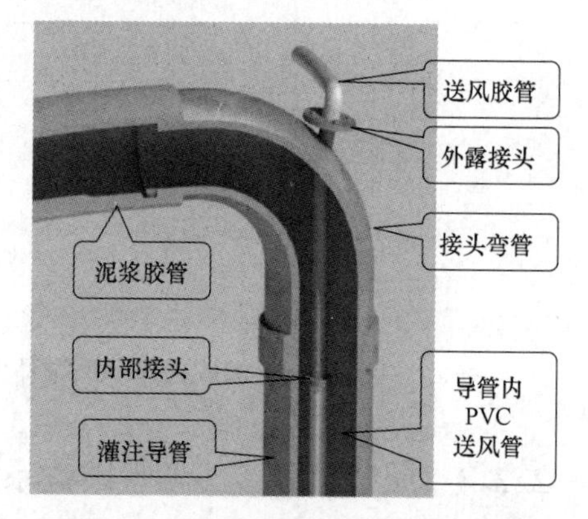

图 2.2-7　接头弯管结构及连接示意图

（4）接头弯管设置内、外螺栓丝扣连接接头，用于连接孔外送风胶管和导管内PVC送风管，具体螺栓丝扣接头设置见图 2.2-8、图 2.2-9，现场接头弯管连接见图 2.2-10。

图 2.2-8　接头弯管外露接头

图 2.2-9　接头弯管内部接头

图 2.2-10 现场接头弯管外部连接

4. 导管内 PVC 送风管

（1）导管内 PVC 送风管外径 50mm、壁厚 3mm，采用整根不设接头配置，以保证气密性良好和缩短深孔的下放时间，具体见图 2.2-11。

图 2.2-11 灌注导管内 PVC 送风管

（2）导管内 PVC 送风管顶部设置螺栓连接结构，采用钢丝将送风管和带有 4 个螺栓连接孔的连接头固定，与孔口接头弯管的内部螺栓接头对接，使空压机压缩空气可通过接头弯管顺利进入孔内 PVC 送风管。具体见图 2.2-12。

图 2.2-12 导管内 PVC 送风管顶部螺栓接头设置

（3）导管内 PVC 送风管的长度一般约为孔深的 2/3，为使安放时下放快捷，专门在其底部设置配重，采用 3 根直径 22mm、长度约 1m 的钢筋与 PVC 管绑扎，增加其重量。送风管底部配重设置见图 2.2-13。

（4）为使空压机产生的空气能顺利输送至灌注导管的底部，将 PVC 管底部实施封堵，并由底部向上 1m 范围开设高压空气出风孔，风孔直径 5mm、孔间距 15cm，出风孔设置见图 2.2-14。

图 2.2-13　导管内 PVC 送风管底部配重设置

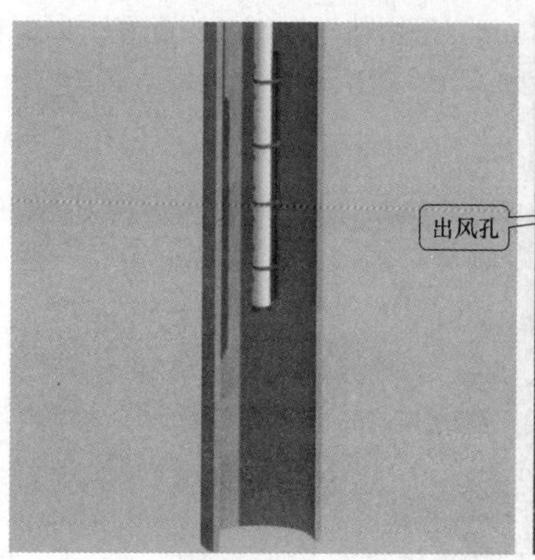

图 2.2-14　导管内 PVC 送风管底端出风孔设置

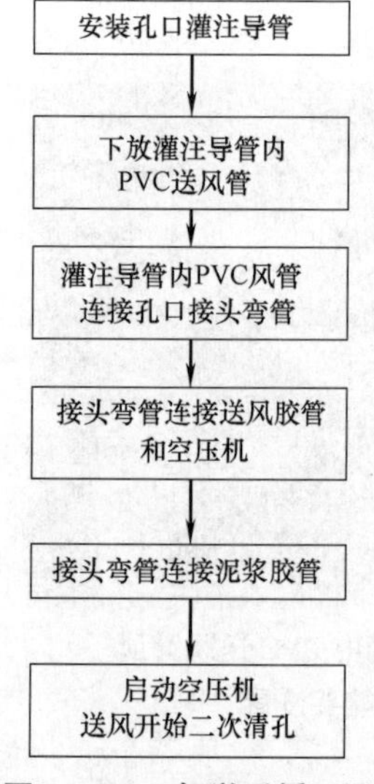

图 2.2-15　气举反循环泥浆循环接头弯管二次清孔工序流程图

2.2.5　施工工艺流程

大直径超深桩气举反循环泥浆循环接头弯管二次清孔工序流程见图 2.2-15。

2.2.6　工序操作要点

1. 安装孔口灌注导管

（1）终孔验收后，即刻开始灌注准备工作。

（2）灌注导管安放时，将灌注导管对准孔口正上方的中心位置后开始下放。

（3）灌注导管在孔口依次连接，直至孔内清孔位置，并将灌注导管在孔口固定。

灌注导管安放见图 2.2-16。

2. 下放灌注导管内 PVC 送风管

（1）先将整根送风管移位至孔口导管安放位置。

（2）下放风管前，检查送风管底端封口和下端配重是否牢固，

图 2.2-16 吊车逐节下放灌注导管

出风孔是否通顺。

(3) 开始下放送风管时，孔口安排一名工人控制下放，另一名工人配合捋顺，直至送风管到达清孔位置。孔口安放 PVC 送风管见图 2.2-17。

图 2.2-17 下放灌注导管内 PVC 送风管

3. 灌注导管内 PVC 风管连接孔口接头弯管

(1) 将接头弯管用吊车起吊至孔口，将接头弯管的内部接头与放置在灌注导管内的 PVC 送风管连接接头对接，采用钢丝扎牢，确保接头处牢固。具体连接方式见图 2.2-18。

(2) 将接头弯管与孔口灌注导管连接，连接方式与导管连接方式相同。

4. 接头弯管连接送风胶管和空压机

(1) 将空压机放置于指定位置，将送风胶管通过螺纹旋转连接在空压机出风口处。

(2) 将送风胶管和接头弯管连接，螺帽丝扣连接，以保证其气密性良好。

空压机连接送风胶管见图 2.2-19，接头弯管连接送风胶管见图 2.2-20。

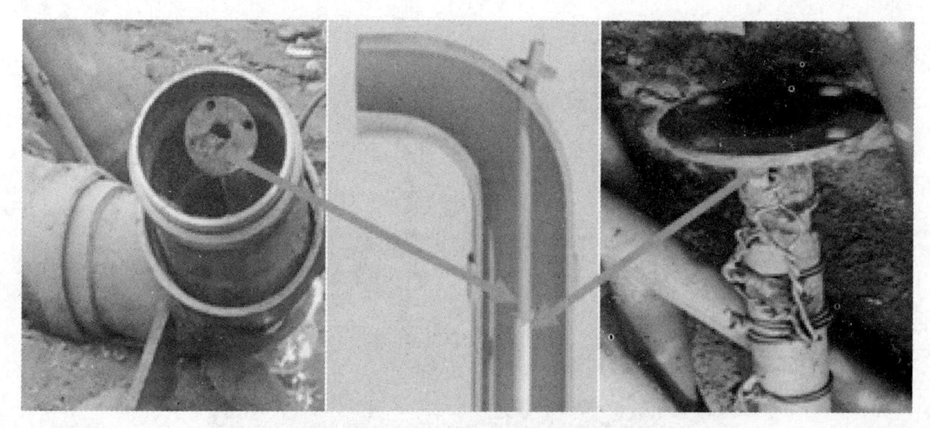

图 2.2-18　接头弯管连接示意图

图 2.2-19　空压机连接送风胶管

图 2.2-20　接头弯管连接送风胶管

5. 接头弯管连接泥浆胶管

(1) 通过钢丝将泥浆胶管连接在接头弯管的出浆口处。

(2) 由于反循环系统产生的压力较大，循环出浆量大，快速上返的泥浆会造成胶管剧烈甩动，因此将泥浆胶管尾端安设在一个消压装置上，连接方式与连接接头弯管方式相同，具体见图 2.2-21。

图 2.2-21　泥浆胶管现场安装图

6. 启动空压机送风开始二次清孔

(1) 安装完毕后，启动空压机送风，进行二次清孔。

（2）二次清孔过程中，吊车始终悬吊接头弯管，并可上下稍微提动灌注导管，保持清孔效果。

（3）清孔时，由灌注导管上返至沉淀池的泥浆量，始终保持与返回孔内的泥浆量平衡，确保孔内泥浆面的高度。

（4）二次清孔过程中，如清孔前停待时间过长，发现孔底沉渣较厚，则可采用从孔底沉渣面开始往下逐渐接长导管的清孔方式进行。

（5）清孔过程中，定期派人测量孔内沉渣厚度和泥浆性能指标，当满足设计和规范要求后，二次清孔结束。现场二次清孔见图 2.2-22。

图 2.2-22 气举反循环二次清孔现场

第 3 章　基坑支护施工新技术

3.1　基坑支护锚索渗漏双液封闭注浆堵漏施工技术

3.1.1　引言

在深基坑开挖采用桩锚支护时，时常发生预应力锚索在张拉锁定后在锚头出现不同程度的渗漏水现象。长时间的锚索渗漏水，会不同程度引起基坑周边地下水位的下降，持续加大会导致周边管线、建（构）筑物的沉降增大或超标。为消除锚索漏水对基坑造成的安全隐患，通常采用在渗水锚索的锚头钢垫板处，钻凿数个注浆孔并采用高压注浆机注入化学浆液进行堵漏。在实际堵漏施工中，当锚索渗漏为浸透或细微漏水时，上述对锚头注浆处理有一定的效果，可实现快速封堵渗漏点。而当锚索渗漏水较大时，采用上述化学注浆处理后，锚头处漏水点会被封堵，但会转而在锚索腰梁处出现绕渗，堵漏难以达到效果。

为处理基坑支护预应力锚索渗漏水的问题，研究一种双液封闭注浆快速堵漏工艺，采取在锚索腰梁与支护桩交结位置，沿锚体方向钻凿交叉注浆孔，再安放高压注浆管，采用双液注浆泵向注浆孔内注入“水玻璃＋水泥浆”的双液混合浆，通过水玻璃及水泥浆的凝结胶凝体实施对锚索通道的止水封堵，达到了快速、深层、封闭的堵漏效果，有效解决了预应力锚索锚头渗漏水的难题。

3.1.2　工艺特点

1. 堵漏效果好

本工艺选用水泥和水玻璃双液浆作为注浆材料，具有凝结速度快、凝结时间可控的特点，可在较短时间内有效地控制浆液在地层中的扩散，确保在渗水流动的情况下迅速堵住深层流动通道，从源头上解决漏水，堵漏效果好。

2. 三通双液注浆操作便利

本工艺采用专门定制的双液注浆三通接头管，即水泥浆管、水玻璃管和双液注浆管，注浆时采用双液注浆泵，将水泥浆、水玻璃高压分通道注入，双液混合后快速注入至漏水部位，现场注浆操作便利。

3. 绿色环保无污染

本工艺采用的堵漏材料浆液的凝胶固结无毒、无污染，满足绿色施工要求。

4. 综合成本低

本工艺注浆用量少、操作时间短，使用劳动力少，总体综合成本低。

3.1.3　适用范围

适用于基坑支护预应力锚索渗水堵漏，适用于基坑支护桩间渗漏水堵漏。

3.1.4 工艺原理

分析预应力锚索出现渗漏的原因主要是在锚索制作、下锚或注浆时，非锚固段处波纹管出现损坏所致，锚头处表面采用注入化学浆液封堵，难以解决锚索体的深层渗漏问题。为此，本工艺采用了一种双液封闭注浆快速堵漏的施工方法，即在预应力锚索腰梁部位，沿与锚索交叉方向钻孔并埋设注浆管，利用双液注浆泵将水泥浆、水玻璃通过三通接头混合后快速注入锚索自由段锚固体附近，通过"水泥浆+水玻璃"的胶凝作用，将锚体的渗漏水通道完全封闭，达到快速堵漏的效果。

预应力锚头渗水原因分析示意见图 3.1-1，双液注浆堵漏处理工艺原理见图 3.1-2。

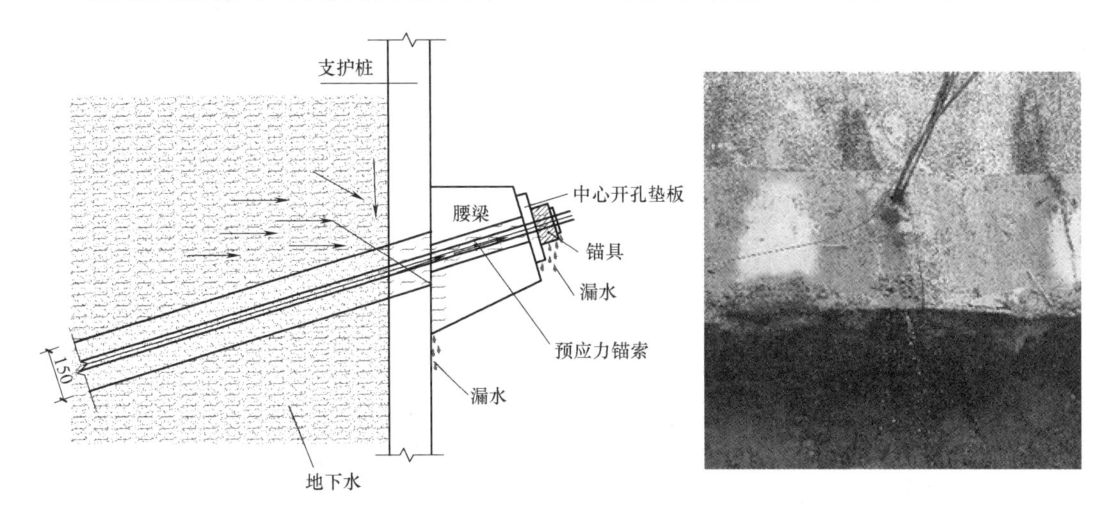

图 3.1-1 基坑支护锚头渗漏水原因分析示意图

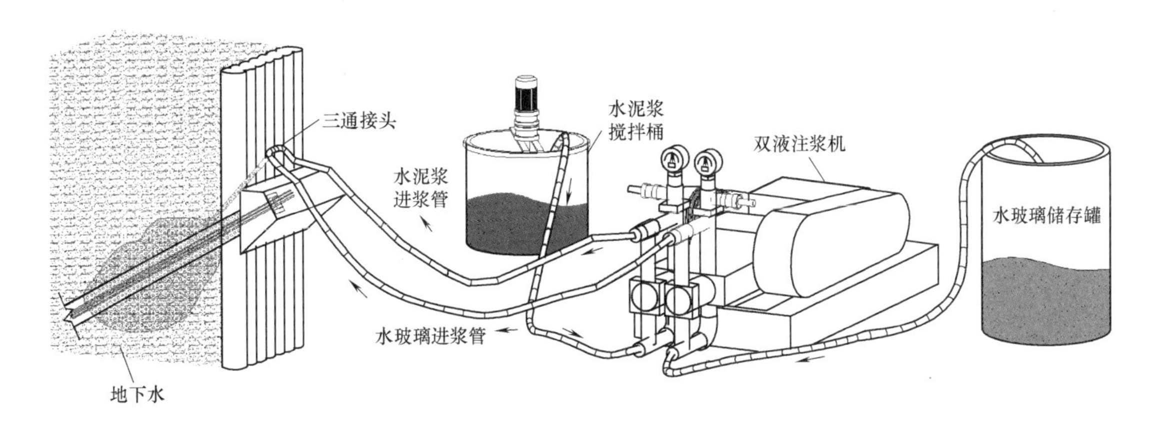

图 3.1-2 基坑支护锚索渗漏双液封闭注浆堵漏工艺原理

该注浆工艺采用双液注浆实现预应力锚索漏水快速堵漏，主要关键技术包括：注浆孔布设、双液注浆封闭固化堵漏、双液双管三通接头注浆、高压喷射注浆、单向直通 PVC 管等。

1. 注浆孔布设

锚索漏水采用锚头处化学注浆，只是采用短小的针头置于锚头处，其注浆效果只是对锚头段进行封堵处理，见图 3.1-3。采用此种方法处理后，锚头处漏水点可被有效封堵，但当锚索渗漏水较大时，锚体内的渗水会转而由锚索腰梁部位渗出，因此对于渗漏水较大的情况，应进行锚体通道深层次的堵漏。

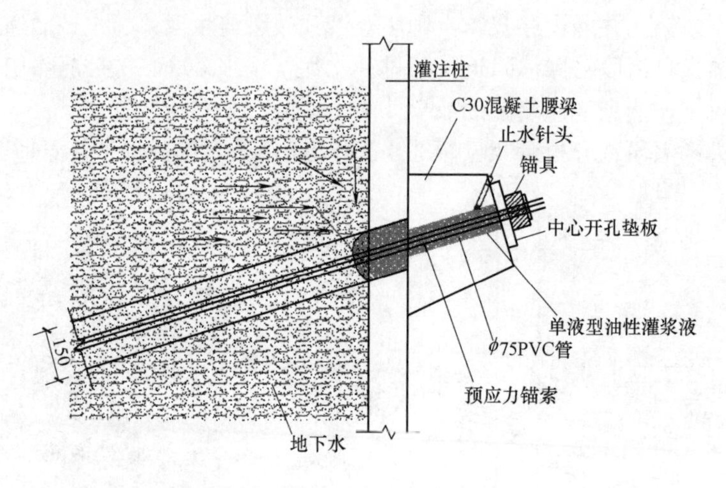

图 3.1-3　预应力锚索锚垫板处实施高压化学灌浆堵漏效果

为了更好地实施对锚头和腰梁下渗漏的封堵，本双液注浆工艺改变了注浆孔的布设位置，将注浆孔设置在预应力锚索腰梁与支护桩的交结部位，并沿与锚索交叉方向钻孔和布设注浆管，具体布设见图 3.1-4。这种布孔和布管方式，在后续高压喷射双液注浆时，可以在锚索非锚固段周围有效形成注浆体，完全封堵渗漏水的流向，彻底封闭渗漏水的通道，达到有效止漏的效果，双液注浆效果见图 3.1-5。

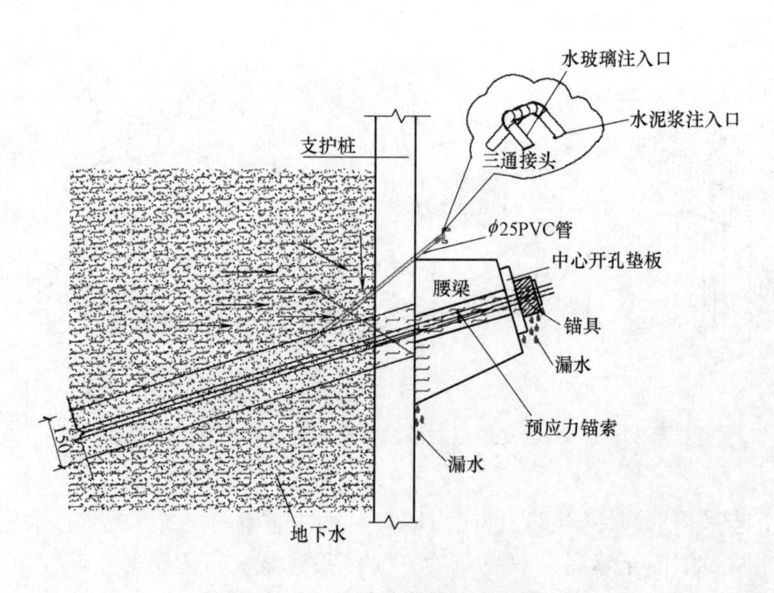

图 3.1-4　双液注浆孔布设位置

2. 双液注浆封闭固化工艺

双液浆即水泥浆和水玻璃浆液，其将水泥浆和水玻璃按一定比例以双液方式注入，水泥的水解产物 $Ca(OH)_2$ 与水玻璃（$Na_2O \cdot nSiO_2$）混合后，迅速发生化学反应形成水泥胶状体（$Cao \cdot nSiO_2 \cdot mH_2O$），该胶状体将锚索体周边土体裂隙和泌水通道封堵，彻底截断水流流动路径，达到深层封闭止水的目的。双液注浆的水泥胶凝结时间仅 15s 左右，凝结速度快、强度提高快，能够实现快速堵漏。

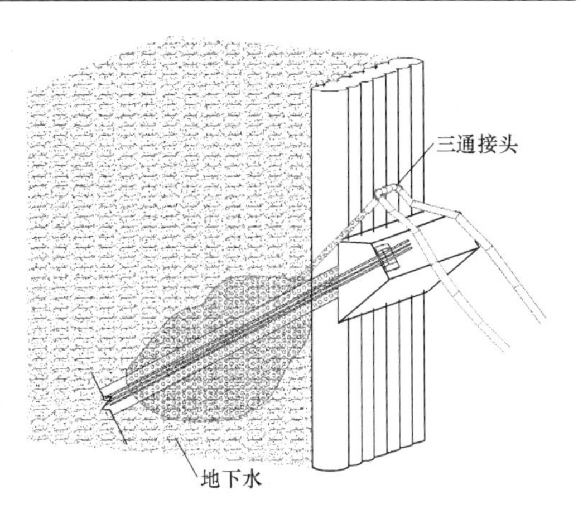

图 3.1-5 双液注浆堵漏效果图

3. 双液双管三通接头注浆工艺

本工艺设计专门的三通式注浆接头，通过三通接头将水泥浆和水玻璃有效混合，提高了水泥浆、水玻璃的使用效率，有效地缩短了浆液的固化时间。该三通接头采用管径 25mm 镀锌钢管制作，三通管接头效果图及现场实物见图 3.1-6。

图 3.1-6 三通管接头效果图及实物

4. 高压喷射注浆工艺原理

堵漏产生的高压动力来自 SYB-3.6/5 双液注浆泵，其工作原理是利用油缸和注浆缸有较大的作用面积，这样只要很小的压力便可以使缸体产生较高的注射压力。高压喷射注浆泵工作时，通过泵的曲柄运动，注浆泵不断地吸入和排出浆体，并通过吸入和泵入管路将水玻璃和水泥浆分别同时注入，并经三通快速混合，达到堵漏作用。双液注浆泵见图 3.1-7、图 3.1-8。

5. 单向直通 PVC 管注浆

注浆管为单向直通 PVC 管，PVC 管长度约 2m，型号 DN25mm×2.0mm，PVC 注浆管底部 60cm 范围采用梅花形布孔并用防水胶带紧密包裹，以防止注浆管封堵。高压双液注浆与单向直通性 PVC 管形成封闭增压空间，双液浆液从单向直通性 PVC 管底部出浆孔高压喷射，将防水胶带冲破并快速扩散至预应力锚索体周围，将渗漏水通道迅速封堵。单向直通 PVC 管底部布孔、防水胶带缠绕方式及现场实物分别见图 3.1-9～图 3.1-11。

3.1.5 施工工艺流程

基坑支护预应力锚索渗漏双液封闭注浆快速堵漏施工工艺流程见图 3.1-12。

图 3.1-7　双液注浆泵

图 3.1-8　现场双液注浆泵

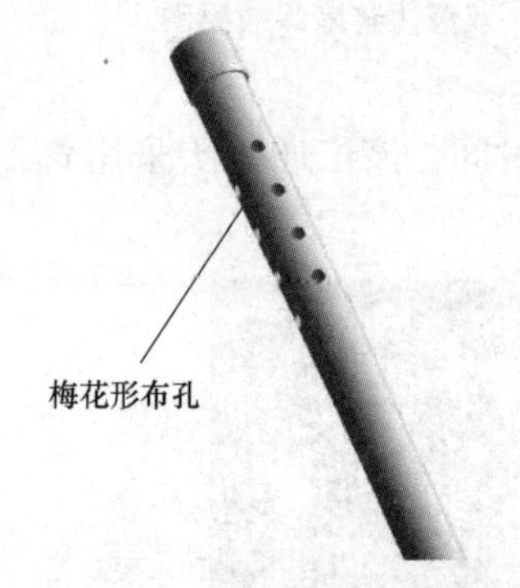

图 3.1-9　直通管布孔方式图

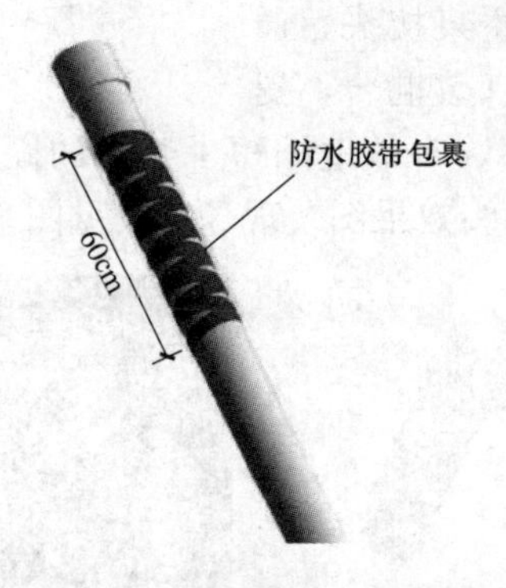

图 3.1-10　底部防水胶带缠绕

图 3.1-11　直通管实物图

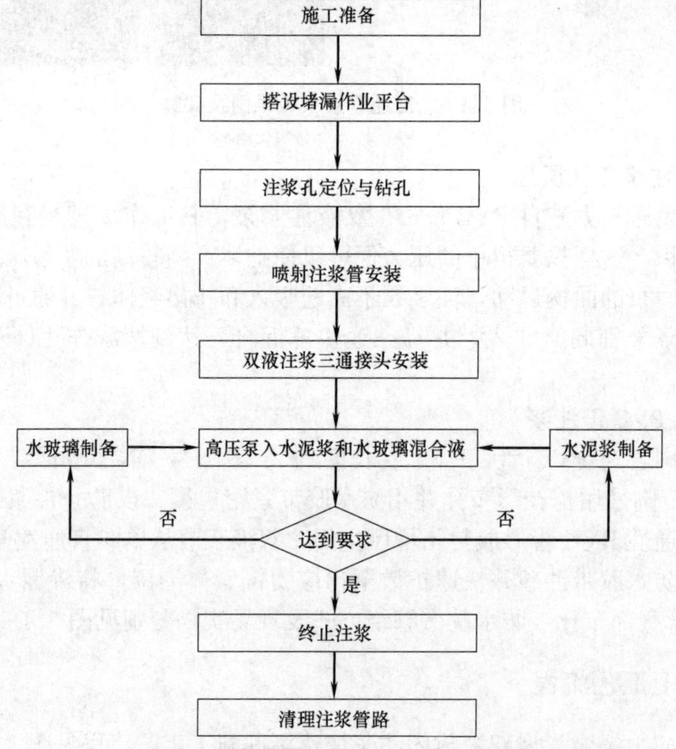

图 3.1-12　预应力锚索渗漏双液封闭注浆快速堵漏工艺流程图

3.1.6 工序操作要点

1. 施工准备

(1) 检查现场漏水部位情况，确定漏水点的位置和水流方向。

(2) 查阅基坑支护图纸和锚索施工记录，掌握锚索的施工角度。

2. 搭设堵漏作业平台

(1) 依据锚索的高度位置，搭设注浆作业平台，以便于注浆孔钻孔、注浆管安装、注浆等作业。

(2) 当基坑分层开挖、分层施工锚索时，在未开挖下一层土方、锚索出现漏水时，可直接在工作面上实施堵漏作业，见图 3.1-13。

(3) 当渗漏锚索位置高度在 2.5m 左右时，搭设简易钢管平台实施堵漏，具体见图 3.1-14。

图 3.1-13 基坑开挖工作面直接堵漏

图 3.1-14 现场搭设爬梯

(4) 当锚索高度大于 3m 时，采用钢管搭设正式作业平台进行堵漏作业，见图 3.1-15。

图 3.1-15 脚手架堵漏作业平台

3. 注浆孔定位与钻孔

（1）注浆孔定位

钻孔布置在腰梁与支护结构交接位置，具体孔位根据现场锚索孔位、角度方向确定，其竖向保持与锚索孔位相向，钻孔的角度比锚索的角度大5°左右，以确保钻孔与锚体非锚固段交叉靠近。孔位由技术人员在现场标定，并做好标识。注浆孔位置布设见图3.1-16。

图3.1-16 注浆孔位置布设

（2）注浆孔钻孔

钻孔设计直径25mm，选择采用手持式电钻成孔；手持式电钻使用轻便，功率0.62kW，钻进速度快，现场由一名工人操作。钻进使用长螺旋钻头，钻头直径25mm、杆长约1.2m。钻孔时注意控制钻孔的角度，在钻孔范围内防止钻碰锚索；钻进过程中，对钻孔渗水、钻进地层、钻进难易程度、是否存在空洞等做好详细记录，异常情况可调整钻杆长度，以及为下一步注浆管长度配置、注浆提供技术依据。钻孔完成后，及时埋设注浆管。手持式电钻及长螺旋钻杆见图3.1-17和图3.1-18。

图3.1-17 手持式电钻

图3.1-18 长螺旋钻杆

4. 喷射注浆管安装

（1）注浆管采用 DN25mm×2.0mm（直径 25mm、壁厚 2mm）的单向直通 PVC 管，长度 2m，注浆管见图 3.1-19。

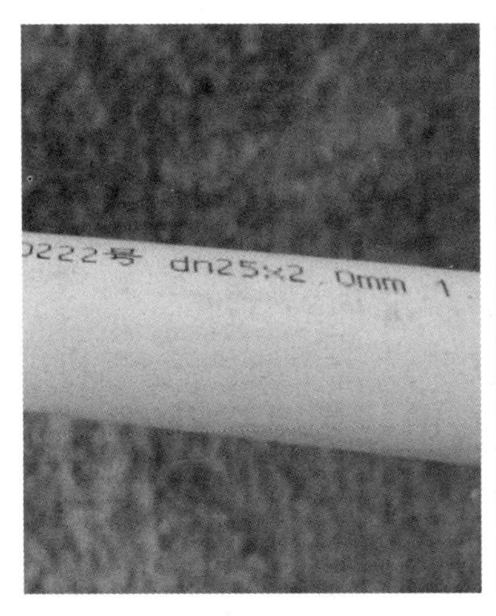

图 3.1-19 DN25mm×2.0mm 单向直通 PVC 注浆管

（2）单向直通 PVC 管端头封闭，注浆管底部 60cm 范围内以梅花状 15mm×15mm 钻注浆孔，并采用防水胶带封闭，以防在下管时堵孔；同时，在注浆管底部采用加盖封底，确保在高压注浆时形成封闭空间，增大注浆压力，使浆液形成高压喷射渗透。注浆孔布置及防水胶带封闭见图 3.1-20 和图 3.1-21。

图 3.1-20 注浆管底部注浆孔

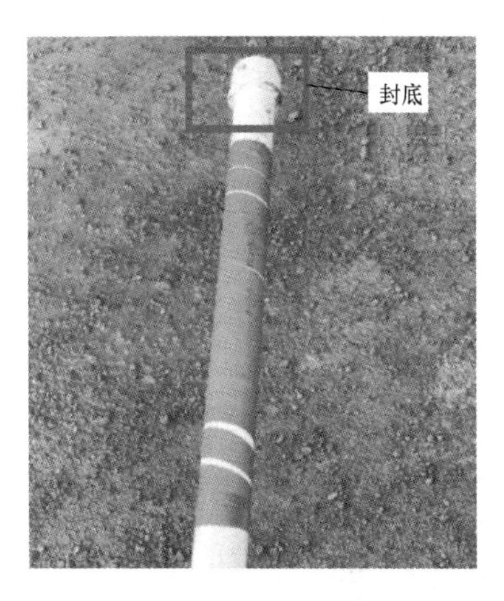

图 3.1-21 注浆孔防水胶带封闭

（3）将制作好的注浆管插入钻孔中，由于钻孔深度 1.2m，注浆管约 2.0m，插入后需要将管向前推进约 50cm，直至注浆管口外露 30cm；外露的注浆管口接上丝扣接头，以便与双液注浆三通管连接。具体见图 3.1-22。

（4）注浆管就位后，采用水泥固管，以防止高压双液注浆时反冲压力将注浆管移位或被挤出，影响注浆效果，孔口固管见图 3.1-23；注浆管完成埋设后，采用塑料袋套住管口，保护丝扣以便下一步与三通管连接，具体见图 3.1-24。

图 3.1-22　注浆管端头外露

图 3.1-23　注浆管孔口封口

图 3.1-24　注浆管管口保护

5. 双液注浆三通接头安装

（1）采用专门设计的三通接头管，分别为水泥浆、水玻璃的注入管，以及水泥浆、水玻璃混合双液输出管，三通接头见图 3.1-25。

（2）三通管安装前，清洗管路，保持通畅；丝扣清洁，确保连接时顺畅。

（3）三通管安装时，首先将三通接头底部端口与注浆管连接，之后将另外两端分别与水泥浆、水玻璃的管道连接，现场安装见图 3.1-26 和图 3.1-27。

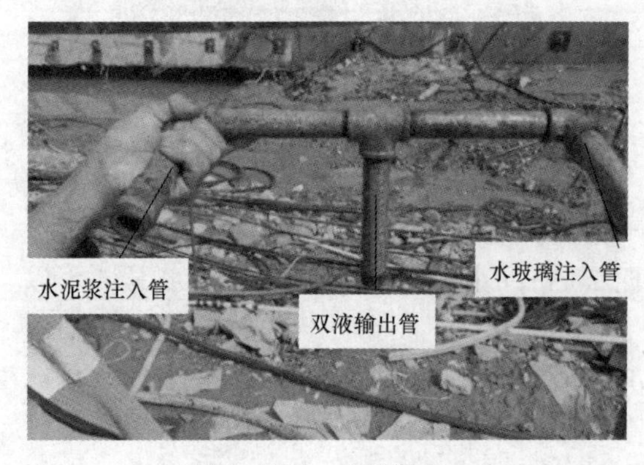

图 3.1-25　三通接头

图 3.1-26　三通接头与注浆管连接

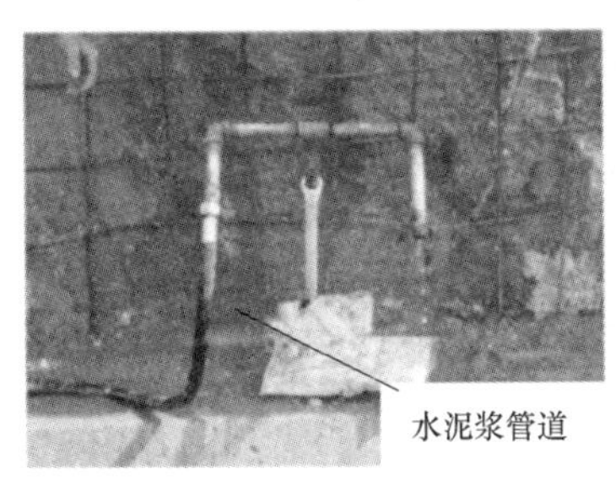

图 3.1-27 三通接头分别与水泥浆管道、水玻璃管道连接

6. 高压泵入水泥浆和水玻璃混合液

（1）注浆液选用水泥浆和水玻璃的混合液，水泥为 P·O42.5 的普通硅酸盐，水灰比为 0.5；水玻璃浓度=20～35°Be′，模数 M=2.4～3.2；水泥浆与水玻璃体积比为 3∶2 左右，现场水泥浆搅拌见图 3.1-28；水玻璃采用专用密封桶储存，见图 3.1-29；现场使用的水玻璃溶液则存放入储存桶内，具体见图 3.1-30。

图 3.1-28 现场水泥浆搅拌

图 3.1-29 水玻璃储存桶

图 3.1-30 水玻璃液

（2）注浆泵采用 SYB-3.6/5 双液注浆泵，具体参数见表 3.1-1。

双液注浆泵具体参数表 表 3.1-1

型号	排量(L/min)	额定压力(MPa)	功率(kW)	外形尺寸(长×宽×高)(mm³)
SYB 3.6/5	60/30	5	6	1780×870×1030

（3）注浆泵连接后，开始进行压水试验，检查管道是否漏水，设备状态是否正常。

（4）试泵合格后，再开始注浆；注浆机进浆管分别与水泥浆、水玻璃存储桶连接，出浆管与三通接头连接，经三通接头混合后由注浆管注入，双液与注浆泵连接进出管道见图 3.1-31。

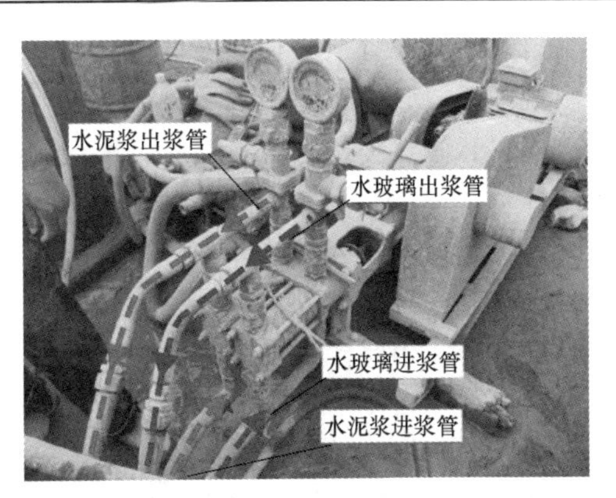

图 3.1-31 水泥浆、水玻璃双液进出管道

（5）水泥浆和水玻璃浆液以 2.0～2.5MPa 高压注入，本工艺设定凝结时间约 15s，双液高压注入后即在预应力锚索锚体周

围生成胶凝体，快速对锚索通道实施封闭堵漏。

7. 终止注浆

(1) 注浆压力达到设计值2.5MPa即可终止注浆。

(2) 注入的双液注浆达到15s的终凝时间即终止注浆。

(3) 漏水部位逐渐变小或止漏即终止注浆。

8. 清理注浆管路

(1) 注浆完成后，注浆泵注入清水清洗注浆管，清理管内残余浆液。

(2) 对于剩余的注浆液进行留存处理，严禁现场随意排放。

3.1.7 材料与设备

1. 材料

本工艺所使用的材料主要有：注浆胶管、防水胶带。

2. 设备

本工艺所涉及设备主要有高压双液注浆机、手持电钻、水泥搅浆机等，详见表3.1-2。

主要机械设备配置表　　**表3.1-2**

名称	型号	备注
双液调速高压注浆泵	SYB 3.6/5	双缸双液注浆；注水泥浆、水玻璃
水泥搅浆机	1.5m^3	制浆
注浆三通接头	DN25mm	浆液输送
手持电钻	Z1C-FF03-26	埋设注浆管

3.1.8 质量控制

1. 注浆管埋设

(1) 现场指派技术人员负责堵漏钻孔的布设，钻孔注意避开锚索腰梁钢筋。

(2) 根据漏水部位估测锚索孔的位置，钻孔方向与锚体相交或相近，严禁破坏锚体。

(3) 钻头大小与PVC注浆管直径相匹配。

2. 双液注浆

(1) 双液双管三通和预埋直通性PVC管连接牢靠，保证连接处的密封性，以防注浆时出现漏浆。

(2) 三通接头分别与水泥浆、水玻璃注入管连接好后，先进行压水试验，检查管路的密封性。

(3) 正式注浆之前，首先将系统压力调到1～2MPa进行试运转，检查设备是否运转正常。

(4) 制浆用搅拌机的钻速、拌和能力与所搅拌浆液的类型、注浆泵的排量相匹配，并满足连续、均匀拌制的要求，防止注浆中断。

(5) 注浆管路保证浆液流动畅通，且能承受两倍以上的设计注浆压力。

(6) 制浆材料按规定的浆液配比计算。

(7) 水泥浆的搅拌时间不小于 3min，浆液在使用前过滤，浆液自制备至用完的时间不超过其初凝时间。

(8) 双液注浆保持连续进行，因故中断时，冲洗钻孔后再恢复注浆；无法冲洗或冲洗无效时，先进行扫孔处理，再恢复注浆，或重新钻孔再注浆。

(9) 堵漏施工前做好作业人员的质量技术交底工作，明确工艺流程、操作要点和注意事项。

3.1.9 安全措施

1. 注浆管埋设

(1) 用手持电钻钻孔时，从上部或侧面倾斜钻孔，严禁从下往上钻孔，以免发生漏电或触电。

(2) 电钻钻进时，严禁重压电钻，防止出现钻进速度突变造成人员受伤；钻进过程中，用力适当，并不停上下抽动钻头，当遇到钢筋时适当调整钻孔位置和角度，切记不可蛮钻。

(3) 操作人员按要求正确佩戴手套和护目镜。

(4) 安放直通 PVC 管后注意检查封口的封闭性，并在封口水泥固管达到强度后再进行注浆，以避免高压注浆产生推力使注浆管与封口脱离造成伤人事故。

(5) 高处作业埋设注浆管时，作业前认真检查所用的安全设备是否牢固可靠。

2. 双液注浆

(1) 确保机械性能和各种阀门管路及压力表完好后进行施工，防止高压管接口脱落。

(2) 现场用电由专业电工操作，电工持证上岗。

(3) 每次高压泵注浆前，认真检查安全阀、压力表的灵敏度和完好程度。

(4) 高压注浆过程中，严禁无关人员在注浆孔附近停留。

(5) 注浆时不得随意停水停电。

(6) 高处作业设置安全操作平台，登高作业人员按要求佩戴使用安全带等防护用品。

(7) 严禁暴雨期间注浆作业。

3. 注浆环保措施

(1) 水玻璃存储专桶专用，并设专人妥善保管。

(2) 注浆过程中尽可能控制流量和压力，减少浆液的流失。

(3) 每次注浆完毕后，立即将吸浆龙头转放到清水中，清洗泵内和管内残余浆液，防止造成浆液凝固堵管。

(4) 集中收集注浆溢出的浆液及冲洗注浆设备的废水，严禁四处流淌，防止污染环境。

(5) 注浆用水泥使用散装水泥。

3.2 基坑支撑梁混凝土垫层与沥青组合脱模施工技术

3.2.1 引言

对于基坑支护支撑梁施工，通常采用土模法，即在基坑开挖至支撑梁底标高位置后，将梁底地基土夯实压密后，在基底铺设模板作为混凝土支撑梁垫，并在模板上铺设油毛毡作为脱模剂，随后绑扎钢筋、支设模板、浇筑支撑梁混凝土。采用土模法施工支撑梁，存在模板拼接复杂、油毡固定困难，在绑扎钢筋和浇筑混凝土时，容易发生模板移动、油毛毡破损，造成混凝土直接与模板接触，在基坑下一层土方开挖时底模脱模困难。模板如未及时清除干净，在下层基坑土方开挖及基础施工时，往往发生模板意外脱落引发人员伤害事故，给施工带来安全隐患。另外，油毛毡不易清除，影响了施工美观。具体土模法支撑梁施工见图 3.2-1、图 3.2-2。

图 3.2-1　支撑梁在“模板＋油毛毡”基底垫层上绑扎钢筋

图 3.2-2　基坑下层土方开挖后上层未脱模模板

针对支撑梁土模法施工存在的上述问题，提出一种基坑支撑梁“混凝土垫层＋沥青基底脱模”工艺，采用此种方法进行支撑梁施工，沥青实际作为混凝土垫层和支撑梁混凝土之间的脱模剂，能实现快速脱模，避免人工清除模板、掉落伤人和油毡难以清除的状况，达到脱模便利、操作简单、安全可靠、施工美观的效果。

3.2.2　工艺特点

1. 脱模效果好

本工艺采用在混凝土垫层上涂刷一层沥青作脱模剂，待沥青干燥后，再在沥青涂层上绑扎支撑梁钢筋、支模、浇筑混凝土；在支撑梁下土方开挖时，沥青天然的隔离和润滑功能将起到混凝土脱模剂的作用，使混凝土垫层自然脱落，脱模效果好。

2. 施工工效高

在支撑梁垫层上涂刷沥青，人工使用滚筒刷可快速完成，涂刷效率高且干燥快，可迅速进入下一道绑扎钢筋工序施工，大大加快了混凝土支撑梁的施工进度。

3. 提升施工质量

本工艺支撑梁底部铺设素混凝土垫层，能准确控制其平整度，涂刷的薄层沥青在开挖后快速脱模，这样有助于控制支撑梁底面的光滑、平整，提升支撑梁施工外观质量。

4. 降低安全隐患

通过在混凝土垫层上涂刷沥青作为脱模剂，在梁下土方开挖时，支撑梁的混凝土垫层拆除快速、彻底，避免了传统土模法施工中存在的支撑梁混凝土与模板粘在一起，不易脱模和突然脱落伤人隐患。

5. 施工成本低

涂刷的沥青材料便宜、后期脱模效果好，减少了施工机具、人员的投入，且加快了施工进度，有效降低了施工综合成本。

3.2.3　适用范围

适用于基坑支护支撑梁、支撑板施工。

3.2.4　工艺原理

本工艺所述的“混凝土垫层＋沥青基底脱模”技术，其工艺原理主要是采用低标号素混凝土垫层代替传统土模法中基底铺设的模板，用涂刷沥青代替原工艺中的油毛毡，再在沥青上进行钢筋绑扎、支模、混凝土浇筑。其中关键工艺是混凝土垫层表面涂抹的脱模沥青，其在支撑梁混凝土垫层表面形成一层均匀的隔离膜，起到润滑和隔离作用，能有效减少支撑梁混凝土与混凝土垫层之间粘附力，有利于垫层混凝土在下一层土方开挖时能顺利自然脱落。

3.2.5　施工工艺流程

基坑支撑梁混凝土垫层与沥青组合脱模施工工艺流程见图3.2-3。

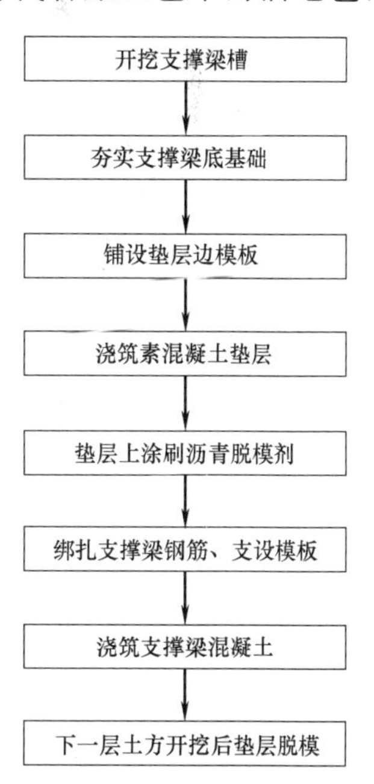

图3.2-3　清除垫层施工工序流程图

3.2.6　工序操作要点

1. 开挖支撑梁槽

（1）按设计图纸对支撑梁位置测量放线，采用挖掘机开挖梁槽线，现场开挖线每侧比设计梁尺寸放宽20cm。

（2）用挖掘机开挖至设计支撑梁底标高以上15cm左右，然后采用人工清土至设计标高，并整平开挖面，具体见图3.2-4和图3.2-5。

图 3.2-4　开挖梁槽

图 3.2-5　清除浮土

2. 夯实支撑梁底基础

（1）采用打夯机分层、分段、分块夯实梁底基础。

（2）遇到淤泥、淤泥质黏土、有机质土等不良土层时，采用砂土、黏土换填并分层夯实，具体见图 3.2-6。

3. 铺设垫层边模板

（1）地基夯实完成后，再次进行支撑梁底位置测量定位，铺设垫层边模板。

（2）垫层边模板铺设完毕之后，采用短钢筋对模板限位，防止铺设时移动，具体见图 3.2-7。

图 3.2-6　夯实梁底基础

图 3.2-7　垫层边模板条铺设及固定

4. 浇筑素混凝土垫层

（1）垫层采用 10cm 厚的 C15 混凝土，浇筑时由一端向另一端连续铺设，可采用天泵布料机输送混凝土，现场垫层混凝土浇筑见图 3.2-8。

（2）混凝土浇筑时，现场施工人员及时将混凝土平摊，并用平尺将混凝土面抹平，具体浇筑过程见图 3.2-9 和图 3.2-10。

（3）混凝土垫层浇筑后，及时派专人负责养护，未达到强度前严禁人员踩踏。现场支撑梁混凝土养护见图 3.2-11。

图 3.2-8 浇筑垫层混凝土

图 3.2-9 现场平摊混凝土

图 3.2-10 平尺抹平垫层混凝土面

5. 垫层上涂刷沥青脱模剂

（1）垫层混凝土终凝并可上人作业后，清除垫层表面油渍、灰尘、砂粒、水分等杂物，并及时涂刷沥青。

（2）选用环保沥青，将沥青和天那水按质量比 2∶3 配制，混合并进行充分搅拌后使用。现场用沥青、天那水见图 3.2-12。

图 3.2-11 支撑梁垫层混凝土

图 3.2-12 现场使用的桶装沥青、天那水

（3）用滚筒将沥青涂料沿支撑梁边线均匀涂抹在垫层表面，从垫层两边向中心线推进，一次成型，将厚度涂刷均匀，成型后厚度保持 1.5～2.0mm。现场混凝土垫层上涂刷沥青见图 3.2-13。

图 3.2-13　支撑梁垫层刷沥青

（4）对于面积稍大的支撑板，可采用从一侧向另一侧进行涂刷，可安排多人同时现场作业，具体见图 3.2-14。

图 3.2-14　支撑板垫层刷沥青

（5）对于支撑梁范围的立柱和主梁、次梁间存在一定高差的位置，此处为沥青涂刷的薄弱区域，沥青涂刷要求做到细致彻底，涂刷不少于两遍，防止漏刷造成支撑梁混凝土与垫层混凝土脱模困难。支撑梁薄弱位置涂刷沥青见图 3.2-15。

6. 绑扎支撑梁钢筋、支设模板

（1）绑扎支撑梁钢筋之前，核对钢筋级别、型号、尺寸和数量，确保与图纸及加工配料单相同。

（2）在垫层上弹出钢筋位置线，先绑扎横向钢筋，后绑扎纵向钢筋。

（3）钢筋绑扎接头的搭接位置预留在结构受力最小且便于施工处，搭接长度符合施工规范要求。支撑梁钢筋绑扎完成后，支设支撑梁两侧模板，模板做好支撑和对拉固定。绑扎钢筋见图 3.2-16。

图 3.2-15 支撑梁薄弱部位涂刷沥青

图 3.2-16 绑扎支撑梁钢筋

7. 浇筑支撑梁混凝土

（1）浇筑混凝土前，将模板内的垃圾、泥土、钢筋上的油污等清除干净。

（2）混凝土采用固定泵或汽车泵浇筑、人工配合，浇筑采用分层分段浇筑，边浇筑边振捣。

（3）混凝土浇筑完成并振捣充分后，及时进行养护。浇筑混凝土见图 3.2-17。

8. 下一层土方开挖后垫层脱模

（1）待支撑梁养护满足要求后，继续开挖下一层土方。

（2）当开挖至支撑梁下时，垫层可自然脱落，随后与土方一同外运。脱模效果见图 3.2-18。

图 3.2-17 支撑梁上浇筑混凝土

图 3.2-18 支撑梁、板脱模效果

（3）对于主次梁高差处存在局部不易脱落时，开挖时及时进行清理，具体见图 3.2-19。

3.2.7 材料和设备

1. 材料

本工艺所用的材料主要为沥青、天那水、C15 混凝土。

2. 设备

本工艺所涉及的主要机械设备见表 3.2-1。

图 3.2-19　梁底局部辅助脱模

主要机械设备配置表　　表 3.2-1

名称	型号	备注
挖掘机	PC-200	开挖沟槽、场地平整
打夯机	HW-70	土方夯实
振动棒	ZN50-6	振捣
泵车	SYM5163	输送混凝土
全站仪	GTS-602	测量

3.2.8　质量控制措施

1. 支撑梁垫层施工

(1) 垫层位置由测量工程师现场放线，报监理工程师审批。

(2) 避免在暴雨时浇筑垫层。

(3) 垫层施工时及时抹平，厚度保持一致。

(4) 混凝土浇筑完成之后及时养护。

(5) 支撑梁槽开挖及垫层施工过程中，注意对支撑立柱的保护，严禁碰撞立柱。

2. 涂刷沥青

(1) 待垫层混凝土终凝并达到一定强度后，进行垫层沥青涂刷。

(2) 沥青和天那水严格按比例调适，确保涂刷顺畅。

(3) 确保垫层沥青涂刷一次性滚压均匀，做到无漏涂、露底、麻点，对于薄弱处可进行二次滚压涂刷。

(4) 喷涂沥青前，保持垫层干燥、干净。

(5) 待沥青完全固化之后再进行钢筋绑扎。

3. 脱模

(1) 支撑梁混凝土强度达到 85%后开挖支撑梁下层土方。

(2) 开挖下层土方过程中，派专人观察支撑梁底混凝土垫层脱落情况。

(3) 对于局部支撑梁存在高差处，可能会发生垫层脱模不畅，则采用人工或机械及时清除。

3.2.9　安全措施

1. 垫层施工

（1）采用泵送混凝土时，设专人牵引布料杆，确保泵送管接口、安全阀、管架安装牢固，输送前试送，检修时卸压。

（2）垫层混凝土布料、抹平等工序交叉作业，做好现场施工组织，防止相互干扰，做好交叉施工安全措施。

2. 涂刷沥青

（1）现场存放沥青处应保持通风良好，无易燃易爆物。禁止将沥青盛在开口容器中存入库内，禁止烟火，并设置灭火器等防火器材。

（2）人工涂刷沥青时须戴好手套、口罩，穿好工作服、工作鞋。

（3）不在雨天进行沥青涂刷作业，防止污染环境；未用完的沥青及时回收处理，不随意倾倒；沥青涂刷工具清洗后的污水倒入指定的污水池。

（4）对沥青过敏的人员严禁从事涂刷沥青。

3. 脱模

（1）支撑梁强度达到85%时，开挖支撑梁下层土方。

（2）开挖过程中，派专人观察支撑梁下方垫层脱落情况，脱落垫层混凝土随土方一并外运。

3.3　大面积深基坑三级梯次联合支护施工技术

3.3.1　引言

目前，随着城市建设的高速发展，深大基坑越来越多，有的基坑开挖深度达到30m以上，开挖面积超6万m^2及以上。对大面积基坑，当基坑开挖深度较大、土质相对软弱时，基坑支护常常需要设置钢筋混凝土水平支撑，存在施工工序复杂、土方开挖约束条件多、支撑造价高、施工工期长、建筑物的地下结构部分施工不便、支撑拆除会产生大量固体废弃物的缺点。

为此，探索采用一种大面积、深基坑超前支护三级梯次联合体系的基坑支护结构，充分考虑了基坑支挡和止水设计，并通过相互之间的冠梁、连梁、围檩和三级支护桩间的斜撑连接成整体结构，无需设置内支撑或拉锚结构，可先进行基坑支护施工和土方开挖，桩基在基坑底施工后期主体结构施工时无需进行支撑拆除等复杂工序，避免了在内支撑支护体系中施工主体结构施工空间上的限制。

3.3.2　项目应用

以深圳市南山区深业世纪山谷城市更新单元一期项目（01-01、02-01地块）土石方及基坑支护工程为例。

本项目基坑原状地面绝对标高为＋5.000m，设计坑底绝对标高为－12.300m，基坑开挖深度为17.3m，基坑周长约826m，面积为43000m^2。项目设计采用大面积深基坑三级梯次联合支护体系，根据基坑深度设置三排支护桩，由基坑外至内分别为第一、第二及第三排支护桩，第一排支护桩为 ϕ1600@2000 旋挖桩，设计桩长 31.5m，嵌入基坑底深度 14.0m；第二排支护桩采用 ϕ1200@900 咬合桩，设计桩长 23.8m，嵌入基坑底深度 12m；第三排桩为 ϕ1400@2000，设计桩长 17.3m，嵌入基坑底深度 11m；各级桩间通过支护结构（冠梁、连梁、围檩）及斜撑进行整体连接，形成三级梯次联合支护体系，具体基坑支护结构见图 3.3-1。

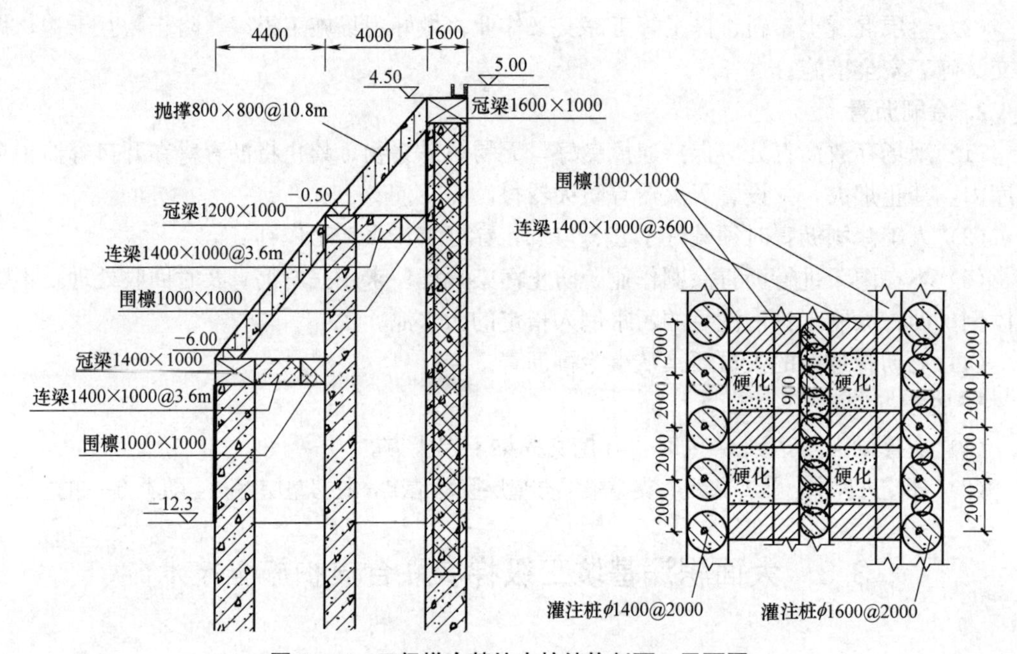

图 3.3-1　三级梯次基坑支护结构剖面、平面图

3.3.3　工艺特点

1. 有利于缩短工期

本工艺为无内支撑支护结构体系，可在支护结构施工完成后立即进入土方开挖等后续工序，节省了深基坑各道内支撑施工、养护时间，避免了土方开挖的等待时间；同时，地下主体结构施工空间不受内支撑影响且无需进行支撑拆除等工作，可大大提升施工效率，总体进度可大幅度加快。

2. 土方开挖便利

采用本工艺进行土方开挖时，相比内支撑支护，土方开挖作业空间能得到最大程度的提升，在行车道路布置和作业机械选型等方面具有较大的优势，土方开挖进度能得到成倍的提升。

3. 绿色环保

本工艺所采用的支护体系中无需混凝土内支撑，工程桩在坑底施工减少了空桩工程量，避免了大量的钢筋混凝土支撑结构的拆除工作，减少了大量的固体废弃物产生，支护系统体现了绿色环保的理念。

4. 总体施工程序简单

本工艺只需先施工完成三级支护桩和少量支护结构，支护结构后期无需拆除，避免了传统内支撑基坑支护施工中屡次更换坡道、修筑车辆行驶临时道路等复杂工序。

5. 降低施工成本

采用本工艺作为基坑支护结构，可在基坑底部进行工程桩施工，免去了大量的空桩工程量，土方便利，整体施工工效提升，有利于总体降低工程成本。

3.3.4　适用范围

1. 适用于面积≥3 万 m^2、深度≤20m 的大面积深基坑支护工程。
2. 适用于基坑周边有布置三级梯次支护结构的场地使用。

3.3.5　工艺原理

本工艺所述的大面积、深基坑三级梯次联合支护体系由三排支护桩和相应的支护结构组成，该三级梯次支护桩中，基坑最外侧和最内侧支护桩为大直径灌注桩排桩，次级支护桩相对直径较小，并采用咬合设计，主要作为基坑主要的止水帷幕；同时，三排桩通过设置冠梁、连梁、围檩及斜撑等支护结构进行相互间的刚性连接，三级支护桩和支护结构形成一个超静定刚性体，类似于植入土体中的异形双门字钢筋混凝土空间结构，各级支护桩与水平侧压力形成反向力偶可使支护体系桩的位移明显减小，桩之间的相互作用可有效地减小桩身内力，进一步地提高支护体系的整体刚度，可有效控制支护结构变形。具体支护设计见图 3.3-2～图 3.3-4。

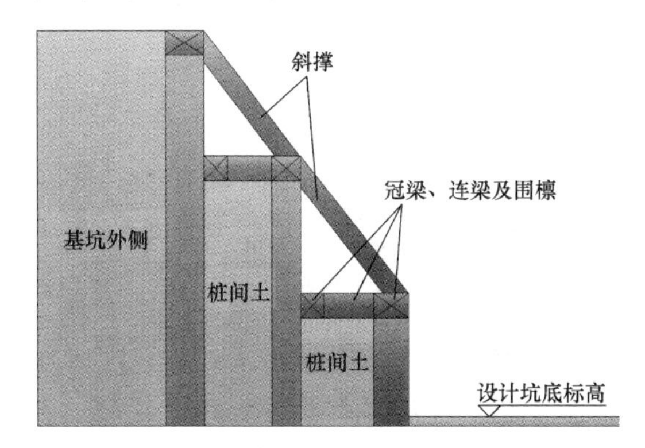

图 3.3-2　深基坑三级梯次联合支护体系

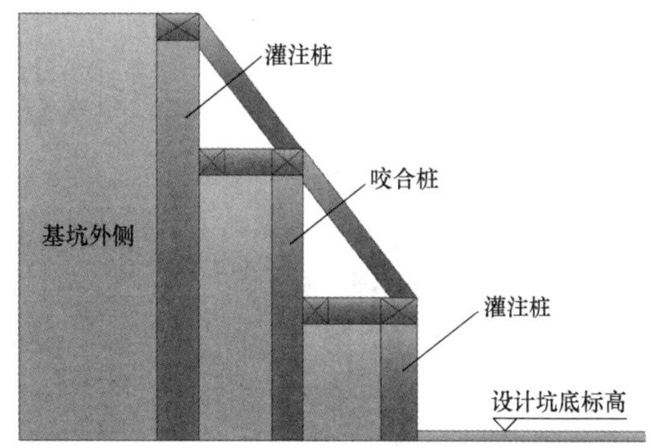

图 3.3-3　深基坑三级梯次支护桩结构

图 3.3-4　深基坑三级梯次支护桩结构三维示意图

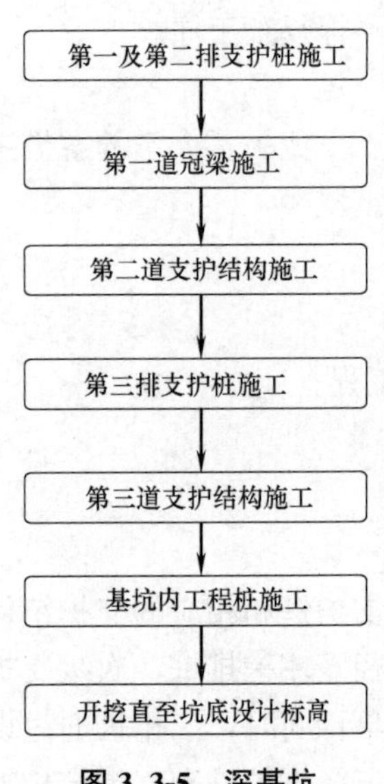

图3.3-5　深基坑三级梯次联合支护体系施工工艺流程图

3.3.6　施工工艺流程

1. 施工工艺流程

大面积深基坑三级梯次联合支护体系施工工艺流程见图3.3-5。

2. 施工工序操作流程

大面积深基坑三级梯次联合支护体系施工工序操作流程见图3.3-6～图3.3-12。

3.3.7　工序操作要点

1. 第一排支护桩施工

(1) 第一排支护桩为ϕ1600@2000旋挖桩，在基坑顶面进行施工，采用SR360旋挖机进行泥浆护壁钻进成孔，跳桩法作业。旋挖钻机施工第一排桩见图3.2-13。

(2) 在支护桩桩身钢筋笼制作时，在相应第二级支护结构围檩标高处预留围檩连接钢筋，开挖出桩身后凿开保护层混凝土，调直预埋钢筋即可与围檩钢筋进行连接，实现刚性连接。

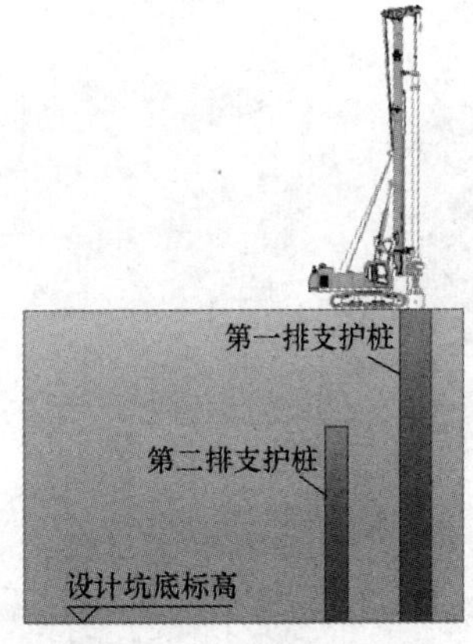

图3.3-6　第一及第二排支护桩施工

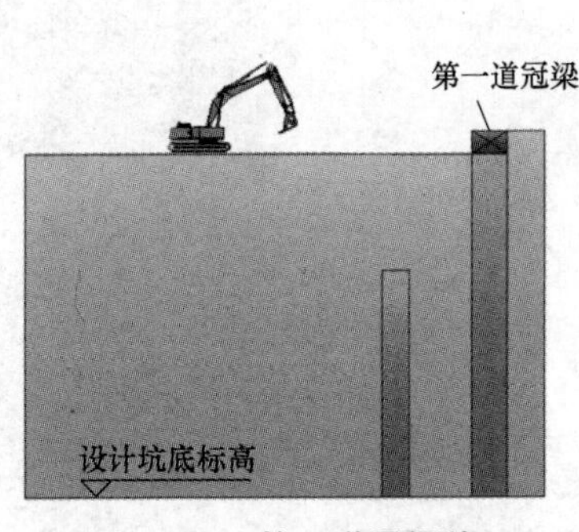

图3.3-7　第一道冠梁施工

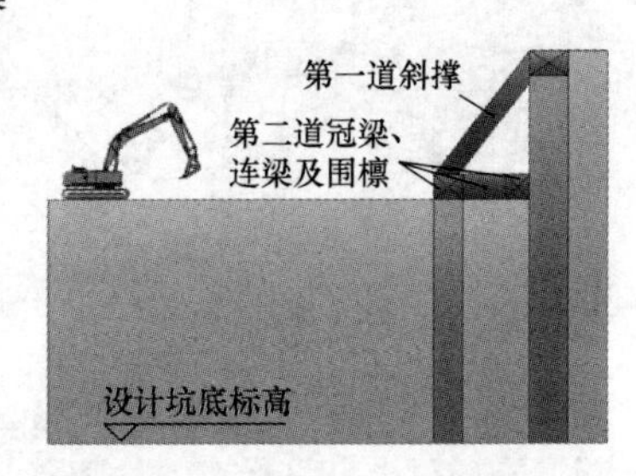

图3.3-8　第二道支护结构施工

图3.3-9　第三排支护桩施工

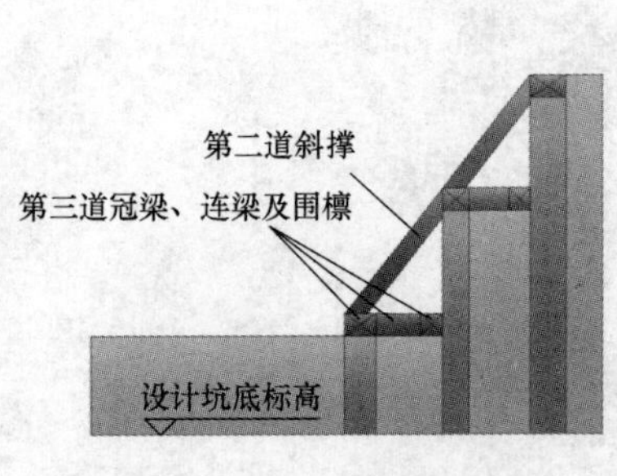

图3.3-10　第三道支护结构施工

图3.3-11　基坑内工程桩施工

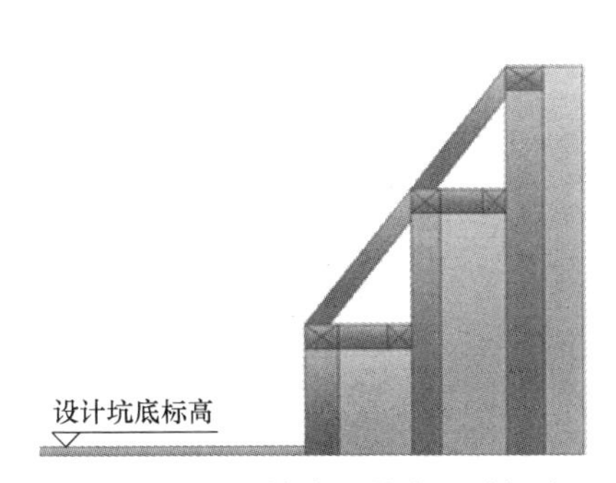

图 3.3-12 开挖直至坑底设计标高

图 3.3-13 采用旋挖机施工第一排支护桩

(3) 预留的连接钢筋需与钢筋笼形成刚性连接，其施工方法与钢筋笼加强筋相仿，预埋钢筋通过点焊与钢筋全部主筋进行连接。具体见图 3.3-14、图 3.3-15。

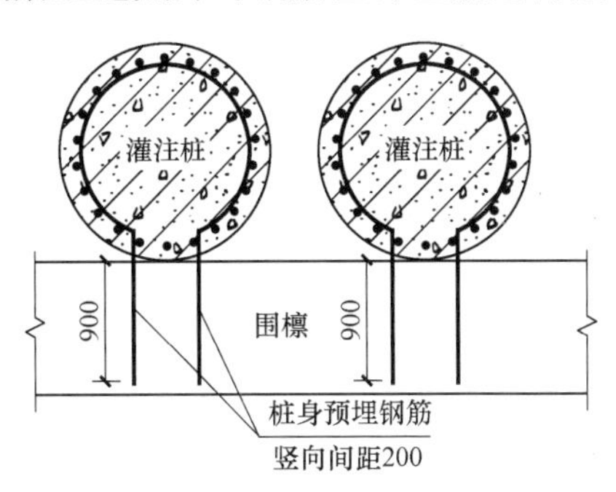

图 3.3-14 支护桩桩身预埋钢筋大样图

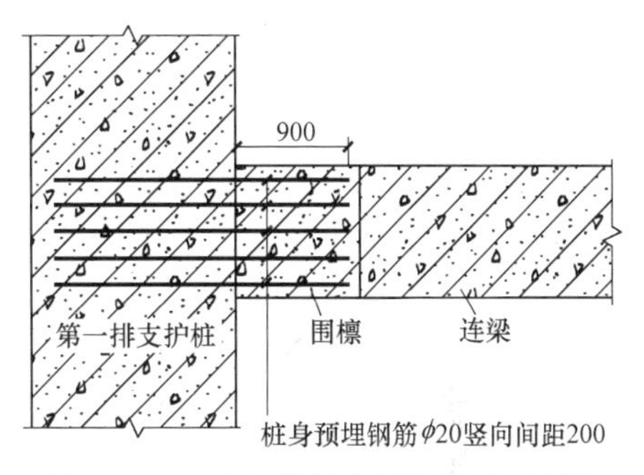

图 3.3-15 支护桩桩身预埋钢筋大样图

(4) 桩身钢筋笼下放过程调整预埋筋所朝方向，确保其方向为基坑内侧，便于后期开挖出桩身凿除预埋钢筋，完成与围檩及连梁钢筋的连接，从而实现第二级支护结构与第一排支护桩的刚性连接。开挖后预埋钢筋具体情况见图 3.3-16。

图 3.3-16 支护桩桩身预埋钢筋

2. 第二排支护桩施工

(1) 第二排支护桩为 ϕ1200@900 咬合桩，导墙施工，采用预制钢质模板采用 CGJ1500S 型搓管机成桩施工。具体见图 3.3-17、图 3.3-18。

(2) 咬合桩成孔分两序，先施工两侧素混凝土桩（A 序桩），完成灌注混凝土后，再对需安装钢筋笼的荤桩（B 序桩）进行成孔、灌注。具体施工顺序为 A1→A2→B1→A3→B2→A4，依此类推，施工顺序见图 3.3-19。

图 3.3-17　支护咬合桩导墙施工

图 3.3-18　搓管机施工第二排支护桩

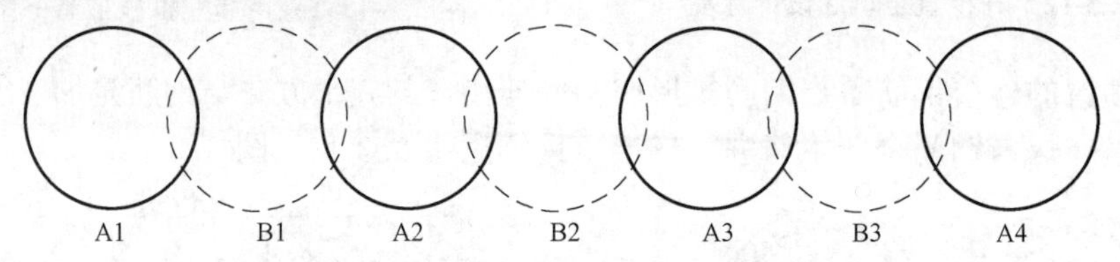

图 3.3-19　咬合桩成孔施工顺序示意图

(3) 第二排支护桩荤桩钢筋笼需预埋其桩身围檩的连接钢筋，具体做法参照第一排支护桩。

(4) 素桩混凝土采用超缓凝水下混凝土，初凝时间不小于 72h。桩身混凝土灌注见图 3.3-20。

3. 第一道冠梁施工

本道冠梁施工工序共包含两个工作步骤，即：先进行第一层土方开挖，再进行第一道冠梁施工。见图 3.3-21。

图 3.3-20　咬合桩桩身混凝土灌注

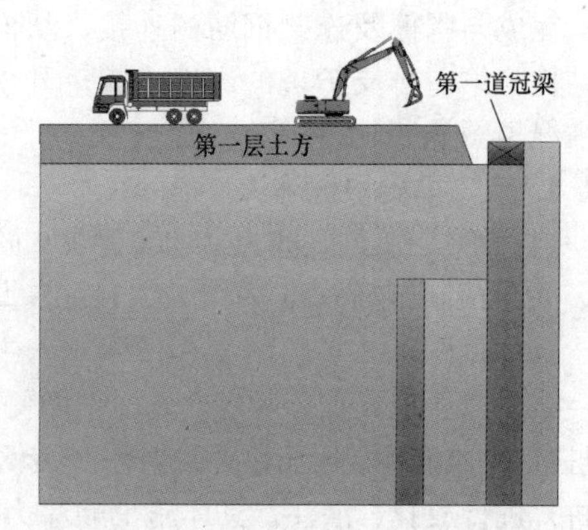

图 3.3-21　第一层土方开挖及第一道冠梁施工示意图

（1）第一层土方开挖

第一排支护桩施工完成后，开挖第一排支护桩桩边土方至第一道冠梁底标高，以便凿除桩头施工第一道冠梁。冠梁施工完成后再进行第一层土方的开挖，将整个场地土方标高降至第一道冠梁底标高处，土方分层分段开挖，单次开挖分层厚度不超过 2m，分段长度不大于 30m，开挖完上层土方后再开挖下层土方。第一层土方开挖见图 3.3-22。

（2）第一道冠梁施工

图 3.3-22 第一层土方开挖现场

冠梁及连梁钢筋主筋均采用直螺纹套筒连接，接头位置按同一截面不大于 50%、错开 35 倍钢筋直径，所有节点处及转角处箍筋按设计图纸及规范要求加密。冠梁支模选用厚度为 18mm 的多层板，模板规格为 2440mm × 1220mm × 18mm。两侧模板在木方外侧采用钢管固定，钢管采用 2 道 ϕ16@500mm 对拉螺栓固定，模板在斜撑预埋筋处预留接口位置。在施工第一道冠梁时，按设计斜撑间距 10.8m 位置，设置预埋后序斜撑连接的钢筋，确保斜撑上段与第一道冠梁为刚性连接。

第一道冠梁钢筋绑扎及模板安装见图 3.3-23，预留斜撑连接钢筋见图 3.3-24。

图 3.3-23 第一道冠梁钢筋绑扎及模板安装

图 3.3-24 冠梁预埋斜撑连接钢筋

4. 第二道支护结构施工

本道工序包含两个施工步骤，即：先进行第二层土方开挖，再进行第二道支护结构施工，其中第二道支护结构包含第二道冠梁、连梁、围檩和第一道斜撑。

（1）第二层土方开挖

第一道冠梁底标高至第二道冠梁底标高范围为第二层开挖土方，该部分土方开挖完成后，先施工第二道冠梁、连梁和围檩，再进行斜撑施工。土方开挖方式参照第一层土方开挖，具体开挖见图 3.3-27。

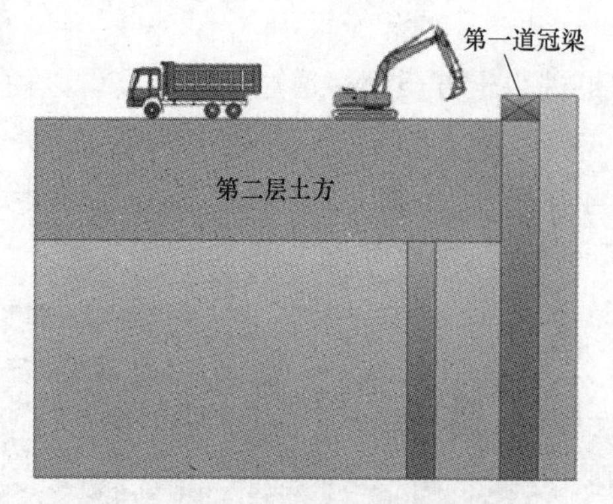

图 3.3-25　第二层土方开挖示意图

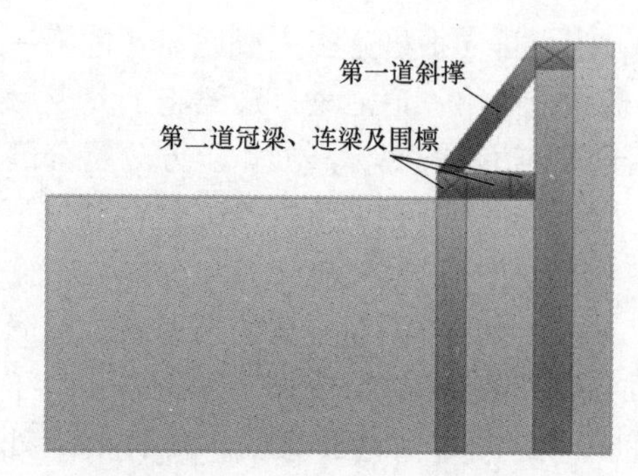

图 3.3-26　第二层支护结构

图 3.3-27　第二层土方开挖现场

（2）第二道冠梁、围檩及连梁施工

第二层土方开挖完成后，即进行第二排支护桩桩头凿除，以及第一排支护桩桩身预埋钢筋处混凝土凿除，并清理出围檩的预埋钢筋；第二道支护结构采用分段开挖、绑扎钢筋、支模、浇筑混凝土，实施流水作业，具体见图 3.3-28、图 3.3-29，施工流水作业见图 3.3-30。

图 3.3-28　第二排支护桩桩头凿除

图 3.3-29　围檩凿出预埋钢筋

图 3.3-30 第二道冠梁、围檩及连梁流水作业施工

(3) 钢筋绑扎

第二道冠梁在进行钢筋绑扎时，在相应位置预留第一、第二道斜撑连接钢筋，具体见图 3.3-31。

图 3.3-31 第二道冠梁、连梁及围檩施工预留斜撑连接钢筋

(4) 混凝土浇筑

采用分层浇筑，且上层混凝土超前覆盖下层混凝土 500mm 以上，不在同一处连续布料，在 2～3m 范围内水平移动布料。浇筑完成待混凝土终凝后开始浇水养护，连续养护 7d，并在连梁、围檩及冠梁所形成空间采用土体回填。具体浇筑施工见图 3.3-32，拆模后情况见图 3.3-33。

5. 斜撑施工

(1) 第二道冠梁、连梁和围檩施工完成后，进行斜撑施工。施工时，采用脚手架搭设斜撑钢筋绑扎和混凝土浇筑平台，先完成斜撑底部模板施工，再进行钢筋绑扎，最后进行其余三个方向模板的施工。

图 3.3-32 冠梁、连梁及围檩浇筑

图 3.3-33 拆模后冠梁、连梁及围檩

（2）在第一道冠梁和第二道冠梁预留斜撑连接钢筋处进行斜撑模板支撑脚手架搭设，按照脚手架搭设规范相关要求，进行设置横纵向扫地杆及立杆。根据斜撑上下层高差计算斜撑斜率，根据斜率设置各立杆的高度。搭设斜撑脚手架见图 3.3-34。

（3）脚手架搭设完成后，先进行斜撑底部模板安装，再进行钢筋绑扎；钢筋绑扎前，需调整斜撑预留钢筋，便于与斜撑纵向钢筋进行搭接，具体见图 3.3-35。

图 3.3-34 斜撑模板支撑脚手架搭设

图 3.3-35 调整预留钢筋方向与斜撑钢筋连接

（4）钢筋绑扎完成后，再进行剩余模板安装；上端模板安装时，预留混凝土浇筑孔洞，便于后续混凝土浇筑施工。斜撑钢筋绑扎见图 3.3-36，斜撑模板安装见图 3.3-37、图 3.3-38。

（5）模板安装完成后，采用混凝土输送泵，通过在斜撑上端预留的混凝土浇筑洞口进行浇筑；混凝土浇筑分序进行，每序浇筑每条斜撑 1/3 理论方量，在上序已浇筑混凝土初

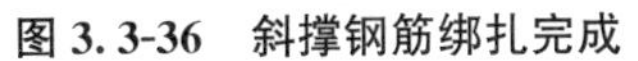
图 3.3-36 斜撑钢筋绑扎完成

图 3.3-37 斜撑剩余模板安装

图 3.3-38 斜撑模板安装完成

凝前，进行下序混凝土浇筑；浇筑时，先将振捣棒放入浇筑位置，边浇筑边振捣，同时往外边拔出振捣棒。具体见图 3.3-39。

（6）斜撑混凝土浇筑完成后，24h 后拆模并进行养护。拆模后斜撑见图 3.3-40。

图 3.3-39 斜撑混凝土浇筑和振捣

图 3.3-40 第一道斜撑施工完成

6. 第三层土开挖及第三排支护桩施工

本道施工工序工包含两道施工步骤，即：先进行第三道土方开挖，再进行第三支护桩的施工，具体见图 3.3-41 和图 3.3-42。

（1）第三层土开挖

第二道冠梁底标高至第三排桩桩顶标高上 2.0m 范围土方为第三层开挖土方，第一道斜撑混凝土强度达到设计强度 100%后，才能进行该层土方开挖。开挖时，第二排支护桩边预留宽度为 4.0m 的土台，待土方开挖完成后再进行土台处土方的开挖。土方开挖方式参照第一层土方开挖，具体见图 3.3-43。

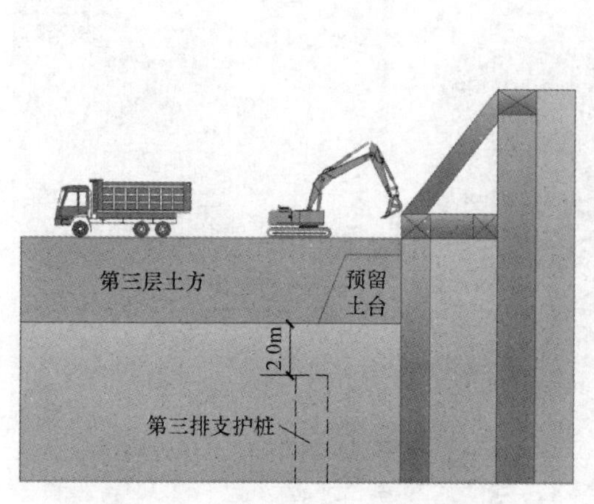

图 3.3-41　第三层土方开挖示意图

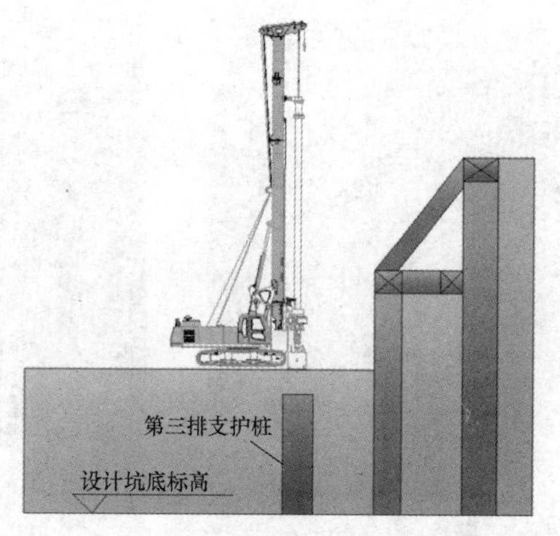

图 3.3-42　第三排支护桩施工示意图

(2) 第三排支护桩施工

第三层土方开挖完成后，便开始进行第三排桩施工，施工场地进行砖渣铺填等硬化处理。第三排支护桩为 ϕ1400@2000 旋挖灌注桩，桩长为 21.0m，采用南车 400、BG38 等旋挖机进行施工。第三排桩施工见图 3.3-44。

图 3.3-43　第三层土方开挖时预留土台

图 3.3-44　在坑内施工第三排支护桩

7. 第三道支护结构施工

本道施工工序包含两个施工步骤，即：先进行第四层土方开挖，再施工第三道支护结构，其中第三道支护结构包含第三道冠梁、连梁及围檩和第二道斜撑，具体部位见图 3.3-45 和图 3.3-46。

(1) 第四层土方开挖

第三排支护桩施工平面至第三道冠梁底标高范围土方为第四层开挖土方。土方开挖方式参照第一层土方开挖方式。第四层土方现场开挖情况见图 3.3-47。

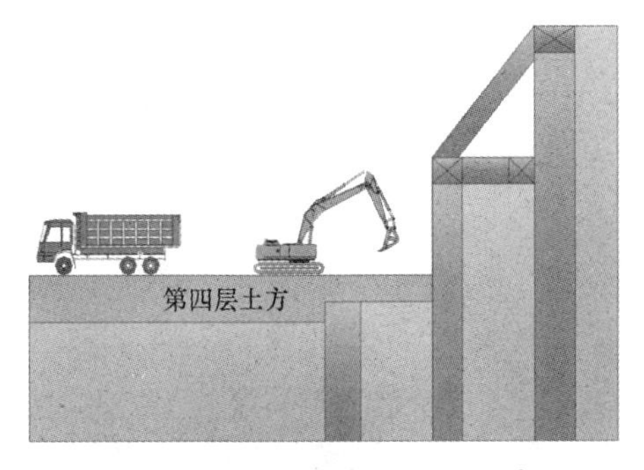

图 3.3-45 第四层土方开挖示意图

图 3.3-46 第三道支护结构施工示意图

(2) 第三道支护结构施工

该部分土方开挖完成后，先施工第三道冠梁、连梁和围檩，再进行斜撑施工，其施工工艺参考上一道支护结构施工方法。斜撑混凝土强度达到设计强度 100%后，再进行后续土方开挖。具体施工见图 3.3-48～图 3.3-50。

图 3.3-47 第四层土方开挖

图 3.3-48 第三道冠梁、连梁及围檩施工

图 3.3-49 第二道斜撑施工

图 3.3-50 第二道斜撑施工完成

8. 工程桩施工

(1) 第四层土方开挖完成后，先将场地进行平整，再根据场地地层实际情况对施工场地进行砖渣铺填硬化处理，在该工作面进行工程桩施工。具体见图 3.3-51。

（2）本项目工程桩共计1884根，桩径为1.0m、1.2m、1.5m、2.5m等，采用SR360、SR425、BG38等共14台旋挖机进行施工。旋挖钻机基坑底工程桩施工见图3.3-52。

图3.3-51　旋挖钻机基坑底施工示意图

图3.3-52　在基坑底施工工程桩

9. 第五层土方开挖至坑底设计标高

工程桩施工完成后，进行第五层土方开挖，开挖至坑底设计标高上20cm处时，停止机械开挖，采用人工挖掘。具体见图3.3-53～图3.3-55。

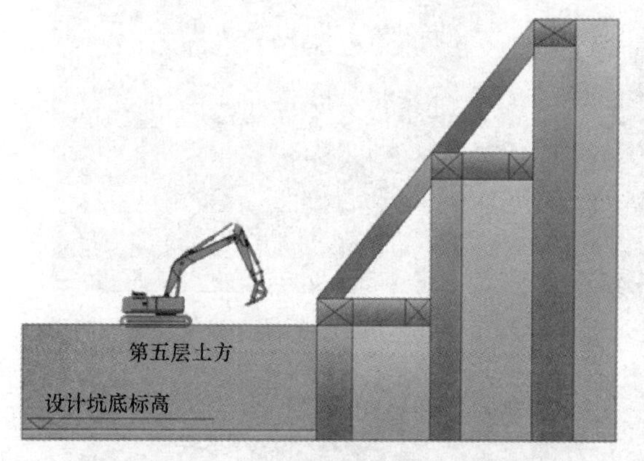

图3.3-53　第五层土方开挖至坑底示意图

图3.3-54　现场第五层土方开挖

图3.3-55　开挖至基坑底移交总包进行底板施工

3.3.8 材料与设备

1. 材料

本工艺所用材料及器具主要为钢筋、混凝土、水泥、钢套管、灌注料斗、导管等。

2. 设备

本工艺现场施工主要机械设备见表 3.3-1。

主要机械设备配置表 **表 3.3-1**

名称	型号	备注
旋挖机	SR360、SR425、BG38	支护桩、工程桩成孔
搓管机	CG1500	次级梯次咬合桩成孔
履带起重机	SANY90	钢筋笼吊装、导管安装等
挖掘机	PC200	场地整理、渣土清运等
泥头车	DFH3310AX3	土方外运

3.3.9 质量控制

1. 旋挖支护桩及咬合桩

（1）正式施工前进行试成孔（数量不小于 2 根），以核对地质资料、检验设备、工艺以及技术要求是否适当。

（2）为保证咬合桩的垂直度，首先，控制咬合桩导墙施工平整度，钻机架立稳固，套管中心与设计位置偏差控制在 1cm 以内；其次，钢套管就位后在管壁两侧安设两套测斜仪，随时检测套管垂直度；最后，钻机下压钢套管时，设置两台经纬仪控制其方向，随时调整钢套管的垂直度，以保证垂直度不超过 1/300。在钻孔过程中随时监控套管垂直度，发生偏移及时调整。

（3）在钢筋笼上预留桩身与围檩和连梁连接的预埋钢筋需焊接牢固，焊缝长度需满足单面焊接不小于 $10d$，双面焊不小于 $5d$。

（4）钢筋笼在吊装前，需在笼顶钢筋处做好预埋钢筋位置的标记，以便在下放钢筋笼时转动钢筋笼方向，确保预埋钢筋朝向正确。

（5）钢筋笼吊装完成后，需复测钢筋笼笼顶标高，确保预留钢筋竖向位置无误。

（6）在吊装钢筋笼前对钢筋笼进行检查，检查内容包括：长度、直径、焊点是否变形等。

（7）终孔验收合格后吊放钢筋笼，吊装采用双勾多点缓慢起吊，严防钢筋笼变形；吊运时防止扭转、弯曲，缓慢下放，避免碰撞钢护筒壁。

（8）灌注桩身混凝土时定期测量混凝土灌注上升高度，准确判断导管埋管深度，及时拆卸导管。

2. 冠梁、连梁、围檩及斜撑

（1）在进行上一级冠梁钢筋绑扎时，提前预留与斜撑纵向钢筋连接的预埋钢筋，其预留钢筋的长度满足搭接长度的要求；在同级冠梁钢筋绑扎时，需确保预留斜撑连接钢筋与上级相应位置的连线处于冠梁的法线方向。

（2）在施工围檩和斜撑时，预留钢筋与围檩、斜撑的钢筋连接，连接方式采用搭接焊，焊缝长度需符合焊接规范要求。

（3）在进行冠梁、连梁、围檩及斜撑混凝土浇筑前，对每车混凝土进行和易性检测；采用边浇筑边振捣工艺，浇筑完成后养护17d。

（4）斜撑混凝土浇筑完成后，需待混凝土强度达到设计强度100%后拆除模板和脚手架。

3.3.10　安全措施

1. 旋挖支护桩及咬合桩

（1）在进行成孔作业时，设置旋挖钻机安全距离警戒区，严禁无关人员进入施工区域。

（2）钢筋笼吊装作业时，吊车操作手听从司索工指挥，在确认区域内无关人员全部退场后，由司索工发出信号，开始钢筋笼吊装作业，提升或下降平稳操作，避免紧急制动或冲击。

2. 土方开挖

（1）编制土方开挖方案，针对技术、安全、质量和环保等制订具体措施。

（2）确保土方运输期间运土车辆的交通安全。

（3）待围护桩、冠梁施工完成并达到设计强度的80%后，再进行下层土方开挖。

3. 冠梁及斜撑

（1）斜撑施工时，搭设操作平台，作业时工人佩戴安全带。

（2）斜撑施工时，检查脚手架连接扣件、垫脚木方是否安全可靠，模板拉杆及支撑是否安全可靠，其脚手架搭设必须遵守相关规定。

（3）在采用移动式泵车进行支护结构混凝土浇筑时，需确保泵车支腿完全打开，支腿下方设置枕木，枕木下方土体安全可靠，确有需要时可铺设钢板；在泵车进行作业时，严禁作业人员在泵管下方进行作业。

（4）混凝土运输车辆在倒车至移动式泵车处时，需指定专人指挥车辆和疏散作业人员。

第 4 章　逆作法结构柱定位新技术

4.1　基坑逆作法钢管结构柱与工具柱同心同轴对接技术

4.1.1　引言

当地下结构采用逆作法施工时，基础桩首先施工，其一般采用底部灌注桩插结构柱形式，钢管结构桩为常见的形式之一。钢管结构柱施工时，精度一般要求达到 1/500～1/1000。为确保满足高精度要求，须采用全回转钻机定位。由于全回转钻机最高约 3.5m，钢管柱顶标高一般处于地面以下位置，为满足钻机孔口定位需求，施工时一般采用工具柱连接钢管结构柱的方式辅助定位，具体见图 4.1-1～图 4.1-3。

图 4.1-1　钢管结构柱

图 4.1-2　工具柱

图 4.1-3　钢管结构柱与工具柱定位

传统对接平台一般在施工现场用槽钢和工字钢焊接而成，对接平台的支架采用水平支撑的方式，此方式虽然可以确保两柱轴线标高一致即同轴，但钢管结构柱和工具柱的轴线并未对准即不同心，对接施工时需要来回翻转滚动调整位置、反复衬垫，才能使两柱做到同心同轴对接，以致耗工、耗时，对接施工效率低下。对接现场见图 4.1-4～图 4.1-6。

图 4.1-4　对接施工平台

图 4.1-5　钢管结构柱木垫找平对接

图 4.1-6　工具柱木垫找平对接

鉴于此，项目组针对上述钢管结构柱与工具柱现场对接存在的问题，根据钢管结构柱和工具柱半径的不同，预先制作满足完全精准对接要求的操作平台，平台按设计精度的理想对接状态设置，并采用不同高度位置的弧形金属定位板对柱体进行位置约束，确保钢管结构柱和工具柱吊放至对接平台后两柱处于既同心亦同轴状态，将固定螺栓连接后即可满足高效精准对接，克服了传统平台需要吊车配合、反复衬垫的操作，达到安全可靠、便捷高效的效果。

4.1.2　工艺特点

1. 制作简单操作方便

本工艺所述的对接平台结构由弧形金属定位板和台座两部分组成，弧形金属定位板根据钢管结构柱和工具柱外径，在对接现场采用切割制作，并在定位板两侧焊接槽钢固定；台座根据两柱对接中心轴线标高位置在施工现场支模浇筑混凝土而成；对接平台结构制作简单、操作方便。

2. 定位效率高

本工艺所述对接平台根据同心同轴原理制作，使得钢管结构柱和工具柱吊运就位后，无需对钢管结构柱和工具柱来回翻转滚动调整位置、反复衬垫，即可保证两柱中心轴线满足既同心亦同轴状态；两柱吊运就位后只需调整法兰口位置，即可快速完成对接调节，定位效率高。

3. 对接精度高

本工艺所述对接平台按设计精度的理想对接状态设置，并采用不同高度位置的弧形金属定位板对柱体进行位置约束，使两柱中心轴线重合，确保钢管结构柱和工具柱对接后处于同心同轴状态，对接精度完全满足设计要求。

4.1.3　适用范围

适用于基坑逆作法钢管结构柱与工具柱对接施工；适用于精度1/1000～1/500钢管结构柱、工具柱之间的对接施工。

4.1.4　平台对接结构

本工艺所述的对接平台由台座和弧形金属定位板两部分组成，具体结构见图4.1-7。

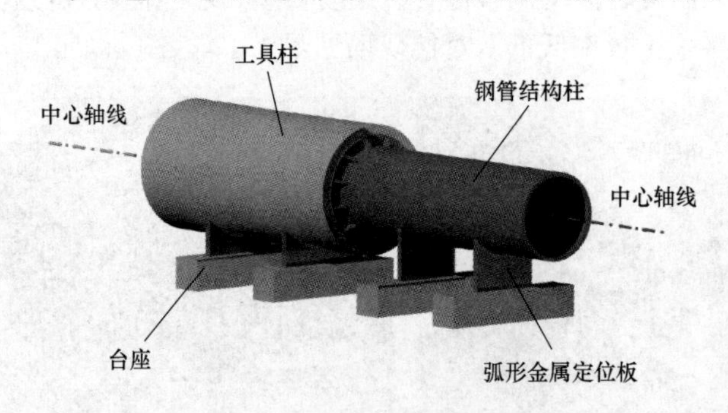

图4.1-7　钢管结构柱与工具柱对接平台三维模型示意图

1. 台座

(1) 台座在硬化场地上采用C25混凝土制作，台座标高分别根据钢管结构柱与工具柱的半径及其弧形金属定位板的高度设置，主要用于调节对接柱的中心轴线位置，保证钢管结构柱和工具柱中心轴线标高一致。

(2) 台座作为对接平台底部的支承受力结构，对钢管结构柱和工具柱起支撑稳定作用。

(3) 根据钢管结构柱、工具柱的长度确定台座数量和间距，每 5m 设置一个台座。

2. 弧形金属定位板

(1) 钢管结构柱弧形金属定位板

钢管结构柱弧形金属定位板采用 10mm 厚度钢板制作，其弧边尺寸严格按照钢管结构柱半径设计，在施工现场使用激光切割机切割。为了增加定位板的承载能力和抗倾覆稳定性，定位板两端焊接 U 形槽钢，嵌固在台座上并预留混凝土保护层，具体见图 4.1-8。

(2) 工具柱弧形金属定位板

工具柱弧形金属定位板同样采用 10mm 厚度钢板制作，其弧边尺寸严格按照工具柱半径设计，工具柱定位板制作过程与钢管结构柱定位板基本相同。由于工具柱半径大于钢管结构柱半径，工具柱定位板的尺寸较钢管结构柱定位板较宽、较低，以确保两柱的中心轴线处于同心同轴状态，见图 4.1-9。

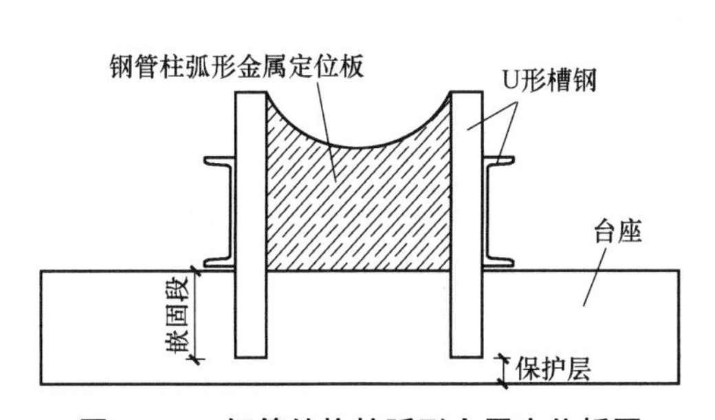

图 4.1-8 钢管结构柱弧形金属定位板图

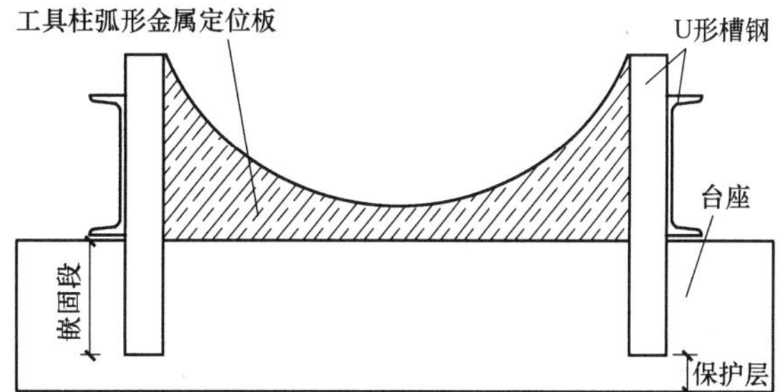

图 4.1-9 工具柱弧形金属定位板图

4.1.5 对接工艺原理

1. 钢管结构柱对接状态

钢管结构柱吊装就位后，其轴线位置 $H_1=r_1$（钢管结构柱半径）$+h_1$（钢管结构柱弧形定位板露出最低距离）$+h_1'$（台座高），具体就位状态示意见图 4.1-10。

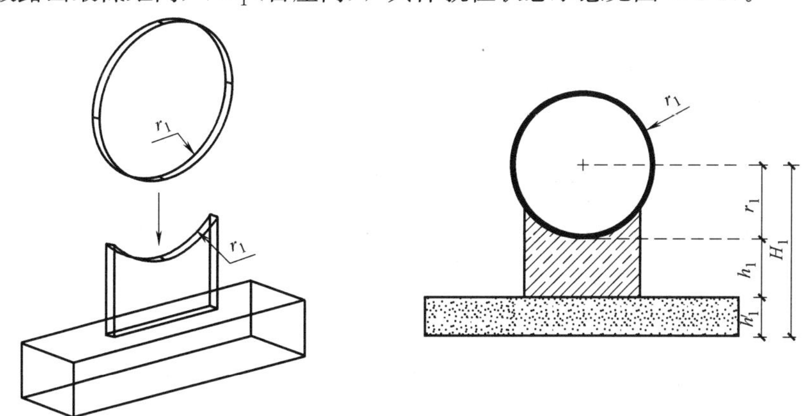

图 4.1-10 钢管结构柱平台就位状态示意图

2. 工具柱对接状态

工具柱吊装就位后，其轴线位置 $H_2=r_2$（工具柱半径）$+h_2$（工具柱弧形定位板露出最低距离）$+h_2'$（台座高），具体就位状态示意见图 4.1-11。

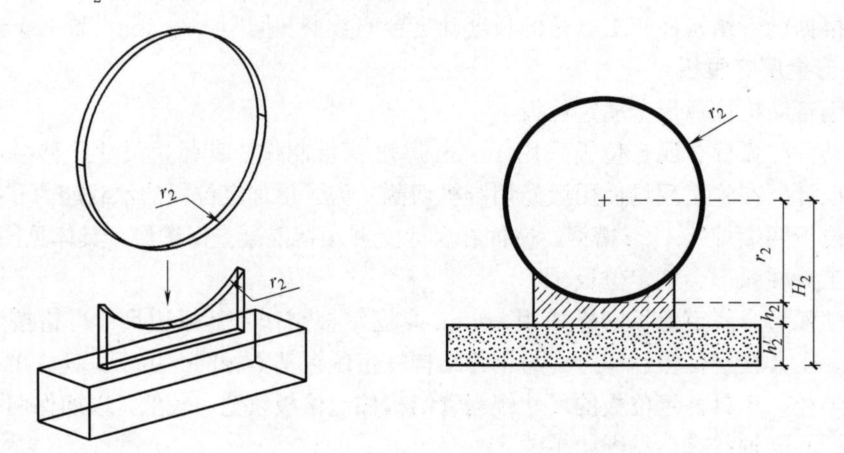

图 4.1-11　工具柱平台就位状态示意图

3. 钢管结构柱与工具柱对接原理

本工艺根据钢管结构柱和工具柱半径的不同，预先制作满足完全精准对接要求的操作平台，平台按设计精度的理想对接状态设置，并采用弧形金属定位板对柱体进行位置约束，确保钢管结构柱和工具柱吊放至对接平台后两柱处于既同心亦同轴状态，将固定螺栓连接后即可满足高效精准对接。

当钢管结构柱和工具柱吊运至对接平台后，两柱中心轴线标高位置 H_1 和 H_2 相等时，满足 $r_1+h_1+h_1'=r_2+h_2+h_2'$，即钢管结构柱和工具柱就完全处于同心同轴状态，具体见图 4.1-12、图 4.1-13。

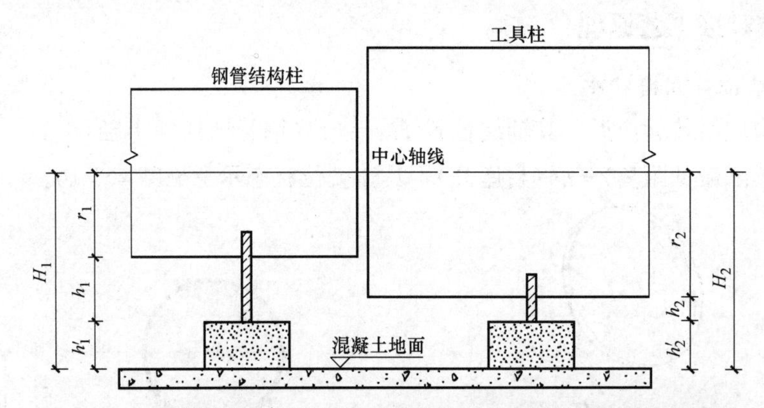

图 4.1-12　钢管柱和工具柱吊运至同心同轴对接平台理想状态示意图

4.1.6　施工工艺流程

基坑逆作法钢管结构柱与工具柱同心同轴对接施工工艺流程见图 4.1-14。

4.1.7　工序操作要点

1. 对接场地硬化处理

（1）清理对接场地，将地面浮土、垃圾等清除干净，并平整压实。

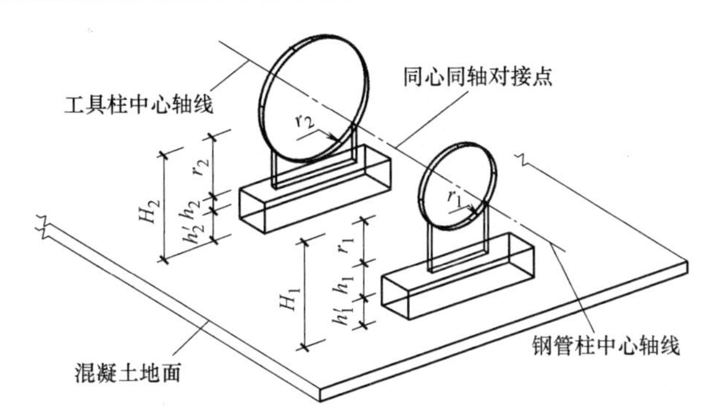

图 4.1-13 钢管结构柱和工具柱同心同轴状态三维示意图

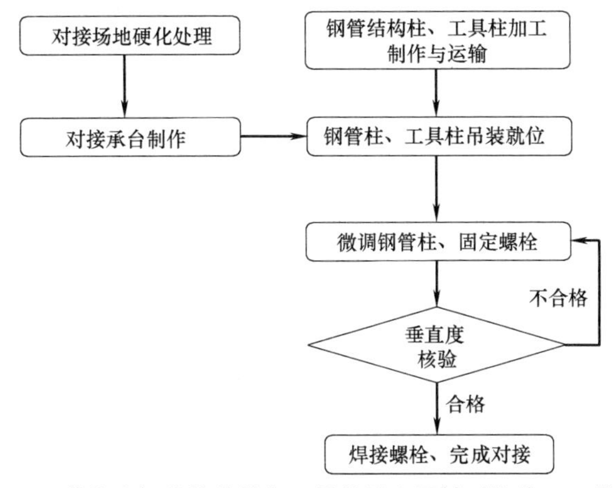

图 4.1-14 逆作法钢管结构柱与工具柱同心同轴对接施工工艺流程图

(2) 浇筑厚 20cm、C15 混凝土地坪，基础面平整度在 10m 以内误差不能大于 3mm，10m 以外误差不能大于 5mm。

(3) 地坪浇筑完后按要求进行养护，对接场地基础面干燥后，用油漆标识对接平台定位轴线和定位平台的距离位置。

2. 对接平台制作

(1) 根据对接钢管结构柱、工具柱的长度，确定平台数量和间距，平台间距按 5m 设置一个。

(2) 弧形金属定位板选用厚度为 10mm 的钢板，严格按照钢管结构柱和工具柱的半径尺寸设计，用激光切割机切割，确保精准；在定位板两端焊接槽钢固定，以保证定位板的抗倾覆稳定性。

(3) 按预先划定位置支模、浇筑高 30cm、C25 混凝土台座；混凝土初凝前，根据设计标高位置将弧形金属定位板嵌固在台座上，并预留一定厚度的保护层。

(4) 对接平台制作完成后，利用激光水平仪对平台的标高及位置进行复测，以保证平台对钢管结构柱和工具柱对接的精准定位。

钢管结构柱和工具柱对接平台实物图见图 4.1-15、图 4.1-16。

3. 钢管结构柱、工具柱加工制作与运输

(1) 专业加工厂制作：钢管结构柱和工具柱由具备钢结构资质的专业单位承担制作加工，以满足其对结构、垂直度等各方面的要求。

图 4.1-15　钢管结构柱对接平台

图 4.1-16　工具柱对接平台

（2）出厂验收：钢管结构柱、工具柱、弧形金属板出厂前，分段对各项技术指标、参数按相关规范进行检验，验收合格方能出厂。

（3）成品钢管结构柱运输过程注意对成品的保护，避免发生碰撞变形。

4. 钢管结构柱、工具柱吊装就位

（1）对接前，在钢管结构柱与工具柱连接处的螺栓采用密封胶密封，通过螺栓的预紧力，两柱连接处之间产生足够的压力，以使密封胶产生的变形填补法兰处螺栓口的微观不平度，达到密封效果，具体见图 4.1-17；同时，预先将工具柱定位方位角标记与钢管结构柱上的相应构件对齐，具体见图 4.1-18。

图 4.1-17　钢管结构柱与工具柱连接处采用密封胶密封

图 4.1-18　工具柱方位角定位标记

（2）工具柱采用两点对称式垂直吊运，吊运前检查所用卸扣型号是否匹配、牢固可靠，见图 4.1-19。

（3）钢管结构柱、工具柱整体吊运至对接平台上，起吊过程中严禁冲击与碰撞平台及基座，防止柱体变形或损坏，具体见图 4.1-20～图 4.1-22。

5. 微调钢管结构柱、固定螺栓

（1）钢管结构柱、工具柱吊运至对接平台后，需对两柱连接处螺栓口位置进行微调对准；在钢管结构柱两侧焊接楔形钢块，利用千斤顶上下调节钢管结构柱两侧楔形钢块，使钢管结构柱小幅度旋转，最终对准两柱连接处的螺栓口，见图 4.1-23。

图 4.1-19 工具柱吊运

图 4.1-20 钢管结构柱整体吊装到位

图 4.1-21 工具柱吊放至对接平台

图 4.1-22 钢管结构柱吊放至对接平台

图 4.1-23 千斤顶微调钢管结构柱

(2) 钢管结构柱和工具柱接近贴紧状态时，采用钢筋插入对接螺栓孔中，起引导对接作用；当连接处的螺栓口对准后，从外部钢管结构柱连接法兰插入螺栓，工具柱内一侧使用电动螺丝枪将螺帽上紧固定螺栓，见图 4.1-24。

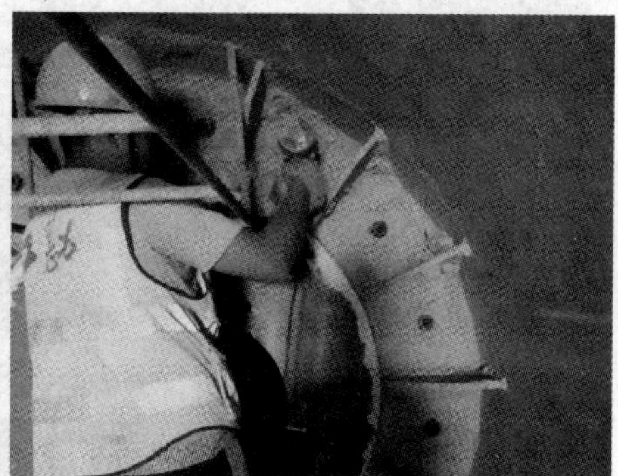

图 4.1-24　钢管结构柱和工具柱连接固定螺栓

6. 垂直度核验

(1) 所有对接螺栓拧紧后，需要对钢管结构柱因垂直方向起伏和水平方向弯曲造成的垂直度偏差进行检核，如钢管结构柱垂直度满足要求，则可以进入焊接操作；如果不满足要求，则拧松对接螺栓进行调整，调整后再进行检验校核。

(2) 垂直方向起伏引起的对接精度检查采用白赛尔中误差公式对高程中误差 m 进行验证，如果不满足精度要求，则拧松螺栓重新进行调节。具体见图 4.1-25。

(3) 水平方向弯曲引起的对接精度检查，采用将激光水平仪安置在钢管结构柱一端，架设激光水平仪使左右检测激光线高度与钢管结构轴线方向高度一致，采用带水平气泡的尺量测钢管结构柱两端及对接位置附近管壁至激光线的距离，测得左右检测线 n 个距离值分别为 L_1，L_2，L_3，…，L_n 和 R_1，R_2，R_3，…，R_n。水平左、右方向弯曲引起的对接精度也采用白赛尔中误差公式对弯曲中误差 m 进行验证，如果不满足精度要求，则拧松螺栓重新进行调节。水平方向检测线及测量点布置见图 4.1-26。

图 4.1-25　垂直度现场检测

7. 焊接螺栓、完成对接

(1) 钢管结构柱和工具柱垂直度检核满足要求后，即可开始进行焊接固定，见图 4.1-27。

(2) 焊接由持证电焊工作业，禁止在对接平台上负重。钢管结构柱焊接现场见图 4.1-27。

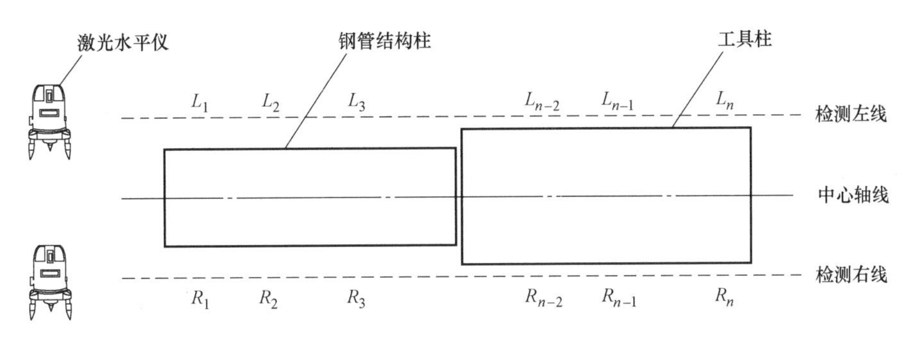

图 4.1-26　水平方向检测线布置图

（3）焊接完成后，钢管结构柱与工具柱连接处的空隙采用密封胶二次密封，具体见图 4.1-28。钢管结构柱和工具柱完成对接见图 4.1-29。

图 4.1-27　钢管结构柱螺栓焊接现场

图 4.1-28　柱间连接处密封胶二次密封

图 4.1-29　钢管结构柱和工具柱完成对接

4.1.8　材料和设备

1. 材料

本项目主要材料包括制作对接平台的钢板、钢筋、螺栓、焊条等。

2. 设备

本工艺所需机械设备主要为测量的水准仪、激光水平仪及吊运钢管的吊车等，具体见表 4.1-1。

主要机械设备配置表　　表 4.1-1

名称	型号	功用
水准仪	DS3	对接平台整体校平、对接测量，垂直度校核、检验
激光水平仪	EK153DP	钢管结构柱、工具柱对接精度检查
履带吊车	QUY55(50t)	钢管桩、工具柱吊装就位
电动空气压缩机	ETC-95	辅助焊接
气体保护焊机	BX3-500	焊接设备

4.1.9　质量控制

1. 对接平台制作

（1）对接场地进行硬化处理，浇筑厚 20cm、C15 混凝土地坪，基础面平整度在 10m 以内误差不能大于 3mm，10m 以外误差不能大于 5mm；浇筑完后进行养护。

（2）测量仪器经检定合格后方可使用。

（3）按预先划定位置支模，浇筑高 30cm、C25 混凝土台座；混凝土初凝前，根据设计标高位置将定位板嵌固在台座上。

（4）对接平台制作完成后，利用激光水平仪对平台的标高及位置进行复测，以保证平台对钢管结构柱和工具柱对接的精准定位。

2. 钢管结构柱和工具柱对接

（1）成品钢管结构柱运输过程注意对成品的保护，避免运输过程产生碰撞变形。

（2）在起吊放置结构柱和工具柱前，采用水准仪对整体对接平台进行校平。

（3）钢管桩、工具柱吊装就位，在拧紧对接螺栓前，利用水准仪再对平台进行二次校核。

（4）平台二次校正后，拧紧钢管结构柱、工具柱对接螺栓，对接螺栓在拧紧过程中可能因受力使钢管结构柱对接处翘起影响对接精度，此时需要逐一检查钢管结构柱下部是否与对接平台紧密贴合。

4.1.10　安全措施

1. 对接平台制作

（1）现场对接场地进行硬地化，防止不均匀下陷。

（2）同心同轴对接平台制作严格按制作图纸施工，按流程操作。

2. 钢管结构柱和工具柱对接

（1）钢管结构柱、工具柱进场后，按照施工分区堆放至指定区域，要求场地地面硬化不积水，分类堆放，搭设台架单层平放，使用木榫固定防止滚动。

（2）吊车分别将对接的钢管结构柱、工具柱吊放至对接平台上，严禁冲击底座平台。

（3）现场钢管结构柱及工具柱较长较重，起吊作业时，派专门的司索工指挥吊装作业；起吊时，将施工现场起吊范围内的无关人员清理出场，起重臂下及影响作业范围内严禁站人。

（4）测量复核人员登上钢管结构柱时，采用爬楼登高作业，并做好在钢管柱顶部作业的防护措施。

4.2 逆作法大直径钢管结构柱“三线一角”综合定位施工技术

4.2.1 引言

当地下结构采用逆作法施工时，常规采用灌注桩插入格构柱或钢管结构柱等形成顶撑结构，后期利用所插入的格构柱或钢管结构柱与主体结构结合形成永久性结构。随着我国科技水平及建筑体系的不断发展，越来越多的建筑项目采用逆作法组织施工，其中基础工程桩与钢管结构柱结合，形成永久性结构为常见形式之一。钢管结构柱施工时，其中心线、垂直线、水平线、方位角的准确定位具有较大的难度，是逆作法钢管结构柱施工中的关键技术控制指标。

2020 年 6 月，我司承担的深圳市罗湖区翠竹街道木头龙小区更新单元项目基础工程开工。本工程拟建 13 栋高层、超高层塔楼，采用顺作法与逆作法结合施工。基础设计采用大直径旋挖机灌注桩，最大设计直径为 2800mm，上部永久性结构柱采用钢管结构柱形式，并在裙楼负一层、核心筒第一层及主塔楼外围巨柱结构第六层分别转换成钢筋混凝土结构。该工程钢管结构柱设计采用后插法施工工艺，钢管结构柱最大直径为 1900mm、最大长度为 26.85m。该工程逆作区设计对钢管结构柱安装的平面位置、标高、垂直度、方位角的偏差控制要求极高，整体施工难度大。

目前，对于逆作法施工中钢管结构柱后插法施工工艺，常采用定位环板法进行施工，其主要方法是以孔口安放的深长钢护筒为参照，在安放的钢管结构柱上分段设置的多层定位钢结构环板实施定位。采用该方法定位时，预先按设计精度要求埋设预定直径的护筒，并在钢管结构柱柱身上根据设计精度要求焊接安装预定直径的定位环板，钢管结构柱安装由定位环板与护筒内壁控制钢管结构柱的垂直度及平面位置偏差，并逐步下压至设计柱顶标高（定位环板具体见图 4.2-1、图 4.2-2）。常规理解只要带有定位环板的钢管结构柱能下入至设计位置，就表明钢管结构柱的安装满足设计精度要求，但由于受护筒安放过程偏差的影响，往往超长的钢护筒会出现一定程度的垂直度偏差，使钢管结构柱出现一定程度的倾斜，严重者可出现定位环板卡位、柱底抵住钢筋笼或桩孔侧壁无法安放到位，对施工进度及结构实体质量造成较大的影响。

针对上述情况，项目组提出逆作法大直径钢管结构柱全回转“三线一角”综合定位技术，确保钢管结构柱安插中心线、垂直线、水平线及方位角的精确定位施工；该方法在灌注桩成桩后，通过对孔口护筒和定位平衡板分别设置十字交叉线，根据“双层双向定位”原理对定位平衡板进行定位，进而保证全回转钻机就位精度；在全回转抱插钢管结构柱下放过程中，利用全站仪、激光铅垂线、测斜仪全方位实时监控钢柱垂直度；在钢管结构柱下放过程持续加水，利用全回转钻机抱住工具节抱箍向下的下压力、钢管结构柱自重及注水重力，克服大直径钢管结构柱下插时泥浆及混凝土对钢管结构柱的上浮阻力，确保钢管结构柱安放至指定标高，保证水平线位置准确；在工具柱顶部设置方位角定位标线，对齐钢管结构柱梁柱节点腹板，并根据钢结构设计图纸、构造模型等设置方位角控制点，在钢管结构柱中心与控制点之间设置校核点，使中心点、定位点、校核点、控制点形成四点一

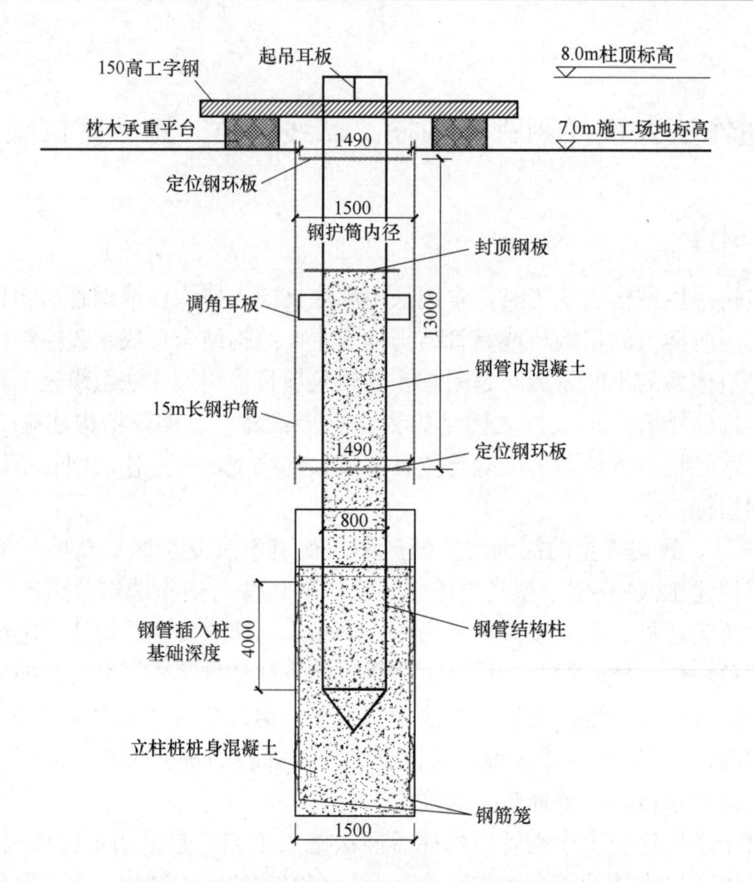

图 4.2-1　钢管结构柱定位环板安放定位示意图

图 4.2-2　钢管结构柱定位环板安放

线，从而保证钢柱方位角与设计一致，确保后续钢管结构柱间结构钢梁的精准安装。

4.2.2　工程实例

1. 工程概况

深圳罗湖区翠竹街道木头龙小区更新单元项目占地面积 5.69 万 m^2，项目同期建设

13 栋 80～200m 的塔楼，包含住宅、公寓、保障房、商业、音乐厅等；7～12 号楼为回迁房，业主合同要求需要在 38 个月内交付，工期非常紧。经过与业主和设计单位反复研讨，为满足工期和成本要求，项目最终采用中顺边逆的方法（中心岛区域顺作施工，周边逆作施工）进行地下室施工。

项目基础地下室部分逆作区面积约 3.25 万 m^2，地下 4 层，基坑开挖深度 19.75～26.60m。基础设计为灌注桩＋钢管结构柱结构形式，基坑底以下为大直径旋挖灌注桩，地下室及上部结构转换层以下部分采用钢管结构柱形式，该工程逆作区地下室采用钢结构结合楼层板施工，并利用钢管结构柱与地下室结构梁板、地下连续墙结合形成环形内支撑结构体系。

2. 地层情况

（1）素填土：厚度 0.30～5.10m，平均厚度 2.00m；主要由黏性土及砂质土组成，含少量建筑垃圾，局部钻孔见 10～30cm 厚混凝土层，顶部夹填石、块石，直径可达 30～40cm，含量占 20%～40%。

（2）杂填土：厚度 0.50～6.50m，平均厚度 2.37m，主要由混凝土块、砖渣组成。

（3）泥炭质黏土：厚度 0.3～5.0m，平均厚度 1.45m，主要由泥炭及炭化木组成，底层含砂。

（4）含砂黏土：厚度 0.60～8.70m，平均厚度 2.82m，局部夹有少量粉细砂。

（5）粉砂：厚度 0.30～7.50m，平均厚度 2.69m，局部夹有少量有机质或中砂团块。

（6）含黏性土中粗砂：厚度 0.50～6.00m，平均厚度 2.66m，局部夹有少量石英质卵石或砾砂。

（7）砂质黏性土：厚度 0.70～24.20m，平均厚度 7.06m。

（8）全风化混合岩：褐黄、灰褐色，厚度 0.40～16.60m，平均厚度 5.60m。

（9）强风化混合岩（土状）：厚度 3.50～23.90m，平均厚度 10.18m。

（10）强风化混合岩（块状）：厚度 0.10～35.40m，平均厚度 5.11m。

（11）中风化混合岩：厚度 0.20～13.27m，平均厚度 3.37m。

（12）微风化混合岩：揭露平均厚度 3.07m。

根据以上钻孔资料和剖面图分析，由于灌注桩为大直径、超深孔钻进，为防止上部填土、含砂黏土、粉砂、中粗砂、砾砂的垮孔，确定灌注桩成孔时孔口下入 11.5m 钢护筒护壁。

3. 设计要求

本项目基坑开挖逆作区设计工程桩 632 根，最大桩径 2800mm、最大孔深 73.5m，桩端进入微风化岩 500mm。钢管结构柱设计采用后插法工艺，插入灌注桩顶以下 4m；钢管结构柱直径最大 1900mm、最长 26.85m、最大重量 61.78t。钢管结构柱平面位置偏差≤5mm、安装标高控制偏差≤5mm、垂直度控制偏差≤1/1000、方位角控制偏差≤5mm。

4. 施工方案选择

本项目进场后，对结构柱定位施工方案进行了多方多次认证，并召开专家会研讨，经反复对各种方案的可靠性进行了讨论，最终采用如下施工方案：

（1）孔口安放深长护筒护壁；

（2）采用大扭矩旋挖钻机成孔，气举反循环二次清孔；

（3）钢管结构柱采用全回转钻机定位。

5. 施工情况

（1）施工概况

本项目于2020年6月开工，灌注桩采用德国宝峨BG46和SR485、SR445大扭矩旋挖钻机进行施工，使用泥浆净化器处理泥浆；孔口护筒采用单夹持振动沉入或采用多功能钻机回转安放；钻孔终孔后，采用空压机气举反循环二次清孔；钢管结构柱采用厂家订制、现场专业拼接，定位采用JAR260型全回转钻机；施工过程中，采用钢管结构柱内灌水增加自重定位、钢管结构柱内装配式平台灌注混凝土等多项专利技术，有效实施对钢管结构桩的三线一角（中心线、垂直线、水平线、方位角）的控制。

项目施工现场旋挖成孔见图4.2-3，全回转钻机安放钢管结构柱见图4.2-4，施工现场全景见图4.2-5。

图4.2-3 旋挖钻机成孔

图4.2-4 全回转钻机钢管结构柱定位

图4.2-5 灌注桩及全回转钻机钢管结构柱定位现场

（2）工程验收

本项目桩基工程于2021年3月完工，经界面抽芯、声测及开挖验证，各项指标满足设计和规范要求。钢管结构柱开挖后现场见图4.2-6～图4.2-8。

图 4.2-6 基坑开挖后钢管结构柱顶

图 4.2-7 基坑逆作法开挖后的钢管结构柱

图 4.2-8 基坑中顺边逆开挖

4.2.3 工艺特点

1. 定位精度高

本工艺根据“三线一角”定位原理，在钢管结构柱施工过程中，制订对中心线、垂直线、水平线以及方位角进行全方位综合定位措施，我司采用旋挖机钻进成孔、全回转钻机高精度下插定位，并采取全站仪、激光铅垂仪综合监控，使钢管结构柱施工完全满足高精度要求，保证了钢管结构柱的定位精度。

2. 综合施工效率高

钢管结构柱与工具柱在工厂内预制加工并提前运至施工现场，由具有钢结构资质的专业队伍采用专用对接平台进行对接，大大提升了现场作业的效率；桩基成孔采用大扭矩旋挖机，设备性能稳定、钻进效率高，桩底入岩采用分级扩孔工艺，尤其对长桩的施工效率提升显著；采用全回转钻进后插法工艺定位，一次性吊装、多措施监控精度，精度调节精准快捷。总体实施工序流水作业，提升旋挖钻机、全回转钻机的综合利用效率，综合施工效率高。

3. 绿色环保

旋挖机成孔产生的渣土放置在专用的储渣箱内，施工过程中泥头车配合及时清运，有效避免了渣土堆放影响安全文明施工形象；现场使用的泥浆采用大容量环保型泥浆箱储存、调制、循环泥浆，并采用泥浆净化器对进入泥浆循环系统的槽段内及桩基二次清孔泥浆进行净化，提高泥浆利用率，减少泥浆排放量，进而保证现场施工环境整洁。

4.2.4　适用范围

适用于基坑逆作法直径 1.9m 以内钢管结构柱后插法定位施工。

4.2.5　工艺原理

本工艺针对逆作法大直径钢管结构柱施工定位技术进行研究，通过对“三线一角”综合定位技术，使钢管结构柱施工精准定位，安插精度满足设计要求。

1. 中心线定位原理

中心线即中心点，其定位贯穿钢管结构柱安插施工的全过程，包括钻孔前桩中心点放样、孔口护筒中心定位、全回转钻机中心点和钢管结构柱下插就位后的中心点定位。

（1）桩中心点定位

桩位中心点定位的精准度是控制各个技术指标的前提条件，桩基测量定位由专业测量工程师负责，利用全站仪进行测量，桩位中心点处用红漆做出三角标志，并用钢筋支架做好护桩。

（2）旋挖机钻孔中心线定位

旋挖机根据桩定位中心点标识进行定位施工，根据“十字交叉法”原理，钻孔前从桩中心位置引出四个等距离的定点位，并用钢筋支架做好标记；旋挖机钻头就位后用卷尺测量旋挖机钻头外侧四个方向点位的距离，使 $d_1=d_2=d_3=d_4$（图 4.2-9），保证钻头就位的准确性；确认无误后，旋挖机下钻先行引孔，以便后继下入孔口护筒。

（3）孔口护筒安放定位

孔口护筒定位采用旋挖机钻孔至一定深度后，使用振动锤下护筒；振动锤沉入护筒中心定位，同样根据“十字交叉法”原理，利用旋挖机钻头定位时留下的桩外侧至桩中心点四个等距离点位，在振动锤下护筒时，用卷尺实时测量四个点位至护筒外壁的距离，使护筒中心线与桩中心线保持重合。当护筒下至指定高度后复测护筒标高以及中心线位置；护筒沉放时，采用两个互为垂直方向吊垂线控制护筒垂直度。振动锤下护筒中心线定位见图 4.2-10。

（4）全回转钻机中心定位

在安插钢管结构柱前，需对全回转钻机中心线进行精确定位，以保证钢管结构柱中心线施工精度。

定位平衡板作为全回转钻机配套的支撑定位平台，根据全回转钻机四个油缸支腿的位

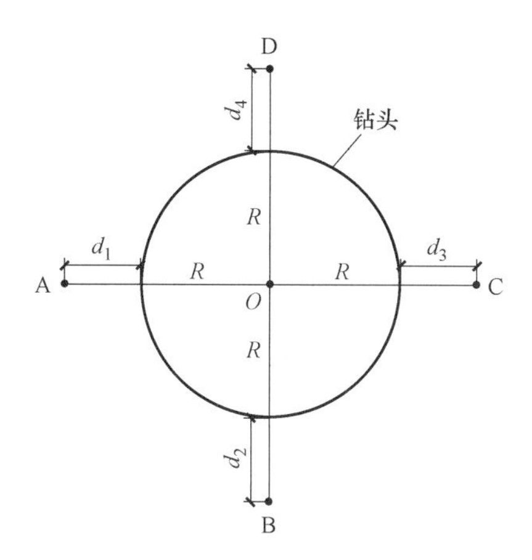

图 4.2-9 旋挖机钻孔中心线定位

置和尺寸，设置四个相应位置和尺寸的限位圆弧，当全回转钻机在定位平衡板上就位后，两者即可满足同心状态，全回转钻机油缸支腿、定位平衡板限位圆弧见图 4.2-11。

本工艺采用“双层双向定位”技术，进行全回转钻机定位偏差控制，即：孔口护筒设置“十字交叉线”引出桩位中心点，定位平衡板上再设置一层“十字交叉线”引出定位平衡板中心点，并在定位平衡板中心点引出一条铅垂线，定位平衡板吊放至护筒后，将定位平衡板中心点引出的铅垂线对齐护筒中心点，使定位平衡板的中心线与桩中心线重合。

图 4.2-10 护筒中心线定位

图 4.2-11 全回转钻机油缸支腿和定位平衡板限位圆弧对应上位

定位平衡板定位后，将全回转钻机吊运至定位平衡板，微调全回转钻机油缸支腿进行调平就位后，即可保证全回转钻机中心线精度。“双层双向定位”技术原理图和现场图见

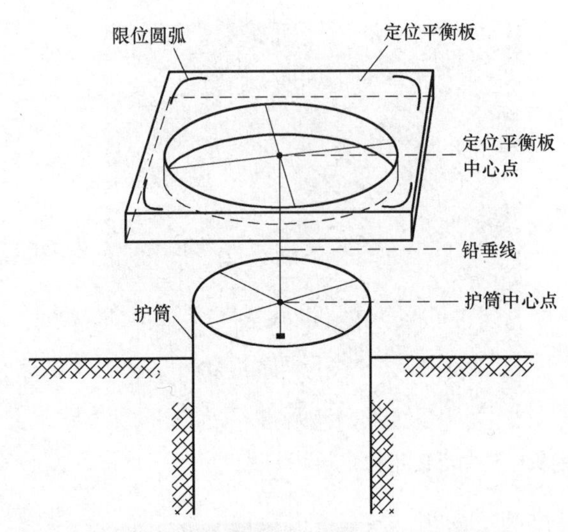

图 4.2-12 “双层双向定位”原理示意图

图 4.2-12、图 4.2-13。

2. 垂直线定位原理

垂直线是指钢管结构柱的垂直度，其定位精度控制包括钢管结构柱的对接和现场安插控制两方面。

（1）钢管结构柱与工具柱对接垂直度控制

钢管结构柱之间、钢管结构柱与工具柱对接的垂直度控制，是保证钢管结构柱安插施工垂直度精度的前提。本钢管结构柱和工具柱委托具备钢结构制作资质的专业队伍承担制作，运至施工现场后，由具备钢结构施工经验的班组在专用对接平台上进行现场对接，以保证柱间对接后的中心线重合，整体垂直度满足要求。

图 4.2-13　护筒与全回转钻机“双层双向定位”操作现场

（2）钢管结构柱安插施工垂直度控制

钢管结构柱安插垂直度是基坑逆作法钢管结构柱施工的一个重要指标，在全回转钻机夹紧装置抱插钢管结构柱下放过程中，利用全站仪、激光铅垂仪、铅垂线以及测斜仪等多种方法，全过程、全方位实时监控钢管结构柱垂直度指标。全站仪和铅垂线分别架设在与钢管结构柱相互垂直的两侧方向，对工具柱进行双向垂直度监控；测斜仪的传感器设置在工具柱顶部，能够实时监测钢管结构柱垂直度。当钢管结构柱下插过程中产生垂直度偏差时，可对全回转钻机四个独立的油缸支腿高度进行调节，从而校正钢管结构柱的垂直度偏差。全站仪监控柱身垂直度原理图见图 4.2-14。

3. 水平线定位原理

水平线即指钢管结构柱定位后的设计标高控制，由于钢管结构柱直径大，在其下插过程受到灌注桩顶混凝土的阻力，柱内泥浆的浮力，其稳定控制必须满足下插力与上浮阻力的平衡。

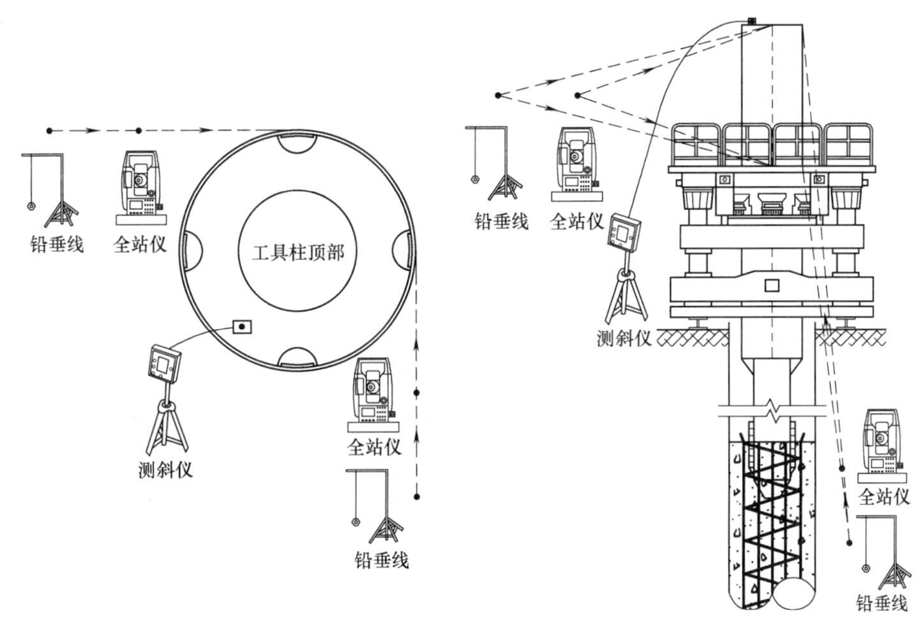

图 4.2-14　钢管结构柱下放垂直度监测原理图

(1) 钢管结构柱边注水边下插标高控制

钢管结构柱安装起重吊装前，首先进行钢管结构柱浮力计算，确定是否需要加注清水增加柱体的重量用以抵抗泥浆流体上浮力，以及混凝土对钢柱下插产生的插入阻力。本工艺所安装的钢管结构柱直径为1900mm，属于大直径钢管结构柱，结构上其底部为密闭设计，其下插时浮力大。经过模拟下插模型的浮力计算分析，安插钢管结构柱的同时需要在柱内加注清水，配合钢管结构柱、工具柱自重以及全回转钻机夹紧装置下插力，以克服钢管结构柱下插时所产生的浮力，将钢管结构柱下插到设计水平线标高。

(2) 钢管结构柱水平线复测

钢管结构柱定位后的水平线位置，通过测设工具柱顶标高确定。钢管结构柱下插到位后，现场对其顶标高进行测控。在工具柱顶部平面端选取 ABCD 四个对称点位分别架设棱镜，通过施工现场高程控制网的两个校核点，采用全站仪对其进行标高测设并相互校核，水平线标高误差控制在±5mm 以内。工具柱柱顶部标高测设见图 4.2-15。

4. 方位角定位原理

(1) 钢管结构柱方位角定位重要性

基坑逆作法施工中，先行施工的地下连续墙以及中间支承钢管结构柱，与自上而下逐层浇筑的地下室梁板结构通过一定的连接构成一个整体，共同承担结构自重和各种施工荷载。在钢管结构柱安装时，需要预先对钢管结构柱腹板方向进行定位，即方位角或设计轴线位置定位，使基坑开挖后地下室底板钢梁可以精准对接。因此，方位角的准确定位是钢管结构柱施工极其重要一环。地下室底板钢梁连接见图 4.2-16。

(2) 方位角定位线设置

钢管结构柱和工具柱对接完成后，在工具柱上端设置方位角定位线，使其对准钢管结构柱腹板，见图 4.2-17。

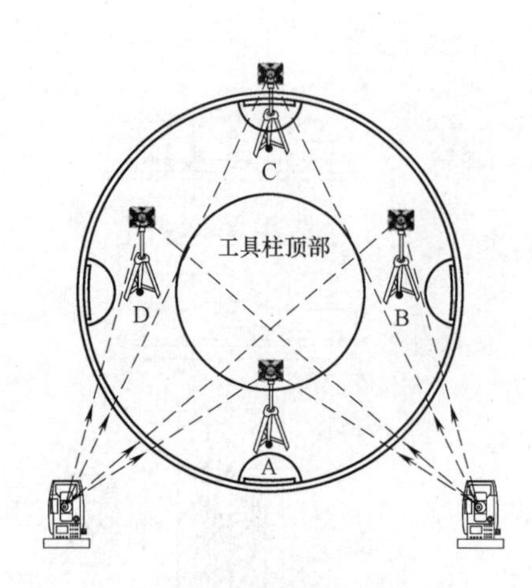

图 4.2-15　工具柱顶标高测控工艺原理示意图

图 4.2-16　基坑开挖后钢管结构柱腹板节点与钢梁对接

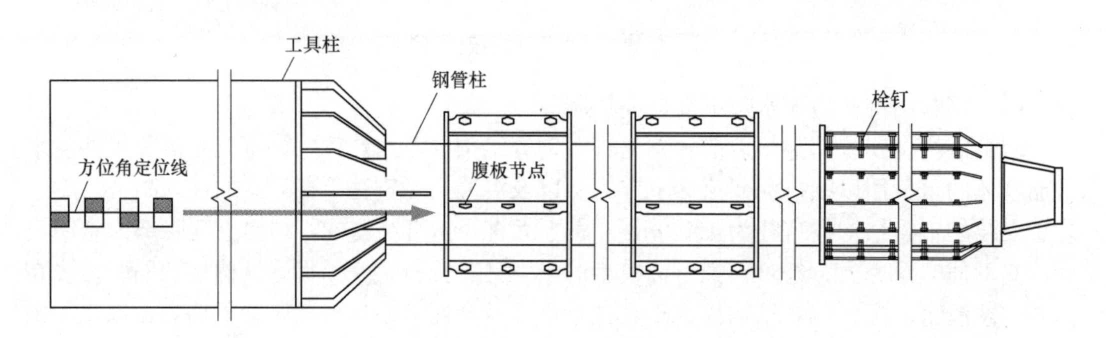

图 4.2-17　方位角定位线与钢管结构柱腹板对齐

（3）方位角定位操作

本工艺根据“四点一线”原理对方位角进行定位：

A 点为工具柱中心点，即钢管结构柱中心点，用棱镜标记；B 点为方位角标示线位置，其标注于工具柱上；C 点和 D 点位于设计图纸上两桩中点连线，即钢梁安装位置线上，D 点设全站仪用于定位方位角，C 点设棱镜用于校核。

当钢管结构柱安插至设计标高后，方位角会存在一定的偏差。此时，先将 D 点处全站仪对准校核点 C 处的棱镜，定出钢梁安装位置线；其次，将全站仪目镜上移至工具柱中心点 A 处棱镜，校核钢管结构柱中心点位置，确保 A、C、D 三点处于同一直线上；然后，再将全站仪目镜调至工具柱顶部，通过全回转钻机夹紧装置旋转工具柱，使得 A、B、C、D 四点共线，即方位角定位线位于钢梁安装位置线上；最后再利用全站仪复核 A 点和 C 点，完成钢管结构柱方位角定位。钢管结构柱方位角定位见图 4.2-18。

4.2.6　施工工艺流程

逆作法大直径钢管结构柱全回转“三线一角”综合定位施工工艺流程见图 4.2-19。

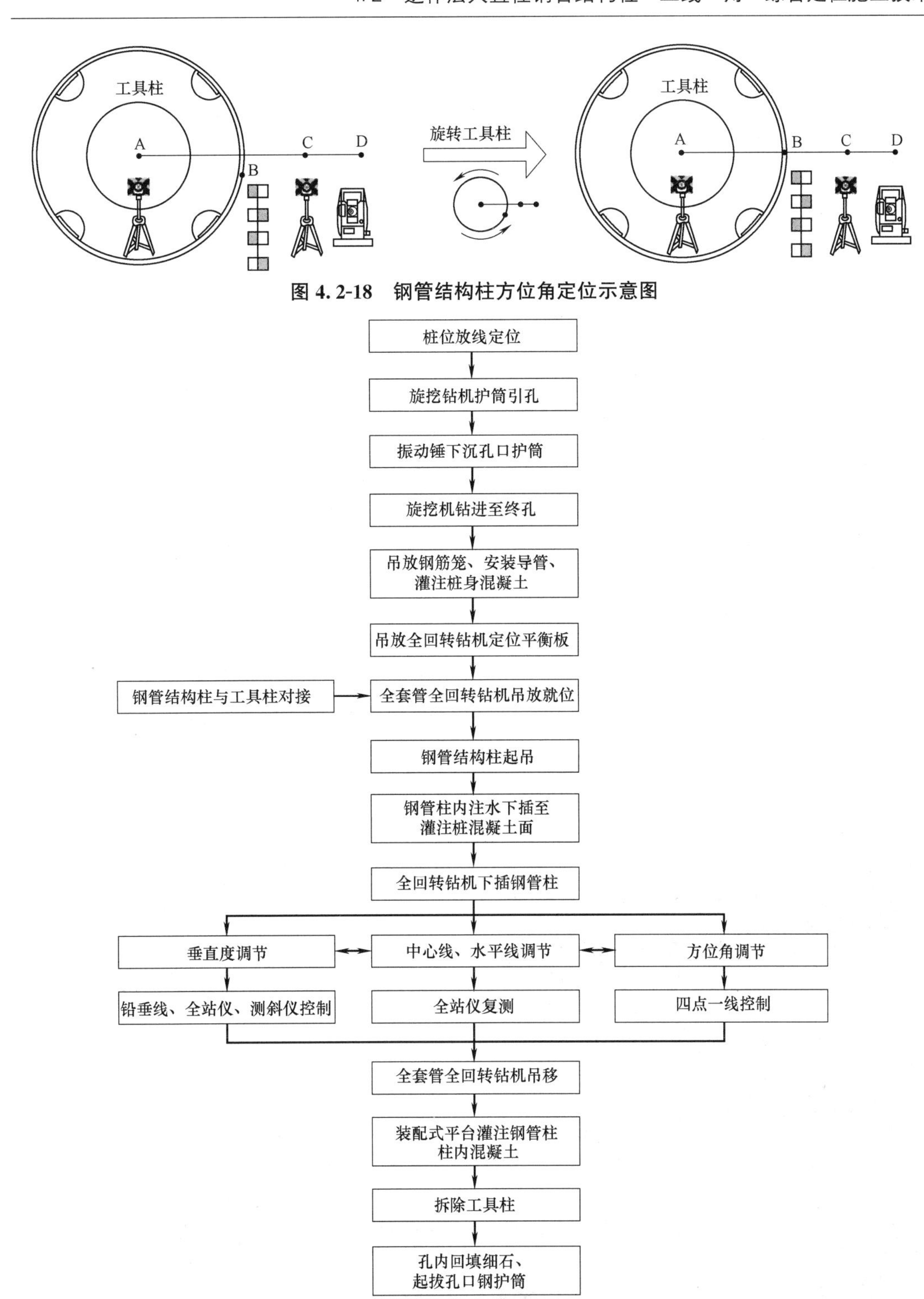

图 4.2-18　钢管结构柱方位角定位示意图

图 4.2-19　逆作法大直径钢管结构柱全回转“三线一角”综合定位施工工艺流程图

4.2.7　工序操作要点

以深圳罗湖区翠竹街道木头龙小区更新单元项目基础工程最大桩径 2800mm、最大孔深73.5m，钢管结构柱最大直径1900mm、最长26.85m为例。

1. 桩位放线定位

(1) 旋挖机、全回转设备等均为大型机械设备，对场地要求高，钻机进场前首先对场地进行平整、硬底化处理；合理布置施工现场，清理场地内影响施工的障碍物，保证机器有足够的操作空间。

(2) 利用全站仪定位桩中心点位，确保桩位准确。

(3) 以“十字交叉法”引到四周用钢筋支架做好护桩，桩位中心点处用红漆做出三角标志，见图4.2-20。

图4.2-20　现场桩位放线定位

2. 旋挖钻机护筒引孔

(1) 由于灌注桩钻进孔口安放深长护筒，为便于顺利下入护筒，先采用旋挖钻机引孔钻进，以不发生孔口垮塌为前提。

(2) 根据场地勘察孔资料，上层分布混凝土块和填石，旋挖开孔遇混凝土硬块时，则采用牙轮钻头钻穿硬块；进入土层则改换旋挖钻斗，以加快取土钻进速度；开孔时，根据引出的孔位十字交叉线，准确量测旋挖机钻头外侧四个方向点位的距离，保证钻头就位的准确性。现场开孔测量旋挖钻头中心点位见图4.2-21，土层旋挖钻斗钻进见图4.2-22，旋挖钻机现场护筒埋设引孔钻进过程见图4.2-23。

图4.2-21　旋挖钻头开孔前测量孔位

图4.2-22　土层段旋挖钻斗取土钻进

图4.2-23　旋挖钻机现场护筒埋设引孔钻进

（3）旋挖钻进施工时采用泥浆护壁，在钻孔前先制备护壁泥浆。泥浆现场配制采用大容量泥浆箱储存、调制泥浆，并采用泥浆净化器对进入泥浆循环系统的泥浆进行净化。现场泥浆净化器见图 4.2-24，泥浆箱配置见图 4.2-25。

图 4.2-24 泥浆净化器配置

图 4.2-25 现场泥浆存储箱

3. 振动锤下沉孔口护筒

（1）本项目选用直径 2.8m、长度 11.5m、壁厚 50mm 的钢护筒，护筒由专业钢构厂加工制作，现场沉入的钢护筒见图 4.2-26。振动锤采用单夹持 DZ-500 型振动锤，激振力为 500kN，振动锤具体见图 4.2-27。

图 4.2-26 现场使用的孔口钢护筒

图 4.2-27 DZ-500 型单夹持振动锤

（2）旋挖钻机引孔钻进至 6～8m 后，采用吊车将钢护筒吊放入引孔内并扶正，再采用振动锤下沉护筒，在振动锤的激振力与护筒重力作用下，将护筒插入隔水土层中，直至护筒口高出地面 30～50cm。钢护筒吊放入旋挖引孔内情况见图 4.2-28，振动锤沉放钢护筒具体见图 4.2-29。

（3）钢护筒沉放过程中，如遇障碍下沉困难或出现沉放不均匀时，可采用旋挖钻机钻杆辅助振动锤下沉安放，具体见图 4.2-30。

图 4.2-28 钢护筒吊放旋挖引孔内并扶正

图 4.2-29　振动锤沉放钢护筒过程

图 4.2-30　旋挖钻机辅助振动锤沉放钢护筒

（4）钢护筒沉放过程中，实时监控护筒垂直度和平面位置，控制位置偏差不大于20mm，具体见图 4.2-31；钢护筒安放到位后，采用测量仪复核护筒中心点位置，确保安放满足要求，见图 4.2-32。

图 4.2-31　护筒沉放时平面位置监控

图 4.2-32　振动锤沉放就位后中心点复核

4. 旋挖机钻进至终孔

（1）护筒安放复核确认后，将旋挖钻机就位开始钻进；钻进时，确保桩孔中心位置、钻机底座的水平度和钻机桅杆导轨的垂直度偏差小于1%。

（2）采用宝峨BG46旋挖机进行钻进成孔，钻进过程配合泥浆护壁。旋挖钻机就位及钻进成孔见图4.2-33、图4.2-34。

图4.2-33 旋挖钻机就位

图4.2-34 旋挖钻进成孔

（3）桩端入中、微风化岩采用旋挖钻筒分级扩孔、钻斗捞渣工艺进行钻进施工。

（4）在钻进到设计深度时，立即进行一次清孔，采用捞渣钻头捞渣法，采用一次或多次进行捞渣。

（5）清孔完成后，对钻孔进行终孔验收。

5. 吊放钢筋笼、安装导管、灌注桩身混凝土

（1）钢筋笼按设计图纸在现场加工场内制作，主筋采用单面搭接焊，箍筋采用滚笼机进行加工，箍筋与主筋间采用人工点焊，钢筋笼制作完成后进行验收，钢筋笼制作及现场验收见图4.2-35；钢筋笼采用吊车吊放，吊装时对准孔位，吊直扶稳，缓慢下放。鉴于基坑开挖较深，灌注桩设置有四根声测管，为便于空孔段声测管安装，现场采用专门设置的笼架吊装定位技术，一次性将声测管进行吊装和连接，具体见图4.2-36。

图4.2-35 钢筋笼现场制作及验收

图4.2-36 钢筋笼及声测管笼架吊装下放

（2）本项目为大直径桩，采用直径300mm导管灌注桩身混凝土；导管安放完毕后，进行二次清孔；清孔采用气举反循环工艺，循环泥浆经净化器分离处理。灌注导管安装见图4.2-37，二次清孔见图4.2-38。

图4.2-37　灌注导管安装

图4.2-38　孔底气举反循环二次清孔

（3）二次清孔完成后，在30min内灌注桩身混凝土；初灌采用6.0m^3灌注斗，在料斗盖板下安放隔水球胆，在混凝土即将装满料斗时提拉盖板，料斗内混凝土灌入孔内，此时混凝土罐车及时向料斗内补充混凝土；灌注时，及时拆卸导管，确保导管埋管深度2～6m；灌注时，桩顶超灌高度0.8m。由于灌注桩身混凝土后，需进行钢管结构柱安插，为此桩身混凝土采用超缓凝设计，初凝时间以24h控制，以保证钢管结构柱在安插时有足够的时间进行柱位调节。现场单桩混凝土灌注时间控制在4～6h，现场混凝土灌注见图4.2-39。

图4.2-39　桩身混凝土灌注

6. 吊放全回转钻机定位平衡板

（1）混凝土灌注完成后，立即吊放定位平衡板。

（2）吊放平衡板前，根据十字交叉法原理引出桩位中心点，并进行复测；同时，引出定位平衡板中心点，并在定位平衡板中心点引出铅垂线。具体见图4.2-40～图4.2-42。

图 4.2-40 十字交叉法引出桩位中点

图 4.2-41 护筒中心点复测

(3) 将定位平衡板吊放至护筒上方后，根据“双层双向定位”原理，调节定位平衡板位置，使平衡板中心点引出的铅垂线与护筒引出的桩位中心点重合，此时即可保证定位平衡板和桩中心点重合；用全站仪对平衡板中心点进行复核，定位平衡板中心点调节及平衡板中心点复核具体见图 4.2-43～图 4.2-45。

图 4.2-42 引出定位平衡板中心点及铅垂线

图 4.2-43 定位平衡板中心点调节

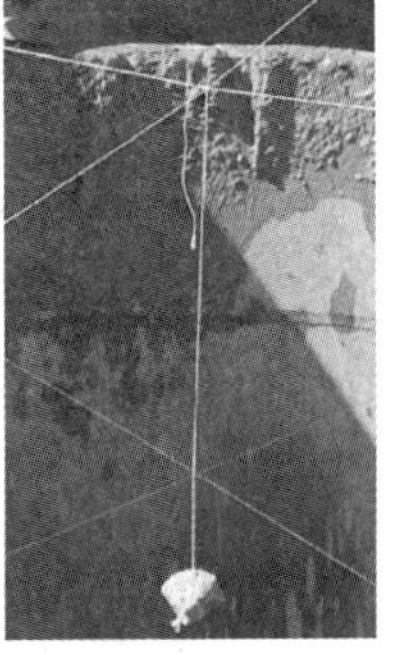

图 4.2-44 定位平衡板、孔口护筒双层双向中心点

7. 全回转钻机吊放就位

(1) 定位平衡板就位后，吊车起吊全套管钻机至平衡板上，具体见图 4.2-46。

图 4.2-45　全站仪复核定位平衡板中心点

图 4.2-46　全回转钻机吊放就位

(2) 全回转钻机落位时，钻机四个油缸支腿对准平衡板上的限位圆弧，确保全回转钻机准确就位，具体见图 4.2-47、图 4.2-48。全回转砖机就位后利用四角油缸支腿调平，并对钻机中心点进行复核，确保钻机中心位置与桩位中心线重合。

图 4.2-47　油缸支腿对准定位平衡板限位圆弧

图 4.2-48　全回转钻机就位

8. 钢管结构柱与工具柱对接

（1）钢管结构柱和工具柱由具备钢结构制作资质的专业队伍承担制作，运至施工现场后，由具备钢结构施工经验的班组在专用对接平台上进行对接，以保证两柱对接后的中心线重合，整体垂直度满足要求。钢管结构柱运抵现场情况见图 4.2-49，现场柱体拼接见图 4.2-50。

图 4.2-49 钢管结构柱和工具柱运抵现场

图 4.2-50 专业钢构人员现场对接施工

（2）钢管结构柱和工具柱之间对接施工在设置的专用加工场进行，加工场浇筑混凝土硬地；对接操作在专门搭设的平台上进行，平台由双层工字钢焊接而成，加工场及对接平台见图 4.2-51。

图 4.2-51 对接场地及对接操作平台

（3）钢管结构柱对接安装前，在螺栓连接部位涂注内层密封胶，要求连续不漏涂，以达到完整的密封效果，现场涂抹密封胶情况见图 4.2-52。

图 4.2-52 涂注内层密封胶

（4）工具柱与钢管结构柱对接时，由于工具柱长且重，因此采用吊车两点起吊，起吊过程缓慢靠拢平台上的钢管结构柱，同时由专门人员操控引导工具柱移动方向，直至工具柱与钢管结构柱接近，具体对接时吊装过程现场情况见图 4.2-53 和图 4.2-54。

图 4.2-53 工具柱双点起吊、专人指挥吊装

图 4.2-54 工具柱与钢管结构柱对接

（5）工具柱与钢管结构柱对接逐步接近靠拢时，在对接处设专门人员对讲机与吊车进行实时联络；同时，对接操作人员手握与螺栓直径一致的短钢筋，插入柱间的对接螺栓孔内引导起吊方向；当多根钢筋完成对接孔插入后，即初步对接完成。具体对接过程现场情况见图 4.2-55。

图 4.2-55 对讲机指挥及短钢筋插入螺栓孔引导对接

（6）工具柱与钢管结构柱对接无误后，及时从钢管结构柱端插入柱间对接螺栓，同时安排人员在工具柱内将螺帽拧紧；为确保螺栓连接紧密，在钢管结构柱处采用焊接方式将螺栓与钢管结构柱固定。具体对接螺栓安装、固定情况见图 4.2-56～图 4.2-58。

图 4.2-56 钢管柱端插入对接螺栓

图 4.2-57 工具柱内拧紧对接螺栓

图 4.2-58 对接螺栓焊接固定

(7) 工具柱与钢管结构柱对接完成后，安排人员在对接处涂抹外层密封胶，防止安装过程中发生渗漏，具体外层密封胶涂抹见图 4.2-59。

图 4.2-59 对接完成后涂抹外层密封胶

(8) 钢管结构柱和工具柱对接完成后，需在工具柱上确定其方位角。方位角定位分三步实施：一是将结构柱轴线腹板进行测量，确定腹板轴线；二是将腹板轴线引至工具柱上；三是在工具柱上确定腹板轴线位置。具体见图 4.2-60～图 4.2-62。

9. 钢管结构柱起吊

(1) 钢管结构柱起吊前，在工具柱顶部的水平板上安置倾角传感器并固定。倾角传感器通过连接倾斜显示仪，能够监测钢管结构柱下插过程的垂直度，其监控精度可达到 0.01°（1/6000），倾角传感器和倾斜显示仪见图 4.2-63。

图 4.2-60 钢管结构柱腹板轴线测量

图 4.2-61　将钢管结构柱腹板轴线引至工具柱上

图 4.2-62　工具柱上端设置方位角定位线

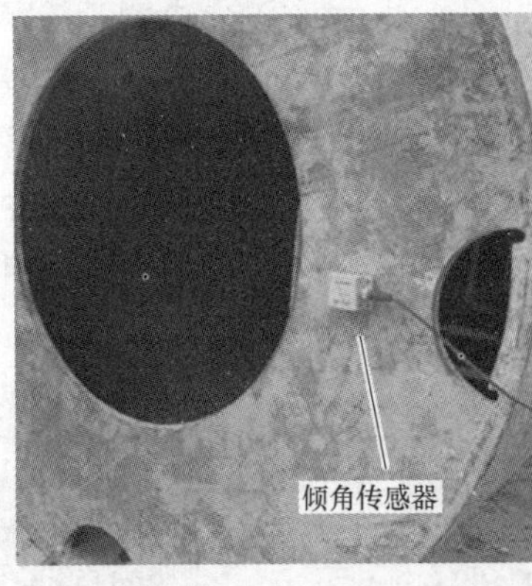

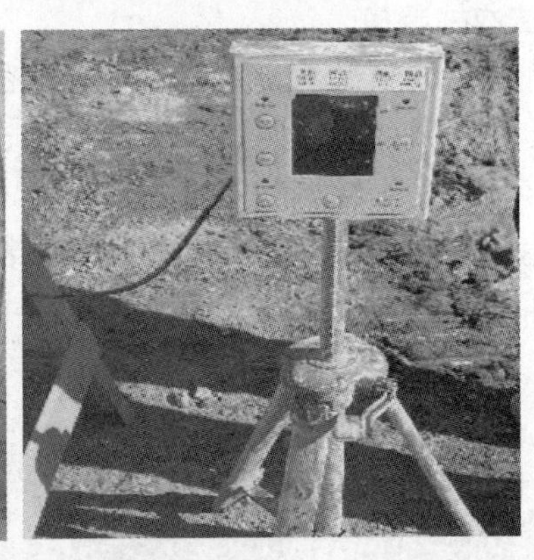

图 4.2-63　倾角传感器和倾斜显示仪

（2）钢管结构柱起吊前，在工具柱顶安装往柱内注水管路，以便能够将清水注入钢管结构柱内，克服泥浆流体及混凝土引起的上浮阻力，管路安装可采用普通胶管，经现场多次使用后，优化采用消防水带和接头，其注水量大，可缩短柱内的注水时间，提高工效，具体注水管安设见图 4.2-64。

（3）钢管结构柱起吊采用多点起吊法，采用 1 台 260t（QUY260CR）履带吊作为主吊、1 台 160t（QUY160）履带吊作为副吊，一次性整体抬吊，再将主吊抬起至垂直。主吊安装绳扣见图 4.2-65，钢管结构柱整体抬吊过程见图 4.2-66。

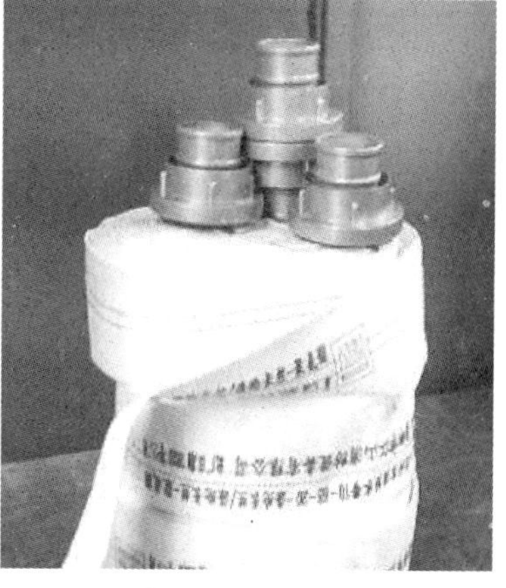

图 4.2-64　工具柱顶注水管路安装

图 4.2-65　钢管结构柱主吊两点起吊绳扣安装

图 4.2-66　钢管结构柱整体起吊

10. 钢管结构柱内注水下插至灌注桩混凝土面

（1）将钢管结构柱插入全回转钻机，当钢管结构柱柱底与桩孔内泥浆顶面齐平时，开始向钢管结构柱内注水，以增加钢管结构柱的整体重量；由于注水量大，现场配备大容量水箱，以保持连续注水，水箱设置及现场注水见图 4.2-67 和图 4.2-68；连续注水并下插钢管结构柱，将钢管结构柱缓慢吊放至桩身混凝土顶面位置。

图 4.2-67　大容量注水水箱设置

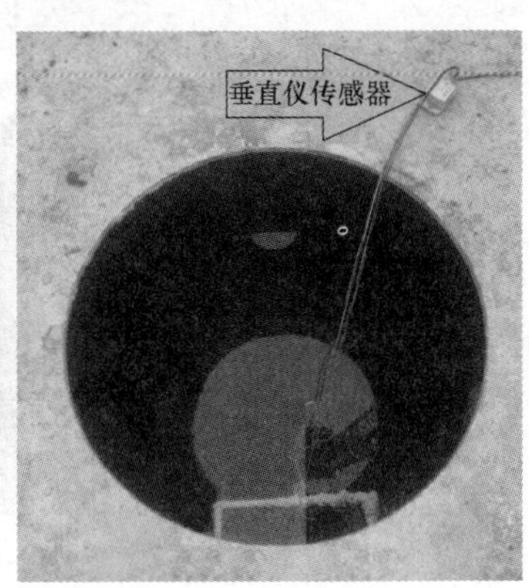

图 4.2-68　钢管结构柱内注水

（2）在钢管结构柱插入孔内过程中，由于钢管结构柱底部为密封，其下插过程将置换出等体积孔内泥浆，为防止孔口溢浆，始终同步采用泥浆泵将孔内泥浆抽至泥浆箱内，孔内泥浆泵抽出泥浆见图 4.2-69。

图 4.2-69　钢管结构柱下插过程中泥浆泵同步抽出孔内泥浆

11. 全回转钻机液压下插钢管结构柱

（1）待钢管结构柱柱底到达桩身混凝土顶面时，人工粗调钢管结构柱平面位置、方向；然后，全回转钻机上夹具抱紧工具柱并精调钢管结构柱平面位置、方向，并同步连接倾角传感器与倾斜显示仪；通过全回转上夹具抱住工具柱开始下插，至行程限位后，改为下夹具抱住工具柱，上夹具松开并上移至原位。

（2）如此循环操作，逐步将钢立柱插入，直至将钢管结构柱插入至设计标高。具体全回转钻机上下夹具液压循环插入钢管结构柱见图 4.2-70。

图 4.2-70 全回转钻机上下夹具液压循环插入钢管结构柱

12. 钢管结构柱下插垂直度调节

钢管结构柱下插过程中，同时采用三种方法对钢管垂直度进行监控，并相互校核，一是从两个垂直方向吊铅垂线（夜间采用激光铅垂仪）观测，二是采用两台全站仪在不同方向测量钢管结构柱垂直情况，三是在工具柱顶部设置倾角传感器，精确监控钢管结构柱下插全过程的垂直度数据。

（1）铅垂线监控

根据垂直线控制原理，在钢管结构柱下插平面位置相互垂直的两侧，设置铅垂线人工监控点。钢管结构柱下插时，将铅垂线对齐工具柱外壁，实时监控钢管结构柱下插垂直度。当垂直度出现偏差时，及时通过全回转钻机进行调整，铅垂线监控现场见图 4.2-71。

图 4.2-71 铅垂线实时监控钢管结构柱下插垂直度

（2）全站仪监控

根据垂直线控制原理，在钢管结构柱下插平面位置相互垂直的两侧，设置全站仪人工监控点。钢管结构柱下插时，将全站仪目镜内十字丝与工具柱外壁对齐，实时监控钢管结构柱下插垂直度。当垂直度出现偏差时，及时通过全回转钻机进行调整，全站仪监控现场见图 4.2-72。

图 4.2-72　全站仪实时监控钢管结构柱下插垂直度

(3) 测斜仪监控

钢管结构柱插入灌注桩混凝土前，连接测斜仪和工具柱顶部的倾角传感器，对其进行下插过程的垂直度监控。钢管结构柱垂直度数据通过显示仪直接读取，如钢管结构柱垂直度出现偏差，则利用全回转钻机液压系统进行精确微调，垂直度误差控制在±0.06°（1/1000）内，测斜仪监控现场见图 4.2-73。

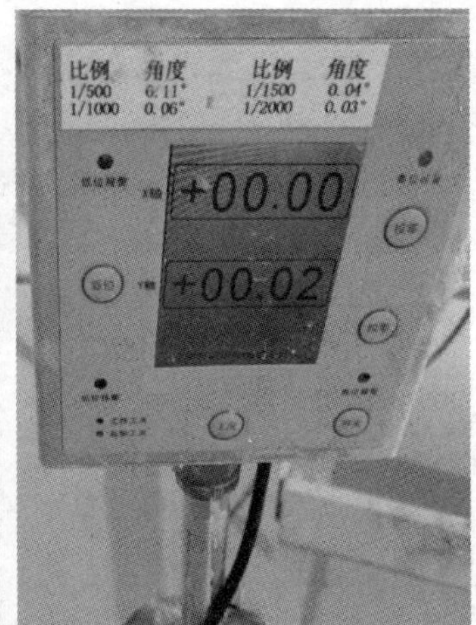

图 4.2-73　测斜仪实时监控钢管结构柱下插垂直度

13. 钢管结构柱下插中心线、水平线调节

(1) 中心线调节

钢管结构柱下插完成后，利用全站仪对工具柱中心线（即钢管结构柱中心线）进行复测，如偏差过大，则通过全回转钻机精调，使其误差控制在±5mm 内，钢管结构柱中心点测量复核见图 4.2-74。

(2) 水平线调节

钢管结构柱下插完成后，利用全站仪对工具柱水平线标高（即钢管结构柱水平线标高）进行复测，如偏差过大，则通过全回转钻机精调，使其误差控制在±5mm 内，钢管

图 4.2-74 钢管结构柱中心线测量复核

结构柱水平线标高测量复核见图 4.2-75。

图 4.2-75 钢管结构柱水平线标高测量复核

14. 钢管结构柱下插方位角调节

（1）钢管结构柱方位角定位：根据方位角定位原理，在钢管结构柱下插至设计标高后，利用全回转钻机旋转工具柱，使其方位角定位线对准全站仪目镜十字丝的竖线，再将全站仪目镜移至桩中心点和校核点复核，完成方位角定位，具体方位角定位见图 4.2-76。

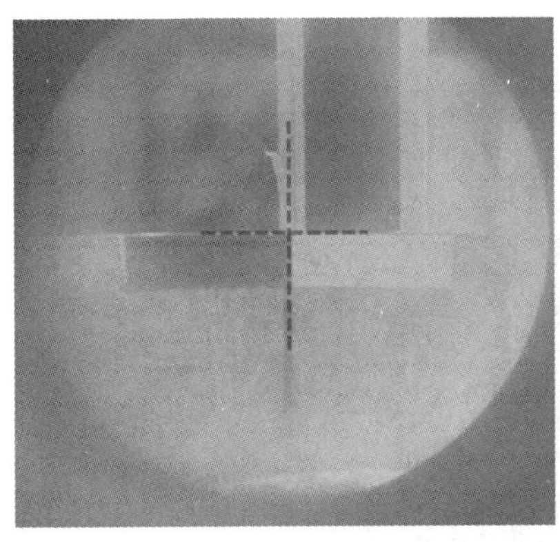
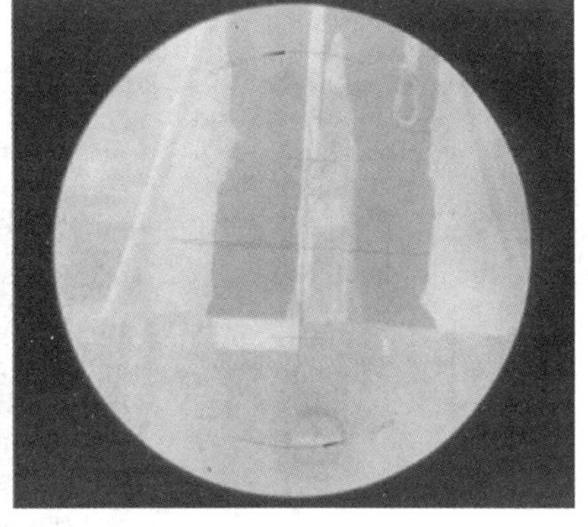

图 4.2-76 全站仪目镜十字丝定位方位角

（2）夜间施工时，可采用激光铅垂仪代替全站仪定位；当激光铅垂线同时与桩中心点棱镜、方位角定位线、校核点棱镜重合时，即表示钢管结构柱方位角完成定位，具体见图 4.2-77。

图 4.2-77 激光铅垂线夜间方位角定位现场

图 4.2-78 全回转钻机移位

15. 全回转钻机吊移

（1）钢管结构柱完成定位后，待桩身混凝土初凝并具备一定的强度后，松开抱紧钢管结构柱的全回转钻机夹具，逐一吊移全回转钻机及定位平衡板，现场吊离全回转钻机见图 4.2-78。

（2）为了避免钢管结构柱下沉，移除全回转钻机前，在工具柱与孔口护筒之间焊接 4 个对称的连接钢块，对工具柱进行固定，定位块焊接见图 4.2-79。

16. 钢管结构柱内灌注混凝土

（1）为便于混凝土灌注作业，制作专门的钢管结构桩顶口装配式灌注混凝土作业平台，并使用吊车吊放，具体见图 4.2-80；吊车将平台吊放至工具柱顶面，置于工具柱孔口，

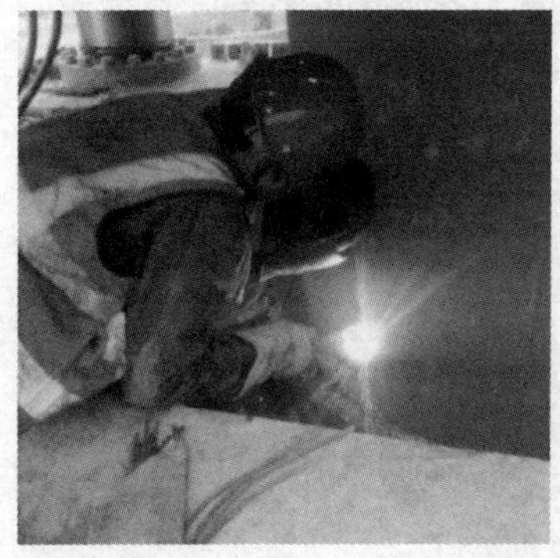

图 4.2-79 工具柱与孔口护筒钢块焊接固定

中心点与工具柱孔口中心重合，具体见图 4.2-81；检查平台安放符合要求后，采用螺栓将平台竖向角撑固定于工具柱上，具体见图 4.2-82。

图 4.2-80 工具柱顶吊放灌注平台

图 4.2-81 灌注平台置于柱中心

图 4.2-82 螺栓固定灌注平台

(2) 将高压潜水泵吊入钢管结构柱内，放置于结构柱底部，抽出柱内清水，具体见图 4.2-83、图 4.2-84。

图 4.2-83 潜孔泵下入钢管结构柱底抽水

图 4.2-84 钢锭结构柱内水被抽干

(3) 钢管结构柱水基本抽干，为防止混凝土离析，采用灌注导管灌注。在装配式灌注平台上安装直径 250mm 灌注导管，并灌注钢管结构柱柱内混凝土至柱顶标高；灌注时，具体见图 4.2-85。

17. 拆除工具柱

(1) 钢管结构柱内混凝土灌注完成后，人工下入工具柱内，清除柱底浮渣，松开工具柱与钢管结构柱连接螺栓。人工柱内拆除工具柱连接螺栓见图 4.2-86。

(2) 工具柱与钢管结构柱连接螺栓拆除后，割除工具柱与孔口钢护筒的临时 4 块固定钢块，将工具柱拆除，具体乙炔现场割除固定钢块见图 4.2-87。

(3) 松开工具柱的连接螺栓和固定钢块后，采用吊车将工具柱起吊并移开，具体见图 4.2-88。

图4.2-85　装配式平台上安装导管、灌注钢管结构柱内混凝土

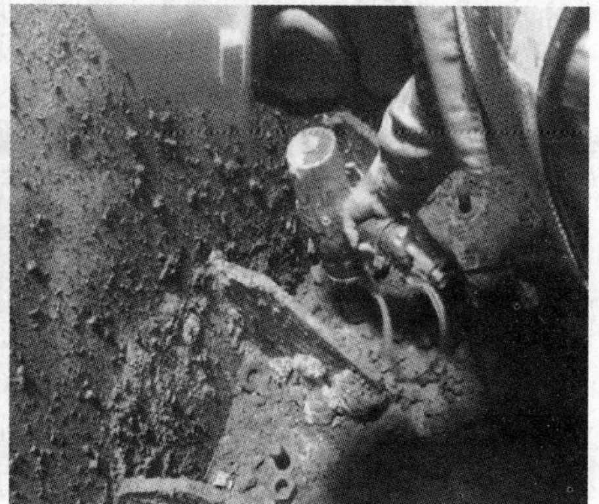

图4.2-86　人工下入结构柱内拆除工具柱与结构柱之间的连接螺栓

图4.2-87　乙炔现场割除工具柱护筒四块固定钢块

图4.2-88　吊车吊移工具柱

18. 孔内回填细石、起拔孔口钢护筒

（1）对于钢管结构柱与孔壁之间的间隙，以及钢管结构柱顶至地面的空孔段，采用细石回填；细石可利用再生碎石，防止工具节拆除后钢管结构柱发生倾斜，满足大型机械安全行走要求，细石回填见图 4.2-89。

（2）碎石回填至地面标高后，采用振动锤配合双向吊绳拔起护筒；振动锤采用单夹持振动锤，当单夹持起拔较困难时，可采用 2 套单夹持振动锤同时起拔；拔出后，松开振动锤，采用吊绳将护筒移至指定位置。现场钢护筒起拔见图 4.2-90。

图 4.2-89　钢管结构柱与孔壁间细石回填

图 4.2-90　现场钢护筒起拔

（3）钢护筒拔出后，孔内的细石会下沉，此时采用挖掘机将细石补充回填入孔，具体见图 4.2-91。

图 4.2-91　孔内回填细石

4.2.8　材料和设备

1. 材料

本工艺所使用的材料主要有钢筋、钢管、连接螺栓、混凝土、护壁泥浆、钢护筒、测绳、清水等。

2. 设备

本工艺所涉及设备主要有旋挖机、振动锤、全回转钻机、全站仪等，详见表4.2-1。

主要机械设备配置表 **表4.2-1**

名称	型号	备注
旋挖机	BG46	灌注桩钻进成孔
全回转钻机	JAR260	安插钢管结构柱、三线一角定位调节
定位平衡板	—	全回转钻机支撑定位平台
履带吊	QUY260CR	项目现场主吊
履带吊	QUY160	项目现场副吊
振动锤	DZ-500	下沉、起拔孔钢护筒
泥浆净化器	ZX-200	净化现场泥浆
电焊机	ZX7-400T	现场钢筋焊接
灌注导管	ϕ300mm	现场灌注混凝土
全站仪	WILD-TC16W	三线一角定位
棱镜	—	三线一角定位
测斜仪	金刚钻测斜仪	垂直线、水平线定位

4.2.9 质量控制

1. 钢管结构柱中心线

(1) 现场测量定位出桩位中心点后，采用十字交叉法引出桩中心位置点，并做好引出点的保护，以利于恢复桩位使用。

(2) 旋挖钻机埋设孔口护筒引孔时，钻进前对准桩位、测量钻头各个方向与引出桩位点的距离是否相等，出现偏差及时调整。

(3) 平衡板放置前，保证场地平整压实。

2. 钢管结构柱垂直线

(1) 钢管结构柱下插时，在垂直方向设置两台全站仪，全过程实时观察工具柱柱身垂直度，出现误差及时调整，以避免调整不及时造成钢管结构柱下放精度偏差超标。

(2) 在全站仪监测的同时，另设置铅垂线，校核钢管结构柱的垂直度。

(3) 工具柱顶部安装的倾角传感器在钢管结构柱下插过程中，通过显示屏上的数据监控钢管结构柱的垂直度具体数值，如有误差及时调整。

(4) 全站仪、测斜仪等设备由专业人员操作，避免误操作和误判数据。

3. 钢管结构柱水平线

(1) 钢管结构柱下放到位后，在工具柱顶选4个点对标高进行复测，误差需均在5mm范围以内。

(2) 混凝土初凝时间控制在24h缓凝设计，以避免钢管结构柱下插到位前桩身混凝土初凝，使得钢管结构柱无法下插至桩身混凝土内。

(3) 钢管结构柱下放过程中，向钢管结构柱内持续注水增加钢管结构柱自重，从而克服下方混凝土产生的巨大上浮力，保证钢管结构柱下放到位。

4. 钢管结构柱方位角

（1）工具柱顶方位角定位线与腹板位置对齐，工具柱侧的定位线标记清晰、准确。

（2）夜间采用激光仪放线，确定桩位中心点、方位角定位点、已知测设点、校核点等四点位于同一直线上，确保钢管结构柱下放方向正确。

4.2.10 安全措施

1. 灌注桩成桩

（1）施工场地进行平整或硬化处理，确保旋挖钻机施工时不发生偏移。

（2）桩基施工时，孔口设置安全护栏，严禁非操作人员靠近。

（3）吊放钢筋笼时，控制单节长度，严禁超长超限作业。

2. 钢管结构柱内混凝土灌注

（1）工具柱顶装配式灌注平台在吊装前，检查整体完整性、牢靠性；吊放到位后，采用螺栓固定。

（2）在灌注平台上作业时，控制作业人数不超过 4 人，所有辅助机具严禁堆放在平台上。

（3）人员登高作业，安设人行爬梯；平台四周设安全护栏。

（4）灌注时，采用料斗吊运混凝土至平台灌注，起吊时由专人指挥，控制好吊放高度，严禁碰撞平台。

3. 现场测量监控

（1）钢管结构柱下插作业时，同步进行三线一角的多点测量监控，测量点处于安全区域内。

（2）在全回转钻机上测量时，听从现场人员指挥，做好高处安全防护措施。

4.3 基坑逆作法钢管结构柱装配式平台灌注混凝土施工技术

4.3.1 引言

钢管结构柱作为逆作法施工基础桩的一种常见形式，一般采用全套管回转钻机定位以满足其高精度控制要求。全套管回转钻机最高约 3.5m，而钢管桩顶标高一般位于地面以下，因此在施工时一般采用钢管结构柱顶连接工具柱的方式定位以满足全套管回转钻机孔口定位需求。

在钢管结构柱定位施工过程中，钢管结构柱内混凝土灌注对整个施工工艺流程影响较大，关乎混凝土灌注的质量以及作业人员的安全。通常的施工方法是在采用全回转钻机完成结构柱定位后，继续利用钻机平台实施钢管结构柱内混凝土的灌注，具体见图 4.3-1。

图 4.3-1 采用全回转钻机灌注钢管结构柱混凝土

为更大发挥全回转钻机的功效，采取将全回转钻机吊离柱位，采用固定式灌注平台吊至工具柱孔口位置，在平台上进行混凝土灌注，这种固定式平台的灌注方法简便易行、安装快捷，作业现场见图 4.3-2、图 4.3-3。

图 4.3-2　吊离全回转钻机

图 4.3-3　固定式平台灌注结构柱混凝土

但受钢管结构柱顶标高、工具柱长度不同的影响，工具柱露出地面的标高位置存在差异，固定灌注平台作业高度不适合所有工具柱，作业人员时常需要站在高处且防护缺失的位置进行混凝土灌注作业，存在较大安全隐患，固定式灌注平台作业情况见图 4.3-4。

针对上述问题，项目组对钢管结构柱内混凝土灌注工艺进行了研究，在工具柱孔口设计固定一种装配式平台灌注混凝土，较好解决了因工具柱露出地面标高变化导致需频繁调整平台高度的问题，达到实用便捷、提升工效、安全可靠、降低成本的效果。新型灌注作业装配式平台见图 4.3-5。

图 4.3-4　固定式平台高度不满足灌注安全

图 4.3-5　工具柱孔口装配式平台灌注混凝土

4.3.2　工艺特点

1. 安装使用便捷

本工艺所述的装配式平台根据现场工具柱尺寸制作，吊装固定于工具柱顶部即可满足灌注作业要求，不受工具柱顶标高影响，适用性强，安装使用便捷。

2. 提升工效

本工艺所述的装配式平台安装步骤简单，安装时间短，大大缩短钢管结构柱混凝土灌注前的准备时间，有效提升施工工效。

3. 操作安全可靠

本工艺所述的装配式平台作业面铺设钢板，并开设直径略小于工具柱的作业洞口，平台置于工具柱的顶部，平台牢靠稳固；平台的底部四周采用竖向设置的U形槽钢加螺栓将槽钢与工具柱相固定，同时设置安全作业护栏和固定爬梯，保证作业人员安全。

4. 降低成本

新型装配式平台施工耗材少，且无需根据工具柱露出地面标高制作多个平台或是调整平台高度，单个平台即可重复使用，节约资源和成本。

4.3.3 适用范围

适用于直径800～1800mm钢管结构柱、工具柱内灌注混凝土作业，适用于钢管结构柱高度5m以内的平台灌注作业。

4.3.4 装配式平台结构

本工艺所述的装配式灌注平台系统主要由灌注操作平台、竖向固定角撑、辅助设施组成。具体见图4.3-6、图4.3-7。

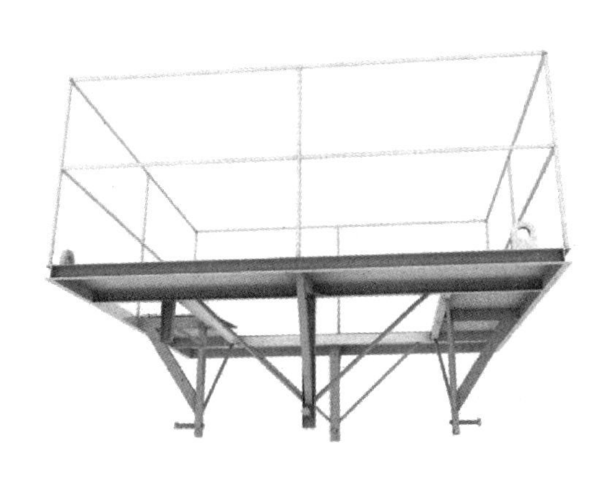

图4.3-6 装配式灌注平台三维模型

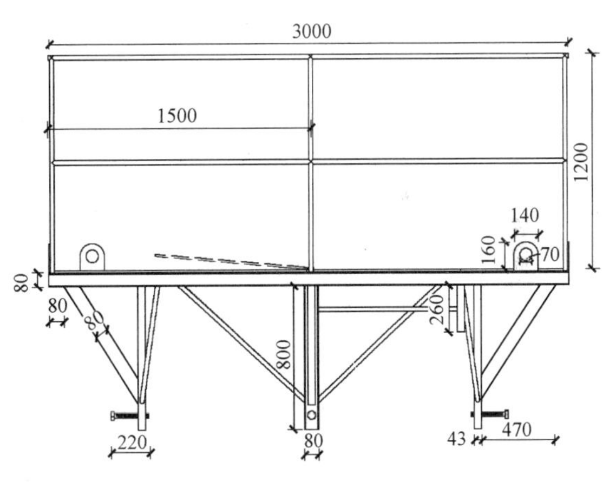

图4.3-7 装配式平台详细尺寸

1. 灌注操作平台

（1）灌注操作平台主要包括U形槽钢支撑骨架、钢板。

（2）平台由U形槽钢焊接而成，U形槽钢骨架完成后在其上铺设钢板，作为操作平台上部承重结构。灌注作业平台模型与实物具体见图4.3-8。

2. 竖向固定角撑

（1）竖向固定角撑共设置4个，每个角撑由3根U形槽钢焊接而成，每个角撑另设由两根钢筋焊接而成的加固撑，竖向固定角撑采用螺栓固定。竖向固定角撑三维模型及现场实物见图4.3-9、图4.3-10。

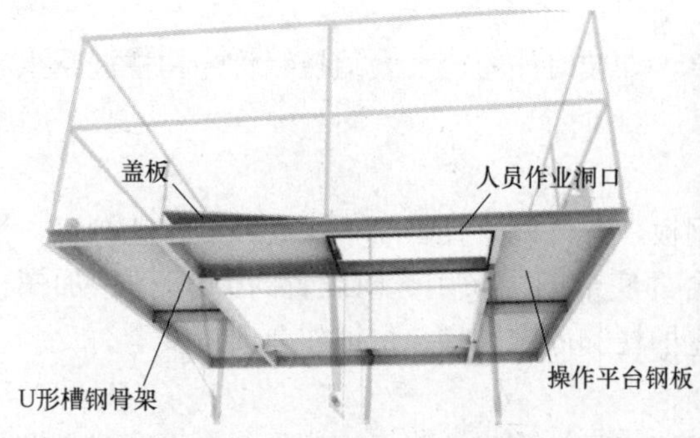

图 4.3-8 灌注作业装配式平台三维模型与现场实物

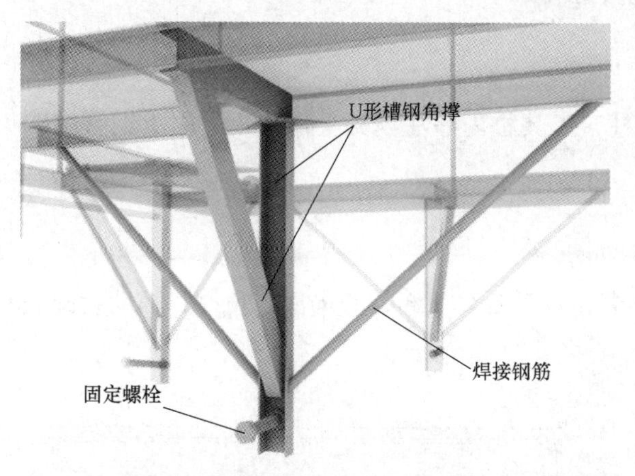

图 4.3-9 灌注作业装配式平台竖向固定角撑三维模型

图 4.3-10 灌注作业装配式平台竖向固定角撑实物

（2）平台的竖向固定角撑将平台定位于工具柱顶部，再通过竖向槽钢上的螺栓将平台固定于工具柱上，同时U形槽钢以及钢筋焊接而成的加固撑对平台起到稳固、支撑作用。竖向固定角撑与工具柱固定方式三维模型及实物见图4.3-11。

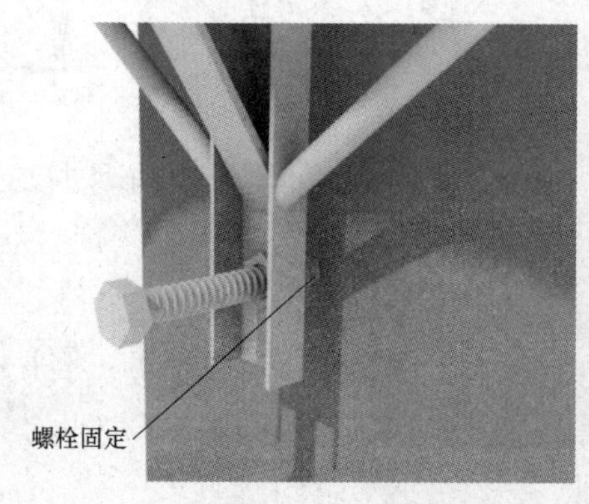

图 4.3-11 固定角撑与工具柱固定方式三维模型及现场实物

3. 辅助设施

本平台辅助设施包括作业安全护栏、起重吊耳及爬梯，具体见图4.3-12、图4.3-13。

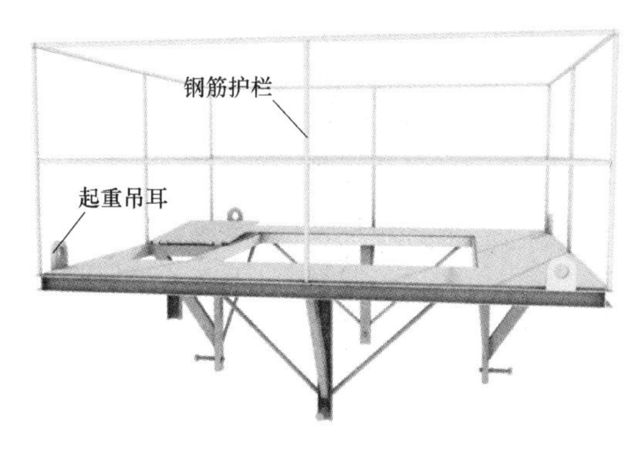

图 4.3-12 平台辅助设施三维模型及现场实物

4.3.5 装配式灌注平台作业原理

本工艺所述的钢管结构柱内灌注作业装配式平台的主要原理包括：

1. 装配式结构平台

本平台设计为装配式结构，采用整体制作、整体吊装、一次性安装，并固定在连接钢管结构柱的工具柱口，其不受柱的标高位置的影响，具体见图 4.3-14。

图 4.3-13 灌注平台人行爬梯

图 4.3-14 灌注作业装配式平台与工具柱固定方式三维模型

2. 平台水平稳固、竖向角撑固定

（1）平台采用吊车将灌注平台吊装至工具柱顶面，作业平台中心预留工作洞口，洞口直径略小于工具柱的直径，平台吊放时稳稳地置于工具柱口，确保平台在平面上得以稳固支撑。

（2）平台底部在工具柱的四周设置竖向固定角撑，四个角撑与工具柱壁紧贴，在垂直方向将平台予以限位，并使用钢筋斜撑对平台进行加固。

（3）采用螺栓对竖向固定角撑进行固定，进一步确保装配式灌注平台稳固。

（4）在操作平台四周设置安全护栏和安全网，以及人行上下爬梯，确保操作人员作业安全。

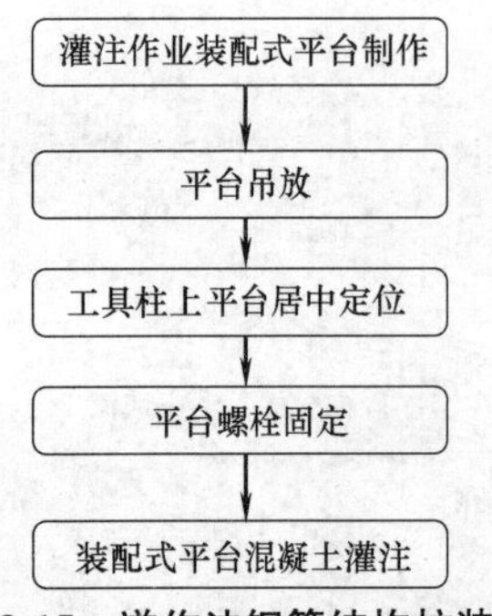

图 4.3-15 逆作法钢管结构柱装配式平台灌注桩身混凝土施工工艺流程图

4.3.6 施工工艺流程

基坑逆作法钢管结构柱装配式平台灌注桩身混凝土施工工艺流程见图 4.3-15。

4.3.7 工序操作要点

以深圳罗湖区翠竹街道木头龙小区更新单元项目基坑逆作法钢管结构柱施工为例，钢管结构柱直径 1900mm。

1. 灌注作业装配式平台制作

灌注作业装配式平台尺寸主要参照项目现场工具柱尺寸设计制作，验收合格后使用。

(1) 灌注操作平台

主要由 U 形槽钢支撑骨架、平台钢板及平台辅助设施组成。

U 形槽钢支撑骨架由 8 根 8 号 U 形槽钢焊接而成，中心设置灌注作业洞口，同时保证装配式平台与工具柱之间有充足的搭接空间。支撑骨架详细尺寸见图 4.3-16。

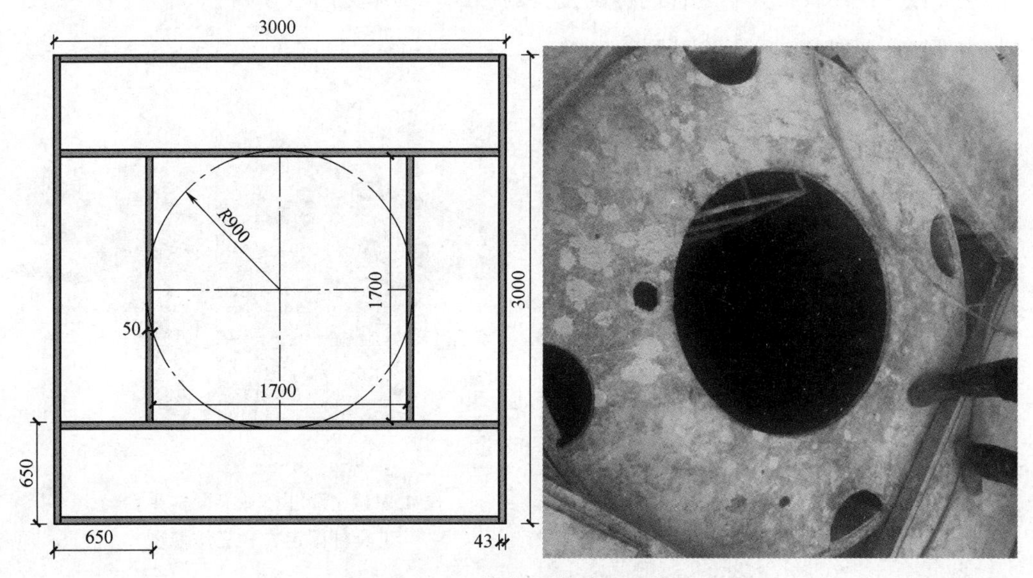

图 4.3-16 工字钢支撑骨架尺寸图

平台钢板采用 10mm 钢板铺设，预留操作人员爬梯上平台作业洞口；同时，在洞口处设置盖板，在人员上下后及时封盖，保证平台作业人员安全。平台钢板详细尺寸及现场实物见图 4.3-17、图 4.3-18。

(2) 竖向固定角撑

主要包括 U 形槽钢角撑、固定螺栓、钢筋加固撑。U 形槽钢角撑由 3 根 8 号 U 形槽钢焊接而成，其中竖向 U 形槽钢距底部 80mm 处设置固定螺栓。固定螺栓长度为 220mm，直径为 24mm，螺距为 8mm。钢筋加固撑由两根直径 25mm 的钢筋与竖向 U 形槽钢焊接，起到加固角撑稳定性的作用。

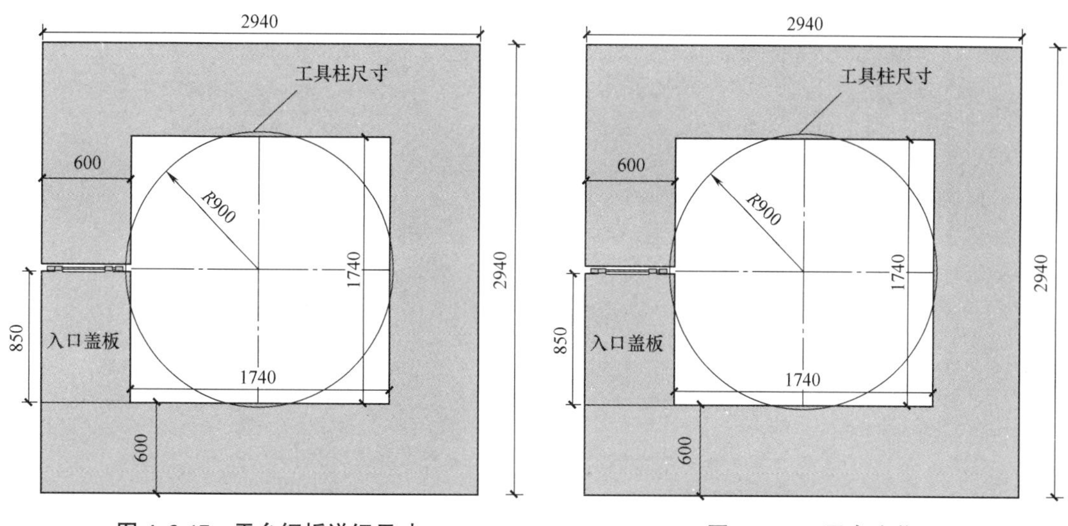

图 4.3-17 平台钢板详细尺寸

图 4.3-18 平台实物

（3）辅助设施包括起重吊耳、安全护栏、安全网、爬梯。起重吊耳用 30mm 钢板切割焊接而成，对称设置 4 个；安全护栏用直径 25mm 的螺纹钢筋焊接而成，护栏整体高度 1200mm，护栏螺纹钢筋底部焊接于 U 形槽钢支撑骨架上，并在栏杆上铺设安全网；爬梯单独设置，架设于平台的入口处。

2. 平台吊放

（1）全回转钻机钢管结构柱下放定位完成后，将全回转钻机吊离。

（2）将灌注作业装配式平台使用吊车吊放，吊装过程中派司索工现场指挥，同时隔离无关人员，保证吊装范围作业安全。装配式平台吊放见图 4.3-19。

图 4.3-19 装配式平台吊放

3. 工具柱顶平台居中定位

（1）吊车将平台吊放至工具柱顶面，置于工具柱孔口，中心点与工具柱孔口中心重合；此时，检查平台与工具柱口之间的重叠面，保持平台位置居中，具体吊装见图 4.3-20。

（2）装配式平台居中放置于工具柱孔口时，将平台人行入口方向朝向便于人员上下的适当位置，同时保证平台水平。爬梯入口位置见图 4.3-21。

4. 平台螺栓固定

（1）检查平台安放符合要求后，即采用螺栓将平台竖向角撑固定于工具柱上。

（2）螺栓安装前，清除丝扣泥渣，保持螺栓完好状态。

图 4.3-20　装配式平台置于工具柱平面重叠放置并保持居中

图 4.3-21　装配式平台人员爬梯入口位置

（3）螺栓顺丝扣拧入竖向固定角撑螺母内，先前用手拧紧，再使用扳手拧牢。

（4）确认平台固定稳固后，作业人员爬上平台确认平台的稳定性和安全性。

平台螺栓固定见图 4.3-22，平台安装后管理人员现场安全验收见图 4.3-23。

图 4.3-22　平台竖向角撑螺栓固定

5. 装配式平台混凝土灌注

(1) 平台安装完成并经验收合格后，开始混凝土灌注准备，具体见图 4.3-24。

图 4.3-23 现场平台安全验收

图 4.3-24 准备灌注作业

(2) 采用吊车吊放灌注导管和初灌斗时，注意起吊高度，防止吊物移动时碰撞平台护栏，具体见图 4.3-25 和图 4.3-26。

图 4.3-25 平台上起吊灌注导管

图 4.3-26 平台上起吊灌注斗

（3）灌注作业期间，拆卸的导管、料斗以及其他工器具，不得堆放在作业平台上，及时吊至地面堆放，严格控制平台负荷，具体见图 4.3-27 和图 4.3-28。

图 4.3-27　装配式平台上灌注钢管结构柱内混凝土

（4）装配式平台作业空间有限，平台上严格控制操作人员，一般不多于 4 人同时作业；操作人员登平台作业时，正确佩戴安全带；操作人员上下时，使用人行爬梯。平台作业见图 4.3-29。

图 4.3-28　拆卸的料斗和导管堆放于地面

图 4.3-29　装配式平台混凝土灌注作业

4.3.8　材料与设备

1. 材料

本工艺所使用的材料主要包括 U 形槽钢、制作作业平台的钢板、螺纹钢筋、螺栓、焊条等。

2. 设备

本工艺所需主要机械设备见表 4.3-1。

主要机械设备配置表 表 4.3-1

名称	型号/尺寸	功用
装配式平台	自制	工具柱孔口灌注混凝土
履带吊车	QUY55	起吊灌注平台、导管、灌斗
灌注导管	直径 30cm	水下混凝土灌注
灌注斗	$6m^3$	初灌
电焊机	BX3-500	焊接设备

4.3.9 质量控制

1. 作业平台制作

(1) 平台制作材料经检验合格后使用。

(2) 平台尺寸按照工具柱的直径确定，严格按设计规格制作，确保平台满足现场使用要求。

(3) 平台制作时焊接符合相关质量要求，做到焊缝饱满。

(4) 平台制作完成后，对平台制作质量进行全面检查，验收合格后投入使用。

2. 平台吊装及使用

(1) 平台吊装时，采用多点起吊，防止平台发生变形。

(2) 平台吊装就位时，检查平台坐落于工具柱上的位置，确保平台与工具柱平面的重叠范围和中心位置满足要求。

(3) 平台吊装到位后，再次将平台进行居中对准、校平；同时，拧紧固定螺栓将平台固定在工具柱上。

(4) 平台对准校平后，拧紧四周固定螺栓，在拧紧过程中确保平台与工具柱顶面均匀搭接。

4.3.10 安全措施

1. 作业平台制作

(1) 制作平台焊接前，做好动火报批，并做好安全防护。

(2) 平台制作时，焊接作业场地周围清除易燃易爆物品，或进行覆盖、隔离。

(3) 平台中心对称设置 4 个起重吊耳，确保满足现场吊装设备吊索扣件要求。

2. 平台吊装及使用

(1) 装配式平台起吊作业时，派专门的司索工指挥吊装作业。

(2) 现场作业时，保持一定的起吊高度，防止碰撞平台；起吊前，将施工现场起吊范围内的无关人员清理出场，起重臂下及作业影响范围内严禁站人。

(3) 作业人员登上下平台时，使用专用爬梯，并派人监护。

(4) 作业人员登上平台后，及时将平台洞口用盖板盖上，保证混凝土灌注作业过程安全。

(5) 平台作业时，严禁超员、超负荷，限制不超过 4 人同时作业。

(6) 平台上的任何物件，严禁抛扔；灌注时拆卸的导管和灌注斗及时吊至地面堆放。

(7) 平台高空作业，定期进行螺栓坚固程度和防护栏安全性检查，确保平台作业安全。

第5章 潜孔锤钻进施工新技术

5.1 松散填石边坡锚索偏心潜孔锤全套管跟管成锚综合施工技术

5.1.1 前言

在深厚松散填石高边坡上进行锚索钻进施工时，主要遇到履带式锚索钻机重量大，普通脚手架作业平台难以满足作业需求的问题；同时，填石分布多、块度大、硬度高，普通的锚索钻机成孔破岩效率低、钻进速度慢、综合成本高；另外，钻进时边坡的松散填土容易发生塌孔，造成成孔和下锚困难，极大地影响成孔和锚体质量。

2020年10月，盐田区资源化利用环境园边坡支护工程开工。该边坡为坡顶修建道路时形成，主要由开山填石、松散填土修筑而成，坡底与园区建筑物最小距离不足4m，坡脚设置砌石挡墙。边坡支护设计采用预应力锚索＋格构梁＋混凝土挡板支护，锚索直径ϕ150mm，锚索最大长度38m。在锚孔钻进过程中，搭设钢管脚手架施工，作业空间狭小，只能满足小型设备操作；钻孔需穿越边坡砌石挡墙和深厚填石地层，普通回转钻头钻进遇不规则填石时发生卡钻、套管断裂，钻进非常困难；同时，边坡松散填土钻进过程发生塌孔，极大地影响了施工的效率和质量。

针对施工空间狭小、脚手架上作业的环境限制，以及填石钻进困难、填土易塌孔等地质条件影响，结合设计要求，项目组对深厚松散填石高边坡锚索钻进技术进行研究，通过现场工艺试验、优化，形成了松散填石边坡锚索偏心潜孔锤全套管跟管成锚综合施工工艺，此工艺选择轻便型锚固钻机以适应狭小的工作平台，采用偏心潜孔锤钻进破岩，利用跟管管靴专利技术实施全套管同步跟管护壁钻进，在注浆后使用专用拔管机拔除套管；该工艺充分发挥了风动潜孔锤的破岩效率与排渣功能，并在深厚松散填石地层钻进时同步采用全套管跟进护壁成孔，大大提高了成孔效率和锚体质量，取得了满意的施工效果。

5.1.2 工艺特点

1. 破岩效率高

本工艺采用潜孔锤钻进，对填石进行高频往复冲击，破岩效率高，并由高风压携带钻渣出孔避免重复破碎，钻进速度快，大大提高施工工效。

2. 锚固质量好

本工艺采用偏心潜孔锤全套管护壁钻进施工，在提升破岩效率的同时，有效防止了松散填土成孔过程中的塌孔，并在一次注浆后拔除护壁套管，确保了成孔和锚固体的质量。

3. 操作简便

本工艺采用轻型锚固钻机施工，可在通常的脚手架平台上作业，只需将钻机在工作平台上固定，采用潜孔锤钻进，并在套管端部增加管靴，操作简便；同时，采用专用的拔管机液压操作，套管拔管速度快。

4. 综合成本低

本工艺钻进施工对施工平台要求低，且钻进效率高，施工工期大大缩短，总体综合施工成本低。

5.1.3 适用范围

1. 适用场地

适用于施工场地狭小、在普通钢管脚手架平台上实施的高边坡锚孔钻进施工。

2. 适用地层

适用于穿越砌石挡墙、松散填石或硬岩地层的锚孔钻进施工。

3. 孔径及孔深

适用于钻孔深度不大于 40m（跟管套管长度不大于 40m）、孔径不大于 300mm 的锚孔施工。

5.1.4 工艺原理

本工艺针对松散填石边坡锚索采用偏心潜孔锤全套管跟管成锚综合施工技术，其施工关键技术主要包括三部分：一是填石层潜孔锤破岩钻进技术，二是松散填土层全套管跟管钻进技术，三是跟管套管拔除技术。

1. 填石层潜孔锤破岩钻进技术

潜孔锤是以压缩空气作为动力，压缩空气由空气压缩机提供，经钻杆进入潜孔冲击器，推动潜孔锤工作，利用潜孔锤对钻头的往复冲击作用，以达到破岩的目的；通过钻机和钻杆的回转驱动，形成对岩石的连续破碎，被破碎的岩屑随潜孔锤高风压携带出孔；潜孔锤钻进时，由于冲击频率高（可达 60Hz）、冲程低，破碎的岩屑颗粒小，便于压缩空气携带和孔底清洁，岩屑在钻杆与套管的间隙中上升时不容易形成堵塞，整体工作效率高。

本工艺采用与锚孔直径相匹配的普通潜孔锤钻头（图 5.1-1）进行挡墙破除，随后换用偏心潜孔锤钻头（图 5.1-2）进行填石层全套管跟管钻进，发挥了潜孔锤在硬岩中钻进的优势，获得了良好的钻进效果。

图 5.1-1 普通潜孔锤钻头

图 5.1-2 偏心潜孔锤钻头

2. 松散填土层全套管跟管钻进技术

在采用普通潜孔锤破除挡墙后，为防止松散填土地层在钻进过程中塌孔，保证锚索成孔和注浆效果，本工艺采用偏心潜孔锤全套管跟管钻进成孔，通过锤体的偏心旋转，在护壁套管前钻出大于套管外径的孔，为套管跟进提供了空间。

套管跟管钻进通过专门设计的管靴凸出结构，与偏心潜孔锤钻头的凸出结构相配合来实现。跟管套管外径与管靴一致，之间通过丝扣连接合为一体，偏心潜孔锤钻进过程中，通过钻头上的凸出结构向管靴的凸出结构传递冲击力，使钻头在钻进过程中保持与管靴同步，从而实现全套管与偏心潜孔锤同步跟管钻进。

管靴结构及实物见图 5.1-3、图 5.1-4，跟管原理见图 5.1-5。

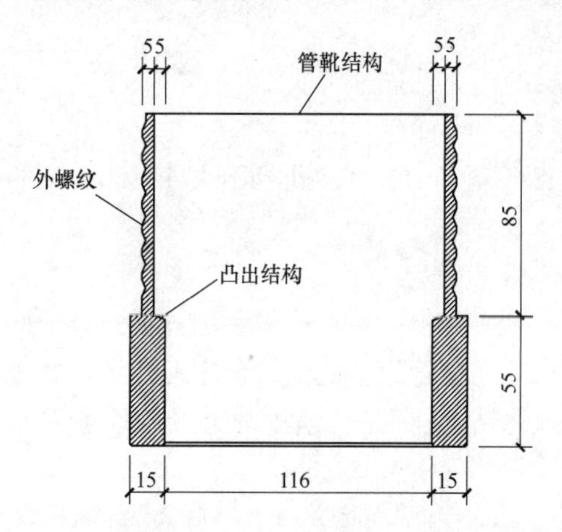

图 5.1-3　管靴结构剖面示意图（mm）

图 5.1-4　管靴实物图

3. 跟管套管拔除技术

当跟管钻进至设计深度后，将偏心潜孔锤反转收拢，使偏心潜孔锤的外径小于管靴、套管的内径，从而取出偏心潜孔锤钻头，跟管套管则留在锚孔内护壁；待安放锚索、一次注浆完成后，采用专用拔管机拔除跟管套管。

拔管采用专门的拔管机完成，拔管过程由液压泵提供动力驱动拔管机来实现。拔管机由拔管油缸、底座、卡座、卡瓦等部件组成。拔管时，用卡瓦将待拔套管夹持固定在拔管机卡座上，将底座支撑于砌石挡墙或其他固定物上提供反力，利用液压泵为拔管油缸提供动力，油缸通过活塞杆推动抱紧套管的卡座向外运动，从而将套管拔除；拔出一段套管后，液压泵提供反向压力使活塞杆反向运动（收缩），卡瓦自动脱落，重复拔管过程，直至该锚孔的套管完全拔除。

拔管机拔管原理见图 5.1-6、图 5.1-7。

5.1.5　施工工艺流程

松散填石边坡锚索偏心潜孔锤全套管跟管成锚综合施工工艺流程见图 5.1-8。

5.1.6　工序操作要点

1. 预应力锚索孔定位

（1）依照施工图要求，测放出锚索孔位，做出明显标记。

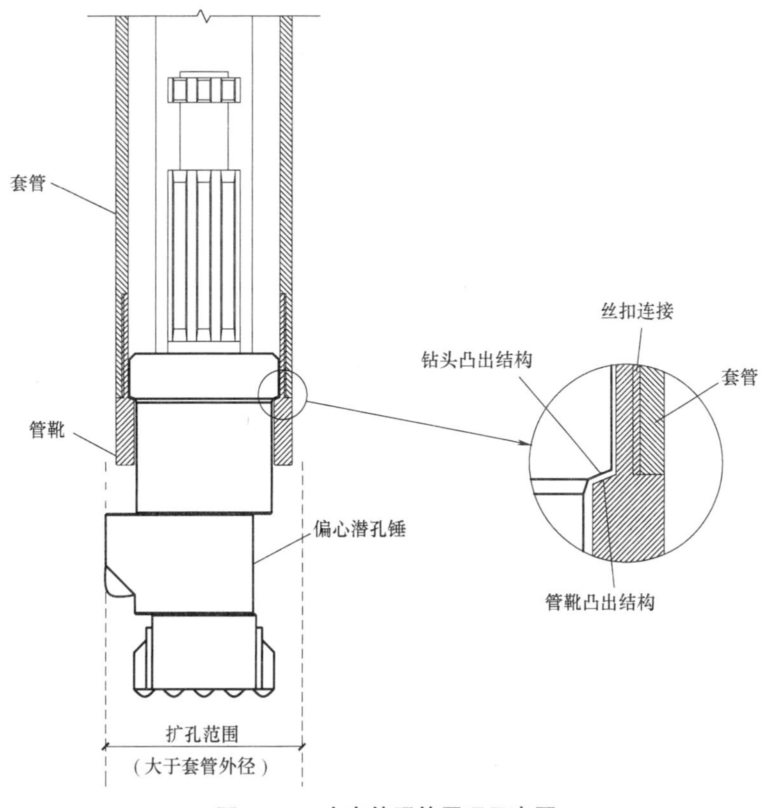

图 5.1-5　全套管跟管原理示意图

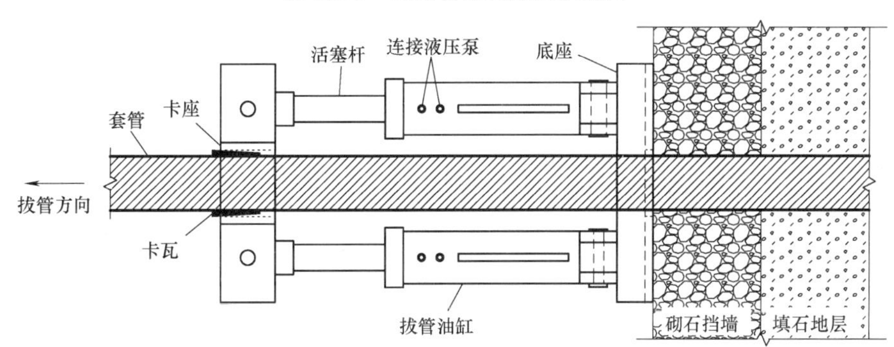

图 5.1-6　跟管套管拔管原理俯视图

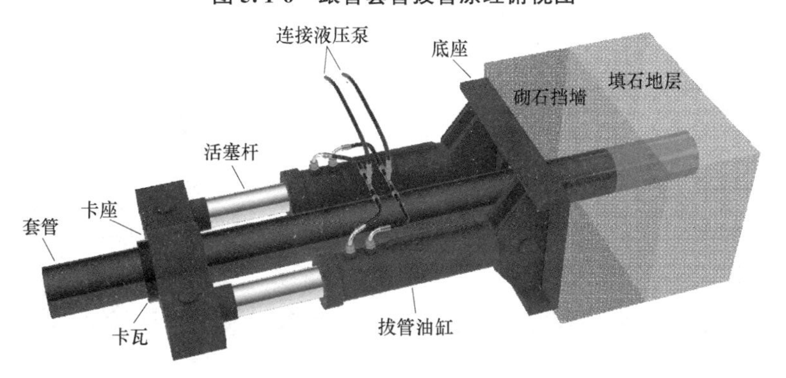

图 5.1-7　跟管套管拔管原理三维示意图

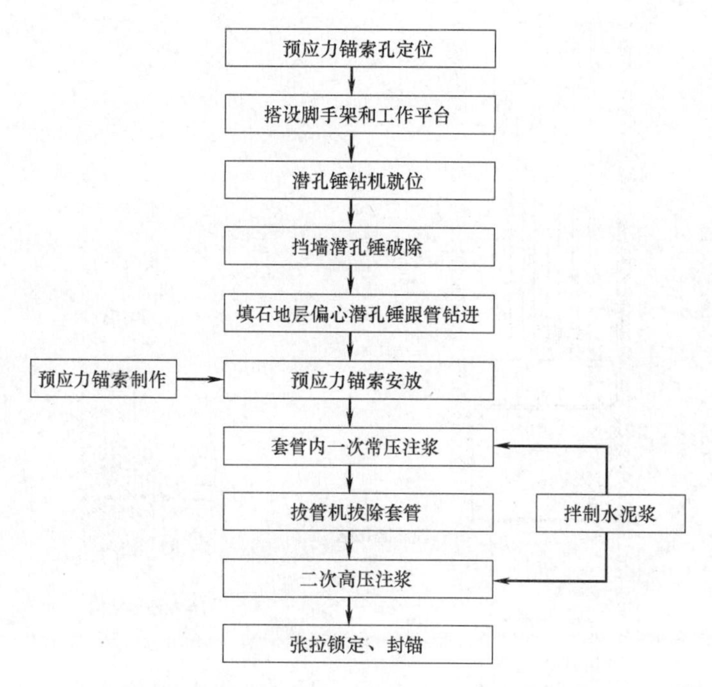

图5.1-8　松散填石边坡锚索偏心潜孔锤全套管跟管成锚综合施工工艺流程图

(2) 遇既有刷方坡面不平顺或特殊困难场地时，经设计监理单位确认，在确保坡体稳定和结构安全的前提下，适当放宽定位精度或调整锚孔定位。

(3) 锚索孔测量定位后报监理工程师复核。

2. 搭设脚手架

(1) 根据工程现场条件及设计要求，沿坡面搭设配合高边坡支护施工的脚手架操作平台。

(2) 采用的脚手架钢管尺寸、脚手架间距（本项目中采用双排落地式扣件的ϕ48mm×3mm钢管，立杆纵距2m、横距2.2m、步距2m）满足钻机、拔管机和人员操作所需的强度和作业面空间要求。脚手架搭设具体见图5.1-9。

图5.1-9　脚手架搭设

3. 搭设工作平台

（1）工作平台满铺模板，模板与脚手架用钢丝绑扎牢固。

（2）脚手架外侧搭设防护栏杆，采用密目式安全网做全封闭。

（3）搭设施工人员上下的钢管脚手架人行爬梯，脚手架搭设具体见图 5.1-10。

图 5.1-10 脚手架工作平台搭设

4. 潜孔锤钻机就位

（1）选用 CSMG40 型锚固钻机，钻机技术参数详见表 5.1-1。

CSMG40 型锚固钻机参数表 表 5.1-1

参数名称	规格	参数名称	规格
钻孔直径	ϕ90～160mm	动力头最大行程	1800mm
碎击方式	冲击回转式	电机功率	15kW
最大钻孔深度	60m	钻机重量	900kg
钻杆规格	ϕ89×1500	钻机外形尺寸	2800mm×800mm×1400mm
动力头最大输出转速	80rpm	液压站外形尺寸	1400mm×730mm×1200mm

图 5.1-11 CSMG40 锚固钻机固定

（2）为确保锚索的施工角度，安装时钻机底座固定于利用脚手架的钢管和扣件搭设的固定架上，固定架倾斜角度与锚孔设计倾角（本项目锚孔倾角为 25°）相一致，见图 5.1-11。

（3）在工作平面上部脚手架尚未拆除时，钻机通过悬挂在工作平台上方的数个起吊能力为 2000kg 的手拉葫芦和人工配合进行起吊移位；若上部脚手架已拆除完毕，则利用吊装及人工辅助的方式移位。起吊移位过程中保持钻机平稳，控制钻机下放速度，见图 5.1-12。

（4）调整导杆或立轴与钻杆倾角一致，使钻杆对准孔位，方位和倾角符合设计要求；同时，将钻机用紧固件固定在脚手架工作平台上，安装稳固，连接牢靠。现场钻机调整孔位见图 5.1-13，钻机固定见图 5.1-14。

5. 挡墙潜孔锤破除

（1）挡墙破除采用普通潜孔锤，锤头外径 146mm，与锚孔设计直径（150mm）相匹配，见图 5.1-15。

图 5.1-12 现场手拉葫芦和吊车移机

图 5.1-13 现场调整钻机架方位

图 5.1-14 潜孔锤钻机固定

(2) 将潜孔锤锤头置于钻机导向架内，启动空压机开始钻进，岩屑、灰尘由孔口排出，潜孔锤破除挡墙钻进见图 5.1-16。

图 5.1-15 普通潜孔锤钻凿块石挡墙

图 5.1-16 潜孔锤破除挡墙钻进

（3）潜孔锤钻进高压空气由 KSDY-15/17 型空压机提供。该型号空压机排气压力为 1.7MPa，排气量为 $17m^3/min$，现场空压机见图 5.1-17。

6. 填石地层偏心潜孔锤及套管安装

（1）挡土墙钻穿后，将普通潜孔锤及钻杆退出，然后进行偏心潜孔锤跟管钻具的安装。

（2）本工程使用外径 146mm 的套管进行跟管钻进，管靴外径与套管外径一致，选择的偏心钻头扩孔直径为 163mm。

（3）在第一节套管前端装置管靴，管靴与套管端部通过丝扣连接，见图 5.1-18。

图 5.1-17 KSDY-15/17 空压机

图 5.1-18 套管前端装置管靴

（4）将首节前端装有管靴的套管放入孔内，然后将第一节装有潜孔锤偏心钻头的钻杆从尾部伸进首节套管，确保钻头的凸出结构与管靴的凸出结构配合，安装首节套管见图 5.1-19，安装偏心潜孔锤钻头见图 5.1-20。

图 5.1-19 安装首节套管

图 5.1-20 偏心潜孔锤钻头安装

7. 填石地层偏心潜孔锤跟管钻进

（1）锚孔钻进采用机械干成孔，钻进过程遵循“小钻压、低转速、短回次、多排渣”的原则，发现有突进、卡钻现象，查明原因，排除故障后继续施工，偏心潜孔锤钻进具体见图 5.1-21。

（2）钻进中发现钻杆抖动、滞转现象时，使钻具稍微回撤，再缓慢向前钻进，以较低钻压通过该区；发现孔口不返气、进尺缓慢时，使钻具往复移动碎岩和吹孔，保持孔内

图 5.1-21　偏心潜孔锤全套管跟管钻进

顺畅。

（3）钻进过程中，如发现空压机气压急剧上升或下降，立即回钻检查，排除故障；停风时缓慢关闭送风阀，不可突然中断供风，防止潜孔锤倒吸岩粉造成通道堵塞。

（4）钻进时边回转、边给压向前钻进，当钻具接近孔底时，控制压力、放慢钻进速度。

（5）每完成一根钻杆（套管与钻杆等长）的钻进深度时，则进行加接钻杆及套管；接长时，钻杆及套管用扳手拧紧连接丝扣，防止在钻进或拔除过程中脱落。现场加接钻杆及套管见图 5.1-22。

图 5.1-22　加接钻杆及套管

（6）钻进结束时，先将孔底残渣吹尽，缓慢提升；当偏心钻头被岩渣卡住无法收拢时，开动空压机重新清孔，并使潜孔锤短时间工作后试提，反复尝试直至钻具提出。

8. 预应力锚索制作

（1）单根锚索最大长度 35m，钢绞线按长度采用砂轮切割机下料。

（2）锚索按要求放置支撑环，并用细钢丝绑扎固定，注浆管与钢绞线一起编入索体。

（3）本工程为永久性边坡支护，锚索安放前进行防腐蚀处理，采用在锚索自由段钢绞线除锈后涂船底漆两遍，然后外套 PVC 软管，软管内注油脂充填，外绕扎工程胶布的方法。

锚索现场制作见图 5.1-23。

9. 预应力锚索安放

（1）安放锚索体前核对锚孔编号，确认无误后下放锚索。

（2）由于脚手架空间有限、锚索较长，采用多人抬放锚索，缓慢均匀推入套管内；锚索往孔内穿时，保持索体平顺不扭绞，同时避免支撑环脱落；下放至设计孔深，孔口预留一定的张拉长度。

（3）锚索安装完毕后，对外露钢绞线进行临时防护。

锚索现场安放具体见图 5.1-24。

图 5.1-23 锚索现场制作

图 5.1-24 锚索安放

10. 拌制水泥浆

（1）注浆材料采用 P·O42.5R 普通硅酸盐水泥净浆，水灰比为 0.4～0.5，按规定配比称量材料，水泥采用袋装标准称量法，水采用体积换算重量称量法。

（2）使用 JW900 型灰浆搅拌机搅拌，具体参数见表 5.1-2。

JW900 型灰浆搅拌机参数表 表 5.1-2

参数名称	规格	参数名称	规格
桶身高度	120cm	搅拌量	900L
桶身直径	110cm	转速	54r/min
电机功率/电压	3kW/380V	—	—

（3）按配合比先将计量好的水加入搅拌机中，再将袋装水泥倒入，搅拌均匀，搅拌机搅拌时间不少于 3min，现场制浆过程见图 5.1-25～图 5.1-27。

图 5.1-25 JW900 型灰浆搅拌机

图 5.1-26 水泥上料

11. 套管内一次常压注浆

（1）后台水泥浆制备完成后，即进行锚索一次注浆，一次注浆在套管内进行。

（2）注浆采用 BWF160/10 型注浆泵灌注，其最大流量 160L/h，最大排出压力为 10MPa。现场注浆泵见图 5.1-28。

图5.1-27　水泥浆搅拌制备

图5.1-28　BWF160/10型注浆泵

（3）用胶管从注浆泵出浆口连接孔口注浆管，控制后台与注浆孔位的距离不大于50m。

图5.1-29　套管内一次常压注浆

（4）注浆前，检查制浆设备电源线路、注浆泵活塞、压力表等是否正常，检查送浆及注浆管路连接是否畅通。检查合格后，开启注浆泵，将水泥浆注入孔内，一次注浆采用常压注浆。

（5）当孔口溢出浆液浓度与注入浆液浓度一致时停止注浆，一次常压注浆见图5.1-29。

12. 拔除套管

（1）一次注浆完成后，采用ZSB-80型专用拔管机拔除套管，拔管机参数见表5.1-3。

ZSB-80型拔管机参数表　　表5.1-3

参数名称	规格	参数名称	规格
最大拔管直径	168mm	额定起拔力	800kN
最大拔管深度	60m	电机功率	5.5kW

（2）拔管机安装时，先将孔口部位平整，使孔口岩面与套管轴线垂直，用手拉葫芦辅助定位，拔管机通孔中心线与套管轴线重合，以防套管因受力不均而断裂，见图5.1-30。

（3）拔管前，使液压油缸的活塞杆处于压缩位置，通过卡瓦将套管夹持在卡座上，人工铁锤敲击使卡瓦将套管紧固在卡座上，具体见图5.1-31。

（4）拔管机由专人操作控制台作业，采用液压千斤顶缓慢顶升，保持顶力均匀；拔出一节套管后，用油泵提供反向压力，使活塞杆收缩，卡瓦自动松开，再将拔出的套管卸下；重复拔管过程，直至套管完全拔除，拔管过程见图5.1-32。

13. 二次高压注浆

（1）锚孔一次注浆完成、拔除套管，孔内水泥浆养护4～6h后，对孔内进行二次高压注浆，注浆压力2MPa。

（2）二次注浆过程中，保持连续注浆；当遇松散填石层快速漏浆时，则采用间歇停泵2h后再行注浆的方法，反复循环直至压力满足设计要求，现场二次高压注浆见图5.1-33。

图 5.1-30 拔管机安装

图 5.1-31 人工敲击卡瓦固定套管

图 5.1-32 拔管机拔除套管

14. 张拉锁定、封锚

(1) 待注浆体的强度达到设计强度的 80%以上或灌浆 28d 后，对锚索进行张拉及锁定。

(2) 锚索采取分步张拉，分 5 级按设计荷载的 25%、50%、75%、100%和 110%进行施拉，每次持荷时间 2～5min，最后一级持荷稳定观测 10min 以后按设计要求锁定。

(3) 锁定后 48h 内没有出现明显的应力松弛现象，即可进行封锚。

图 5.1-33 二次高压注浆

5.1.7 材料和设备

1. 材料

本工艺所使用的材料主要包括脚手架钢管和紧固扣件。

2. 设备

锚索全套管潜孔锤钻进施工主要机械设备配置见表 5.1-4。

主要机械设备配置表 表5.1-4

机械设备名称	型号	备注
锚固钻机	CSMG40型	钻进成孔
潜孔锤常规钻头	孔径146mm	挡墙破除
潜孔锤偏心钻头	孔径146mm(扩孔直径163mm)	填石层钻进
管靴	直径146mm	跟管
空压机	KSDY-15/17	潜孔锤动力
拔管机	ZSB-80	拔除套管
注浆泵	BWF160/10	注浆
灰浆搅拌机	JW900	拌制水泥浆

5.1.8 质量控制

1. 搭设脚手架和工作平台

(1) 脚手架搭设由专业架子工操作，严格控制脚手架设计参数，确保脚手架搭设能满足作业需求。

(2) 钻机在脚手架上固定牢靠，避免因钻机固定松动而导致钻进时孔位出现偏差。

(3) 钻机固定时的工作平台留出足够的空间，以满足放置钻具等材料、人工操作及移动钻机的需要。

2. 潜孔锤钻进成孔

(1) 开孔前，检查确保偏心钻头能灵活张开和收拢。

(2) 检查空压机供风管路及钻杆内孔是否有杂物，并及时清除干净。

(3) 定期向钻杆加入少量机械油，确保潜孔锤充分润滑，延长使用寿命。

(4) 保持孔底清洁，当钻进时孔内岩粉过多时，进行专门吹孔，清除孔内岩粉。

(5) 管靴与套筒之间的丝扣连接牢固，防止在跟管过程中管靴脱落。

(6) 钻进前检查钻杆、套管、管靴的外观情况，发现有裂纹和其他异常时及时更换，以防止钻杆、套管和管靴断裂无法钻进的情况发生。

3. 锚索制作与安放

(1) 锚索制作材料提供出厂合格证和送检合格证明，严禁使用不合格材料。

(2) 钢绞线调直、除锈、去污垢，检查有无损伤、交叉重叠、锈坑等。

(3) 截取后的钢绞线用钢丝扎捆牢固，保证同一束钢绞线等长。

(4) 成孔完成后，在拔出套管前将锚索插入孔内。

(5) 向孔内安放锚索前，将孔内土屑清洗干净，并检查锚索防腐措施是否到位。

4. 注浆

(1) 注浆材料根据设计要求确定，严格按配合比配制水泥浆。

(2) 注浆浆液搅拌均匀，随搅随用，并在初凝前用完，严防石块、杂物混入浆液。

(3) 选取满足浆液生产能力和所需额定压力的注浆设备，注浆压力表使用前提供检定证书，确保压力值的真实有效。

（4）一次注浆保持常压注入，二次注浆采用高压注入，注浆时控制水泥浆用量和注浆压力；在出现漏浆现象时，采用间歇停泵再注入措施操作，确保注浆效果。

（5）在灌浆体硬化之前，不能承受外力，采取措施防止各种原因引起的锚索移动。

5. 拔除套管

（1）拔管时保证孔口部位平整，使拔管机通孔中心线与套管轴线重合，防止套管因受力不均而断裂；若孔口岩面受压变形过大，重新加垫木板整平。

（2）拔管前，确保卡瓦卡紧套管，避免卡瓦和套管产生相对滑动。

（3）液压千斤顶控制速度缓慢，防止套管从丝扣处断裂。

5.1.9 安全措施

1. 搭设脚手架和工作平台

（1）搭设脚手架时，安全防护设施到位，脚手板铺设按规范要求满铺，外挂安全立网，作业层下挂安全网，设置上下安全通道和安全警示牌。

（2）搭设过程中，脚手架上不堆放零星杂物，避免掉落造成人员伤害，传递物件禁止抛掷，高空作业不上下重叠。

（3）脚手架做好接地、防雷措施。

（4）派专人检查扣件是否上紧无松动。

2. 潜孔锤钻进成孔

（1）作业前反复检查钻机、钻具、套管，有裂纹和丝扣滑丝的钻杆和套管严禁使用。

（2）钻机管路连接牢靠，避免脱开伤人。

（3）钻孔前确保主机的操作开关均处于零位，检查液压油管连接是否正确。

（4）钻机旋转时，不用手或戴手套触摸旋转的钻杆。

（5）钻进过程中，人员不靠近孔口，避免岩渣飞溅伤人。

3. 锚索制作与安放

（1）切割钢绞线的砂轮切割机设置安全护罩，以防断片伤人。

（2）钢绞线通过特制的放料支架下料，防止其弹力将人弹伤，往孔内安装锚索时由专人统一协调指挥。

（3）锚索安放时，由于锚索长、作业空间狭小，采用多人同时抬放，安放时统一指挥、均匀受力。

（4）张拉锚索前，检查张拉千斤顶、油泵各油路接头处是否有松动，若发现有松动及时拧紧。

（5）锚索张拉施工时，确保高压风管、高压油管的接头连接牢固，张拉机械的传动与转动部分均设置完备的防护罩，在千斤顶伸长端设置警戒线，以防张拉时出现异常伤人。

4. 注浆

（1）注浆过程中，孔口操作人员避开注浆管的正面，注浆前后台保持联系、统一操作，防止喷、漏浆伤人。

（2）注浆管路连接牢靠，严防注浆管脱离弹出伤人。

（3）注浆开始时若表压骤升，则立即停止注浆，排除异常后再继续注浆。

(4) 若注浆孔吸浆量突然增大，表压迅速下降，立即检查、分析原因后再采取措施继续注浆。

(5) 注浆过程中，处理注浆泵及注浆管路时先停机，打开卸压阀并确定卸压后，再打开管路进行处理。

5. 拔除套管

(1) 套管拔除前，先检查油泵、液压油缸各油路接头处是否有松动，若发现有松动及时拧紧。

(2) 拔管机安装牢靠，悬吊作业时千斤顶固定牢靠，避免歪倒、掉落砸伤人。

(3) 拔管过程中液压油缸的活塞伸长端严禁站人。

(4) 拔除套管过程中发现油泵压力过高，及时停机检查。

(5) 拔出的套管段及时搬离作业平台，在指定位置堆放。

5.2 地下连续墙硬岩套管管靴超前环钻与潜孔锤跟管双动力钻凿技术

5.2.1 引言

地下连续墙因其支护和止水效果良好的特性，已越来越多的应用在城市地下空间建设中。根据场地地层条件，地下连续墙常用的施工设备包括液压抓斗成槽机、冲孔桩机、旋挖桩机、双轮铣，在硬质岩层中一般采用后三种机械单独或组合完成引孔、修孔后成槽。针对成槽岩面较浅的硬岩、分布大量孤石或填石等复杂地层，以上常用的成槽设备施工效率费工费时，对投资和成本控制极为不利，造成大量的资源浪费。

2020年5月，深圳市城市轨道交通13号线四工区上屋北站地下连续墙开工，项目基坑开挖深度16～22m，地下连续墙设计墙厚800mm，坑底以下入中风化岩层2.5m或微风化岩层1.5m。勘察资料揭示，中风化花岗岩最大单轴抗压强度56.2MPa，微风化花岗岩达115.0MPa，且场地内孤石发育，对成槽施工影响极大。为解决成槽过程中硬岩、孤石钻进难的问题，现场进场液压抓斗成槽机、旋挖桩机、冲孔桩机组合工艺施工，液压抓斗成槽机清除上部土层，旋挖桩机在主孔取岩芯成孔，冲孔桩机采用方锤修孔完成成槽。但总体施工工艺表现为成槽进度缓慢，单元槽段成槽用时通常超过10d，无法满足工期要求，亟需一种新的施工方法解决复杂地层地下连续墙成槽难、用时长的问题。

为此，针对上述地下连续墙硬岩成槽进行了研究，提出“地下连续墙硬岩全套管管靴超前环钻与潜孔锤跟管双动力钻凿破岩综合施工技术”，即采用护壁的全套管进行超前环钻引孔，再利用套管内的大直径潜孔锤与管靴配合，实施环钻引孔、潜孔锤双动力钻凿破岩钻进，最后采用双轮铣修孔成槽，这种综合组合钻进工艺大大提升施工进度，同时在钻进过程中采用潜孔锤气液降尘、全护筒跟管串筒集渣工艺，保证了现场文明施工，取得了显著成效。

5.2.2 工艺特点

1. 成孔效率高

本工艺采用的潜孔锤钻机破岩效率高，特有的管靴结构能预先破碎外圈硬岩形成环槽，孔内形成的岩芯断面相比完整岩面薄弱，能进一步提高破岩效率；同时，潜孔锤采用的超大风压使得破碎的岩渣能一次吹出孔外，避免了岩渣重复破碎，大大加快了成孔速度。

2. 成槽质量好

本工艺采用全套管跟管钻进对地下连续墙引孔，其成孔孔型规则，垂直度控制好，孔壁稳定对周边扰动小；采用双轮铣修孔成槽，修槽全程垂直度自动监控，确保了成槽质量。

3. 施工绿色环保

本工艺设备采用全套管与串筒防尘罩组合，让破碎的渣土、岩屑集纳并沿固定通道外排，集中收集清运，实现绿色环保施工。

4. 综合费用低

本工艺采用的创新组合成槽工艺，发挥了潜孔锤破岩的优势，结合超前环钻引孔、跟管钻进等专利技术，与传统成槽工艺相比，本工艺大大提升破岩工效，缩短了工期，降低了人工和机械使用费用，总体综合费用显著降低。

5.2.3 适用范围

1. 适用地层

适用于入岩量大、孤石发育、深厚回填石等复杂地层地下连续墙成槽。

2. 适用墙厚、槽深

适用于墙厚≤1200mm、成槽深度≤40m 的地下连续墙施工。

5.2.4 工艺原理

本工艺主要采用的施工设备为“双动力多功能钻机”，其外动力头与全套管连接，套管底焊接管靴，管靴底安装合金滚钻齿，经外动力头驱动全套管管靴，对岩体回转切削引孔形成环状临空面；潜孔锤置于套管内由内动力驱动，其锤面通过管靴与潜孔锤头相互啮合，使锤面略高于管靴底面而实现跟管钻进，在潜孔锤高频振动的同时锤击带动管靴跟管钻进，并在管靴环状引孔后，潜孔锤一次性破碎环钻引孔后形成的“岩芯”；同时，在潜孔锤高风压输送管路中增加了液态水的输送，液态水在高风压作用下被雾化，直接与潜孔锤破碎的岩渣混合，用以控制潜孔锤破岩扬尘；另外，在全套管顶部与串筒防尘罩连通，使破碎的废渣沿着固定通道集中收纳，达到绿色施工的目的。

本工艺关键技术包括“双动力钻凿”“套管管靴环钻超前引孔”“硬岩潜孔锤破岩”“全套管跟管钻进”“绿色施工”等。

1. 双动力钻凿工艺

（1）选用 SWSD2512 型双动力多功能钻机施工，该钻机配备了超高桩架、铰接的三角高强度支撑和大直径潜孔锤钻杆，可保证在大功率施工时钻机整体的稳定性，以及一次性整体钻杆钻进。

（2）本钻机外动力头驱动全套管即管靴大扭矩回转钻进，套管底焊接管靴，管靴底安装合金滚钻齿，经外动力头驱动全套管管靴，预先切削岩体形成环状临空面。

（3）本钻机内动力头驱动套管内潜孔锤振动及回转钻进，潜孔锤钻杆顶部外接高风压动力装置，通过高风压使潜孔锤做高频冲击运动，破碎经管靴环钻引孔后的套管内岩芯，潜孔锤的高频冲击作用通过啮合结构传递给管靴，又能使管靴同步冲击破碎外圈硬岩，促进环状引孔的工效。

(4) 作业时内动力潜孔锤钻杆与外动力套管同轴逆向旋转，产生的转矩方向相反、相互抵消、自行平衡，使钻孔过程稳定、低噪声振动，达到钻凿结合、快速破岩的效果。

双动力钻凿工艺系统具体见图 5.2-1。

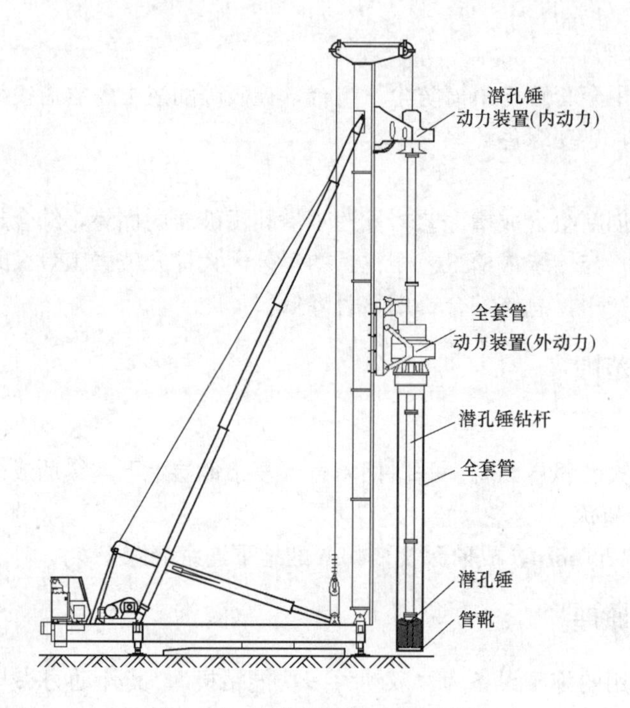

图 5.2-1 双动力钻凿系统示意图

2. 套管管靴环钻超前引孔工艺

(1) 潜孔锤置于全套管内，全套管与跟管管靴为一体，潜孔锤钻头与全套管内的管靴结构相互啮合，在完全啮合状态下锤面高出管靴底面 70mm。

(2) 管靴底部嵌有 3 圈合金滚钻齿，钻齿错列镶嵌，具体见图 5.1-2～图 5.2-4。

图 5.2-2 管靴加工前

图 5.2-3 管靴加工中

图 5.2-4 金滚钻齿管靴

(3) 成孔过程中，管靴钻齿预先接触岩面，其较小的接触面在钻机大扭矩力和高频冲击力作用下，能快速超前破碎外圈硬岩，并形成一圈环状的临空面（最大临空高度70mm），达到环状引孔效果。

(4) 随着套管管靴环钻引孔的深入和临空面的加深，套管内的潜孔锤锤面和岩面接触，内部临空的薄弱岩芯由潜孔锤一次性破碎并排渣。潜孔锤这种在套管内临空面的破岩工艺，相比通常的潜孔锤全岩体引孔钻进效率更高，是本项课题的突破性创新。

(5) 随着不断进尺，环钻引孔与锤体破岩因特有的跟管构造，始终保持着一定的进尺差，实现了连续同步的先引孔、再破岩成孔的施工工况，实现高效破岩钻进。具体原理见图5.2-5。

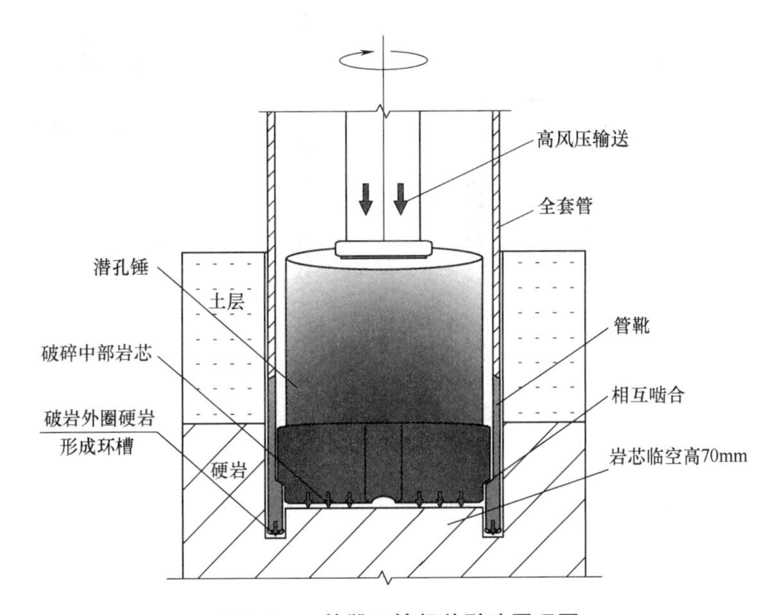

图5.2-5 管靴环钻超前引孔原理图

3. 硬岩潜孔锤破岩工艺

本工艺采用特有的潜孔锤头结构，其底部呈台阶状，用于与外套管管靴相互啮合。锤底开设出风通道并布置合金滚钻齿，具体见图5.2-6。

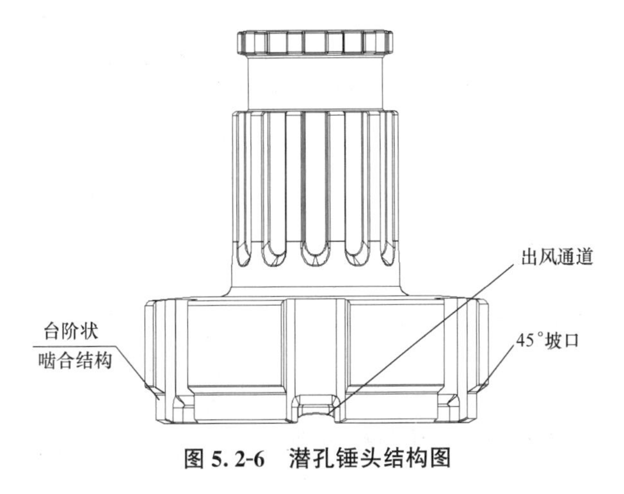

图5.2-6 潜孔锤头结构图

4. 全套管跟管钻进工艺

（1）定制一种环状的管靴结构，将其焊接至全套管底部，因管靴不同壁厚的特别设定和相同的坡口角度，使其可与潜孔锤头凸击部位相互啮合。管靴具体尺寸为：外径800mm，上段长410mm、壁厚30mm，下段长140mm、壁厚50mm，坡口宽度20mm、角度45°，具体见图5.2-7。

（2）潜孔锤钻机启动后，潜孔锤向下的冲击作用力通过啮合结构传递给管靴，使全套管与潜孔锤始终保持同步下沉，实现全套管跟管钻进，具体见图5.2-8。

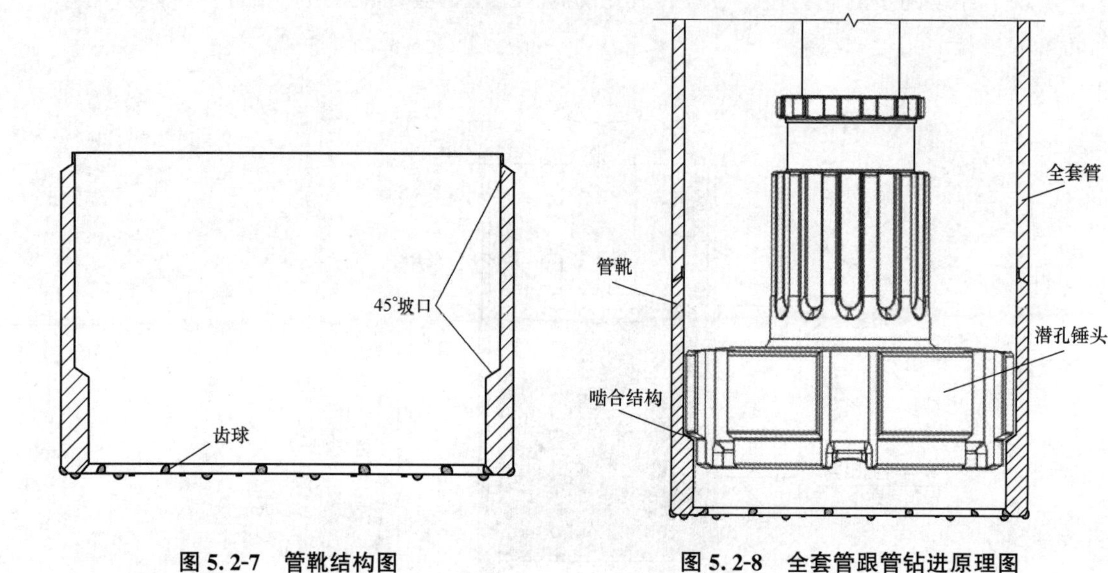

图5.2-7 管靴结构图

图5.2-8 全套管跟管钻进原理图

5. 绿色施工工艺

（1）气液钻进降尘工艺原理

在传统潜孔锤作业使用的空压机、储气罐、油雾罐集成管路中，在油雾罐出口增设一路支管输送液态水，利用高风压将水、油雾化后，三相物质共同输送至潜孔锤钻杆，并沿着钻杆输送至潜孔锤锤头。雾化后的液态水雾在潜孔锤钻进过程中通过扩散的综合作用，惯性碰撞并拦截捕尘，不仅能湿润体积较大的岩渣及土屑，还能快速捕捉空气中悬浮的粉尘颗粒，将土渣、岩渣、粉尘等及其细小颗粒物迅速逼降，达到降尘的目的。

雾化的水雾粒将岩渣土渣捕集并逼降至孔口的模型图见图5.2-9。

图5.2-9 雾化的水雾粒将岩渣土渣捕集并逼降至孔口

（2）串筒集渣施工

潜孔锤全套管钻进过程中，破碎的渣土、岩屑会随着超高风压，沿着潜孔锤钻杆与套管内壁形成空间向上运动。在全套管动力头上端外接排渣通道和防尘串筒，套管动力装置上端设封口法兰盘，法兰盘与钻杆间设胶垫封堵，使吹出的渣土和岩屑运动至上端封口处后，可沿着排渣通道排至串筒内，最终落至集渣箱中。串筒防尘罩采用多个单节锥形防尘罩，通过固定式钢丝绳相互连接叠套形成。钻机卷扬系统与最下节串筒吊耳相连，根据成孔进展能自由提升或下落调整串筒长度。

具体工艺原理见图 5.2-10，本原理采用两项深圳市工勘岩土集团有限公司自主知识产权的专利技术，分别为《一种大直径潜孔锤钻进降尘系统》（实用新型专利号：ZL 2020 2 0293409.8）和《伸缩式钻进防护罩结构》（实用新型专利号：ZL 2019 2 1987379.4）。

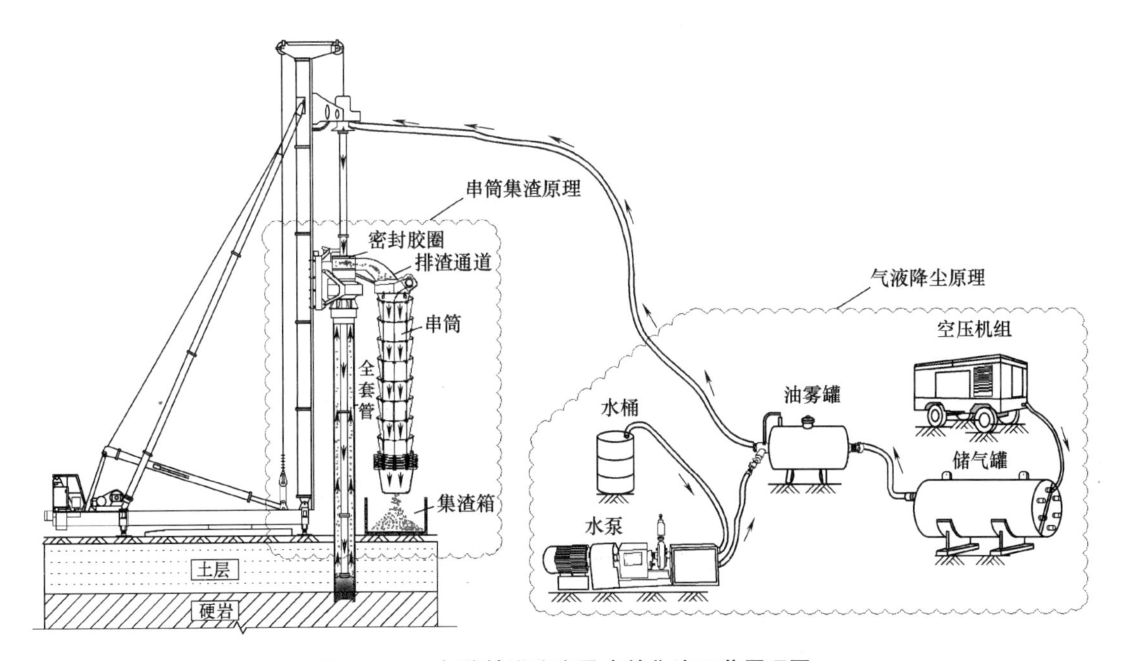

图 5.2-10 气液钻进降尘及串筒集渣工艺原理图

5.2.5 施工工艺流程

地下连续墙硬岩全套管管靴超前环钻与潜孔锤跟管双动力钻凿破岩综合施工工艺流程见图 5.2-11。

5.2.6 工序操作要点

1. 施工准备及导墙施工

（1）场地平整：按规划场地和平面布置组织场地平整，拟采用的机械为步履行走方式且整机较大，故采用浇筑素混凝土进行硬底化处理，具体见图 5.2-12。

（2）根据成槽深度选择多功能钻机进场施工，本项目选用钻机型号为 SWSD2512，桩架高 45m。

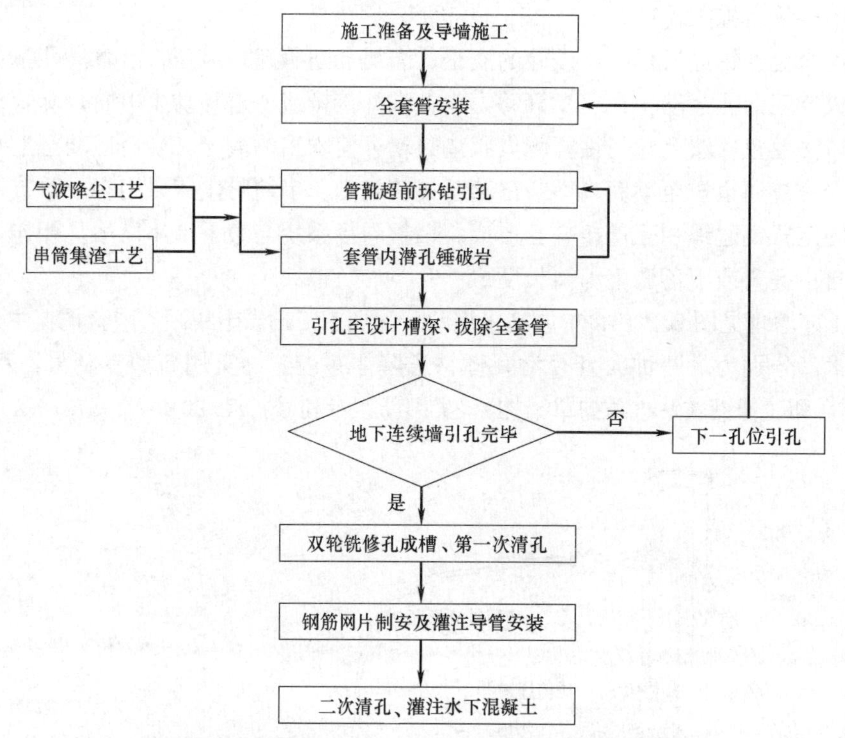

图5.2-11　地下连续墙硬岩全套管管靴超前环钻与潜孔锤跟管双动力钻凿破岩综合施工工艺流程图

图5.2-12　步履式钻机行走地面硬化

(3) 按设计图纸及平面布置进行定位放线。

(4) 本项目设计墙厚800mm，选择套管外径800mm并定制相应的管靴和潜孔锤头，潜孔锤头具体尺寸为：底部70mm高、直径为700mm，上部锤身直径740mm，台阶处设坡口宽20mm、角度45°。管靴具体尺寸为：外径800mm，上段长410mm、壁厚30mm，下段长140mm、壁厚50mm，坡口宽度20mm、角度45°。

(5) 组织施工设备及机具进场，包括多功能钻机、双轮铣、起重机、挖掘机、全套管、空压机、储气罐、油雾罐、水泵、钢筋加工机械、导墙模板、灌注导管等。机械进场安装见图5.2-13、图5.2-14。

图 5.2-13 多功能钻机现场安装

(6) 导墙采用机械配合人工开挖，开挖结束后进行垫层浇筑；按设计图纸组织钢筋加工和安置，经验收后进行支模；支模采用木方支撑，确保加固牢靠，最后沿槽纵向两边分段对称浇筑混凝土。导墙现场施工具体见图 5.2-15。

2. 全套管安装

(1) 将定制的管靴与全套管焊接成一体，具体见图 5.2-16～图 5.2-18。

(2) 用吊车将套管吊至竖直状态，调整桩架位置提升潜孔锤钻杆，将潜孔锤钻杆自上而下伸入套管内。

(3) 套管顶部与其动力装置通过预设的凹凸结构连接，回转卡紧，具体见图 5.2-19；全套管安装完毕后，钻机对中就位准备试运转。

图 5.2-14 多功能钻机现场安装就位

3. 管靴超前环钻引孔与套管内潜孔锤破岩

(1) 地下连续墙引孔孔位布置

以 6m 为一幅的地下连续墙成槽为例，布置孔位净间距 300mm，成孔可采用多套套管引孔，具体见图 5.2-20 和图 5.2-21。

(2) 引孔前准备工作：引孔开钻前，检查空压机、油雾罐、水泵等管路是否正常，检查钻具、推进机构、电气系统、压气系统、风管及防尘装置等确认完好，同时对孔位、护筒垂直度进行核查。

(3) 启动两台空压机共同为潜孔锤提供高风压驱动，单机风量不小于 $40m^3/min$，通过储气罐合并风压，具体见图 5.2-22、图 5.2-23。

图5.2-15　导墙现场施工

图5.2-16　全套管

图5.2-17　套管管靴

图5.2-18　全套管与管靴焊接

图5.2-19　套管顶部凹凸结构

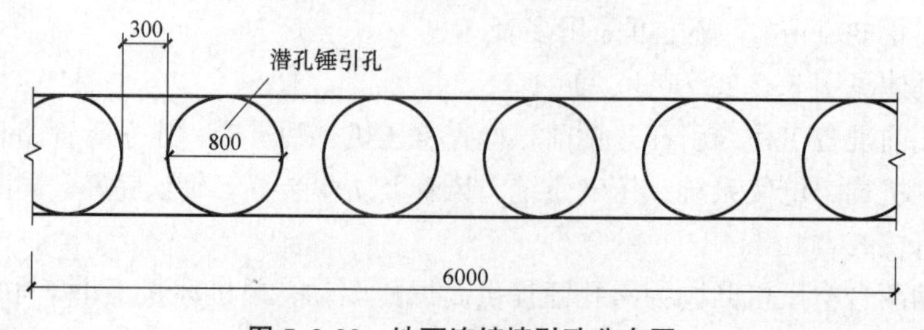

图5.2-20　地下连续墙引孔分布图

图 5.2-21 按布置孔位引孔

图 5.2-22 现场配置 2 台空压机

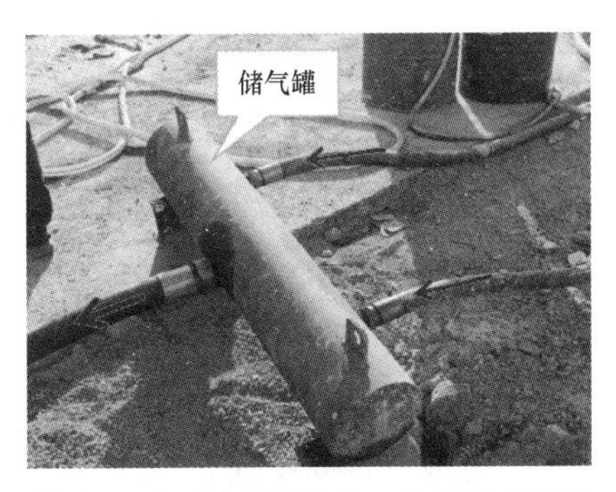

图 5.2-23 储气罐合并 2 台空压机风压

(4) 钻进技术参数：先将钻具（外套管、潜孔锤钻头、钻杆）提离地面 20～30cm，开动空压机、钻具上方的回转电机，待护筒口出风时，再开始潜孔锤钻进作业；钻进作业参数为风量 40m^3/min，风压 1.0～2.5MPa。

(5) 管靴超前环钻引孔：在多功能钻机施工过程中，管靴预先接触岩面；动力系统为管靴提供了加压和回转动力，潜孔锤的往复冲击通过啮合结构一并传递给管靴，又使管靴对岩层做冲击作用，形成钻、凿结合的施工效果。管靴与岩体的接触面小、呈环状，配合上述各种作用力的有效结合，实现预先环状引孔，引孔高度 70mm，中部未破碎的岩芯同步形成了相应高度的临空面。

(6) 套管内潜孔锤破岩：潜孔锤的锤击面比管靴底面高 70mm，在管靴完成环钻引孔后，潜孔锤与中部岩芯接触，随之破碎。已具备临空面的岩芯再经大直径潜孔锤的高频冲击，整体破岩效率极高。

(7) 全套管跟管钻进：因特别设计，使管靴和潜孔锤头相互啮合，在潜孔锤向下破岩的同时，也带动着管靴向下进尺引环状孔，既达到了跟管钻进护壁的效果，又实现了外圈环状引孔、内部破碎岩芯相互同步的效果。另外，全套管及管靴成一体，刚度大，具备良好的导向性，对成孔垂直度控制有利。地下连续墙硬岩多功能钻机引孔实例见图 5.2-24。

图 5.2-24　地下连续墙硬岩多功能钻机全套管引孔

(8) 引孔过程中，潜孔锤锤头与套管管靴的啮合结构、管靴底部的合金滚钻齿会产生磨损，若磨损较大需要及时更换返场维修，以免影响凿岩效率。具体见图 5.2-25。

图 5.2-25　钻头与管靴的磨损和维修

4. 气液降尘钻进

(1) 管路连接：在储气罐汇合风压后的主管路中，先连通油雾罐，再外接高压水支路，具体见图 5.2-26、图 5.2-27。

图 5.2-26 气液降尘管路系统

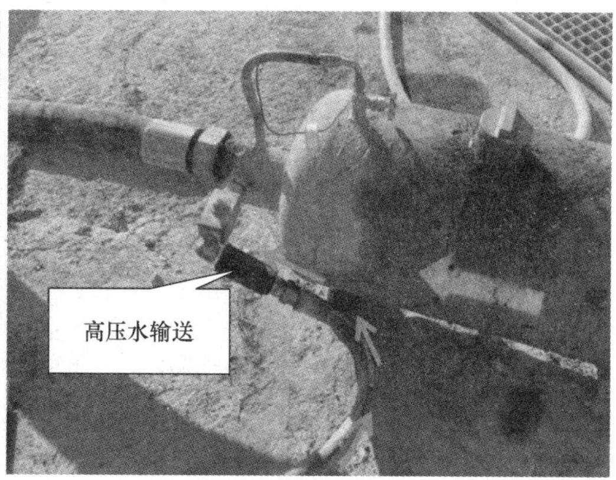

图 5.2-27 输水接口实例

(2) 油雾罐进气端与储气罐连接，送气端高压气管与多功能钻机的气管连接。

(3) 高压水泵的进水管与水桶相连，水泵的输水管与油雾器出口处的高压气管连接，水桶中的水经水泵压力作用被输送至高压气管中与高压空气混合。

(4) 开动多功能钻机，空压机组持续输送高速气流，高风压将管路中输入的液态水及润滑油雾化，输送至潜孔锤冲击器并喷出，分散的微米级水雾覆盖并捕集喷出的岩屑、土尘，将高风压携带并飘浮在空气中的颗粒物、尘埃等迅速逼降。

5. 钻进实时串筒集渣

(1) 串筒采用不锈钢板制作，钢板厚度 2mm，为多个单节锥形防护罩通过钢丝绳串接而成。

(2) 单体防护罩筒体高 1020mm，罩壁底部直径 800mm，顶部直径 1000mm；连接吊耳设于筒体顶部位置，共 2 个，用于给固定式钢丝绳绑扎；提升吊耳设于筒体顶部位置，共 2 个，沿筒体对称布置，可通过拉伸式钢丝绳实现对筒体的提拉或放下。单个串筒见图 5.2-28，串筒组装见图 5.2-29，串筒安装状态见图 5.2-30。

(3) 引孔前，将串筒展开降至集渣箱孔口附近，随着多功能钻机向下钻进进尺，串筒则同步向上拉起，但始终保持串筒底口离集渣箱上口 30～50cm。具体见图 5.2-31。

图 5.2-28 单个串筒

图 5.2-29 串筒组装

图 5.2-30 串筒安装后呈提拉状态

(4) 随着不断钻进，破碎的渣土和岩屑会沿着套管与钻杆之间间隙上返，通过排渣通道排至串筒中，再集中收纳至集渣箱内，当堆积一定量后组织清理。多功能钻机钻进泥渣串筒收集见图 5.2-32。

6. 引孔至设计槽深、拔除全套管

(1) 多功能钻机引孔至设计槽深后，关闭风压机组动力驱动，将动力头反旋与套管脱开，提起潜孔锤钻杆，组织终孔验收。

(2) 终孔验收合格后，将潜孔锤钻杆再次套入套管内，旋转动力头将套管卡紧。

(3) 慢速回转全套管，提升动力头将套管拔除，拔除过程中潜孔锤钻杆与套管提升速度保持同步。

(4) 套管拔除后钻机移动至下一孔位继续施工。

图 5.2-31 多功能钻机钻进泥渣串筒展开至拉起状态

7. 双轮铣修孔成槽、第一次清孔

(1) 单个槽段引孔完毕后，双轮铣设备入槽段切削余留岩体。

(2) 成槽选择采用 SX40AA 双轮铣，其适用于坚硬的岩层，在中硬岩层中钻进效率为 1～2m^3/h，现场运转灵活，操作方便，其配置的自动记录仪监控全施工过程，同时全部记录相关的深度、进尺、拉力、铣轮压力、转速等参数，且作业时低噪声、低振动、低扰动。SX40AA 双轮铣钻机见图 5.2-33。

(3) 入槽前，检查铣头状况，对磨损的截齿及时更换，具体见图 5.2-34。

(4) 铣头入槽时，根据在导墙上标明的槽段分界线和潜孔锤引孔位置，将铣头对准引孔处，具体见图 5.2-35。

(5) 双轮铣成槽机对已引孔槽段进行分三段凿岩成槽，具体见图 5.2-36。

图 5.2-32 多功能钻机钻进泥渣串筒收集

图 5.2-33 SX40AA 双轮铣槽机

图 5.2-34 检查并更换磨损的双轮铣铣头截齿

图 5.2-35 铣头对准潜孔锤引孔位置和槽段分界线入槽

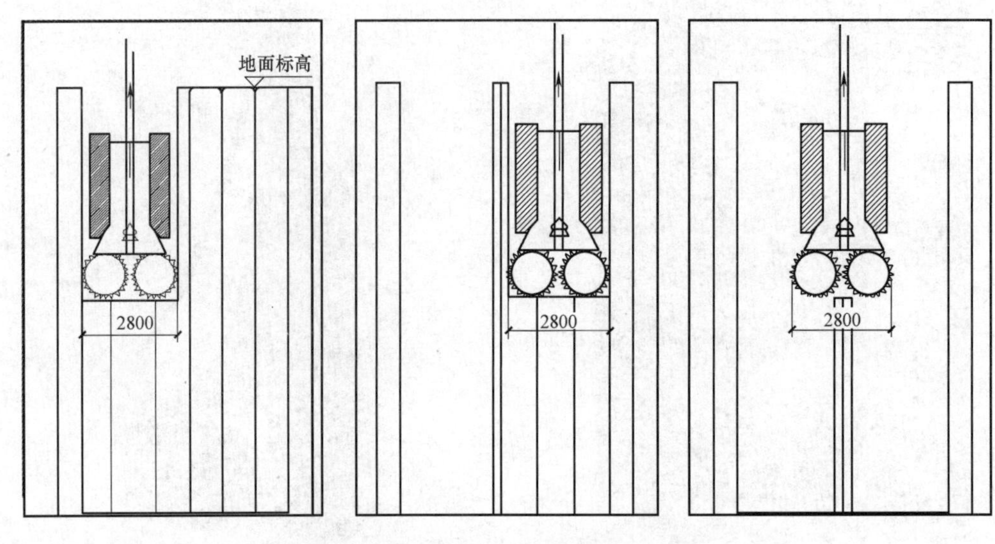

图 5.2-36 双轮铣三段成槽施工示意图

(6) 双轮铣成槽时，通过液压系统驱动下部两个轮轴转动，水平切削破碎地层，采用反循环出渣。铣槽时，两个铣轮低速转动，方向相反，其铣齿将地层围岩铣削破碎；铣渣由气举循环通过铣轮中间的吸砂口，将钻掘出的岩渣与泥浆混合物排到地面泥浆站，进行集中除砂处理，然后将净化后的泥浆返回槽段内；如此往复循环，直至终孔成槽。双轮铣作业见图 5.2-37，地面泥浆净化装置见图 5.2-38。

图 5.2-37 双轮铣作业

图 5.2-38 地面泥浆净化装置

(7) 在铣削过程中，在操作室严格控制 X、Y 方向的偏移量，若偏移量过大时应提刀进行再次修正、纠偏，控制仪表具体见图 5.2-39。

(8) 成槽完成后，安装清孔泵、泥浆分离装置等组织第一次清孔，将槽底沉渣清除。

8. 钢筋网片制作安装及灌注导管安装

(1) 钢筋网片按设计图纸加工制作，长度在 24m 范围内时，一次性制作、吊装。

(2) 钢筋网片迎水面主筋混凝土保护层 70mm，背水面主筋保护层 70mm；单元槽段钢筋笼装配成一个整体，垂直度偏差值不大于 1/300；钢筋网片安放时保证墙顶的设计标高，允许误差控制在±100mm。

（3）钢筋网片在起吊、运输和安装中防止变形，钢筋网片全部安装入槽后检查安装位置，确认符合要求后对吊筋进行固定。

（4）根据槽段宽度选用直径 280mm 的灌注导管，下导管前对每节导管进行密封性检查，第一次使用时需做密封水压试验。

（5）安装双导管灌注。根据孔深确定配管长度，导管底部距离孔底 30～50cm。导管连接时安放密封圈，上紧拧牢，保证导管连接的密封性，防止渗漏。钢筋网片起吊见图 5.2-40，导管安装见图 5.2-41。

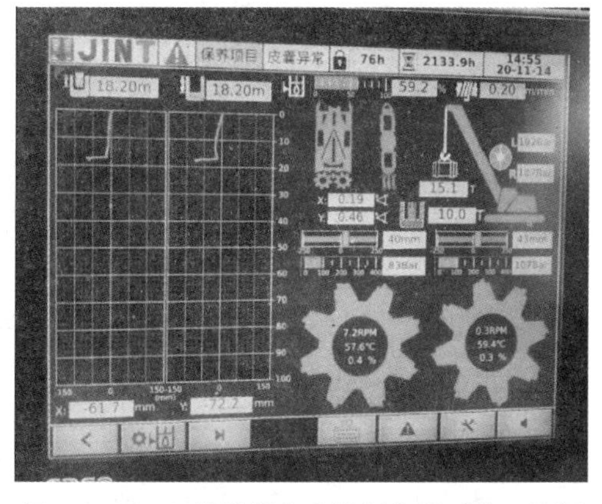

图 5.2-39　双轮铣操作室控制仪实时施工数据

图 5.2-40　钢筋网片起吊

图 5.2-41　灌注导管安装

9. 二次清孔、灌注水下混凝土

（1）在导管上端外接清孔泵组织第二次清孔，置换泥浆及时补充新泥浆，直至孔底沉渣厚度≤50mm。

（2）清孔完毕后拆卸清孔泵，安装灌注料斗准备灌注。

（3）将隔水塞放入导管内，盖好密封挡板；为保证混凝土初灌导管埋深在 0.8～1.0m，根据槽体选用 2.5m^3 的初灌料斗。

（4）灌注过程中定期用测锤监测混凝土上升高度，适时提升拆卸导管，导管埋深控制在 4～6m，严禁将导管底端提出混凝土面；灌注连续进行，以免发生堵管造成灌注质量事故。

（5）地下连续墙超灌高度不小于 500mm，超灌浮浆后期人工凿除。

（6）按规范要求留置混凝土试块。

地下连续墙双导管及灌注料斗安装见图 5.2-42，现场灌注混凝土成槽见图 5.2-43。

5.2.7　材料与设备

1. 材料

本工艺所用材料、配件主要为管靴、潜孔锤头、钢丝绳、钢板、胶管、胶圈等。

图 5.2-42 灌注料斗安装实例

图 5.2-43 水下混凝土灌注成槽

2. 设备

本工艺现场施工主要机械设备见表 5.2-1。

主要机械设备配置表 表 5.2-1

名称	型号	备注
多功能钻机	SWSD2512 型	引孔施工
双轮铣	SX40 型	成槽施工
履带式起重机	85t	吊运钢筋网片
全套管	外径 800mm	成孔护壁、集渣等
管靴	自制带有合金滚钻	环钻引孔
串筒防尘罩	自制	收集废渣
空压机	XHP90	提供高风压
储气罐	—	储压送风
油雾器	自制	输送润滑油
泥浆泵	DDTK150	用于气液降尘泵送高压水
灌注导管	ϕ280mm	灌注混凝土
电焊机	BX1	焊接护筒
挖掘机	CAT20	平整场地

5.2.8 质量控制

1. 多功能钻机引孔

(1) 基准轴线的控制点和水准点设在不受施工影响的位置，经复核后妥善保护。

(2) 孔位测量由专业测量工程师操作，并做好复核，定位后组织验收。

(3) 引孔过程中实时监测钻杆及外套管垂直度，保证成孔垂直度。

(4) 引孔期间经常检查潜孔锤头、管靴钻齿、啮合结构的磨损情况，若磨损较大则及时修复。

(5) 引孔过程中应密切关注槽段侧壁稳定情况。

2. 双轮铣成槽

(1) 在铣削过程中严格控制 X、Y 方向的偏移量，若偏移量过大时应提刀进行再次修正、纠偏。

（2）工作状态下，槽孔内必须保持足够的泥浆，浆面不得低于孔口 50cm。

（3）成槽过程中将槽孔编号、槽长、槽宽、槽深、地质情况做好记录。

（4）在铣槽时，如遇上钢筋，立即停止铣削，提出刀架检查。

3. 钢筋网片制作

（1）钢筋原材进场复验合格后使用，钢筋接头进行抗拉强度试验。

（2）钢筋网片按设计图纸加工制作，单元槽段钢筋笼装配成一个整体，垂直度偏差值不大于 1/300。

（3）钢筋网片在水平的钢筋平台上制作，制作时保证有足够的刚度，架设型钢固定，防止起吊变形。

（4）按设计及规范要求埋设声测管等检测预埋件。

（5）钢筋网片在起吊、运输和安装中防止变形。

4. 灌注水下混凝土

（1）清孔完成后，尽快缩短灌注混凝土的准备时间，及时进行初灌，防止时间过长造成孔内沉渣超标。

（2）检查灌注导管密封性，防止漏气影响桩身质量。

（3）灌注混凝土前，孔底 500mm 以内的泥浆相对密度小于 1.25，含砂率不大于 4%，黏度不大于 28s。

（4）混凝土到达现场及施工过程中进行坍落度检测，坍落度控制在 18～22cm。

（5）为了保证混凝土在导管内的流动性，防止出现混凝土夹泥，槽段混凝土面应均匀上升且连续浇筑，两根导管间混凝土面高差不大于 50cm。

（6）按规范要求留置混凝土试件。

5.2.9 安全措施

1. 多功能钻机引孔

（1）作业前，检查机具的紧固性，不得在螺栓松动或缺失状态下启动；作业中，保持钻机液压系统处于良好的润滑。

（2）作业前，检查储气罐、油雾器、水泵等是否完好，运作过程中严禁有金属器械碰撞，周边严禁放置易燃易爆物品。

（3）空压机管路中的接头，采用专门的连接装置，并将所要连接的气管（或设备）用细钢丝或粗钢丝相连，以防冲脱摆动伤人。

（4）当钻机移位时，施工作业面保持基本平整，设专人现场统一指挥，无关人员撤离作业现场，避免发生桩机倾倒伤人事故。

（5）暴雨或台风时停止现场施工，做好现场安全防护措施，将桩架固定或放下，确保现场安全。

2. 双轮铣成槽

（1）主机启动前，认真检查，确认电路、油路以及各种液位正常，特别要在检查油路球阀的开关状态后，方可启动发动机。

（2）启动后观察各仪表（器）指示状态是否正常，否则应停机检查；发动机工作状态出现异常时，立即按下紧急停机按钮。

（3）整机运行之前，确认回转范围，在回转半径8m范围内不得有障碍物，不准非操作人员入内。

3. 钢筋网片吊装

（1）起重机械操作人员经过培训，经有关专业管理部门考核取证。

（2）吊运前仔细检查钢筋笼各吊点，检查钢筋网片的焊接质量是否可靠，吊索具是否符合规范，严禁使用非标、不合格吊索具。

（3）启动前重点检查各安全装置是否齐全可靠，钢丝绳及连接部件是否符合规定，燃油、润滑油、冷却水等是否充足，各连接部件有无松动。

（4）钢筋笼起吊作业时，配备专人司索工指挥，现场设立禁戒线，无关人员一律不得进入起吊作业现场。

（5）起重作业时，吊物下方不得有人员停留或通过。

第 6 章　桩基检测施工新技术

6.1　预应力管桩免焊反力钢盘抗拔静载试验技术

6.1.1　引言

预应力管桩因其桩身强度高、施工速度快、综合造价相对较低、便于现场管理等优点，已在桩基础工程中广泛应用，作为抗拔桩也越来越普遍使用。传统预应力管桩抗拔静载试验，需要现场通过焊接延长管桩内填芯钢筋固定在试验反力承压钢板上，再由千斤顶加载系统对反力钢板施加顶升荷载，具体抗拔静载荷试验装置示意图及实物见图 6.1-1、图 6.1-2。

采用此种钢筋反力传导连接方法时，抗拔试验前需对管桩顶部的填芯钢筋进行焊接接长，焊接时现场准备时间长，并且焊接过程中存在一定安全隐患；同时，需要损耗一定数量的钢筋；另外，如果焊接操作不当，试验过程中容易出现焊接处脱焊，将被迫终止检测。

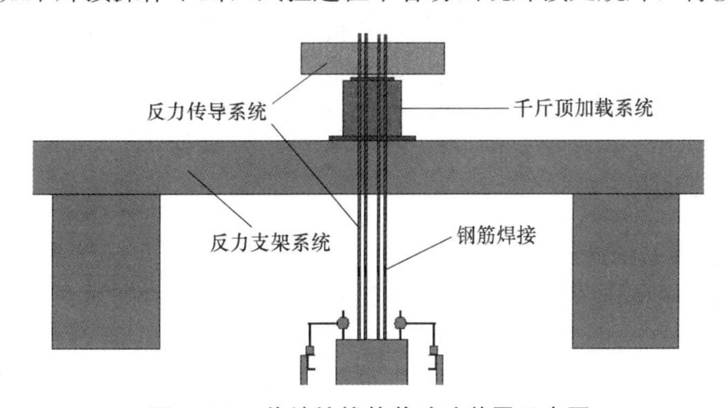

图 6.1-1　传统抗拔静载试验装置示意图

为了提高预应力管桩抗拔静载试验检测效率，克服传统抗拔桩试验存在的弊端，深圳市盐田工程质量安全监督中心王光辉及创新工作室开展了研发和总结，项目组采用一种新型的反力传导钢盘，将管桩桩顶的填芯钢筋通过锚具固定在反力钢盘顶面，主力钢筋下端穿过反力钢盘中心孔在反力钢盘底面用螺母拧紧，主力钢筋上端通过穿心千斤顶及其上部带孔承压钢板，用螺母固定，形成一种新型反力传导系统进行管桩抗拔试验，达到了操作便捷、安全环保、经济高效的效果，并形成了检测连接新技术。

6.1.2　工艺特点

1. 检测工效高

本工艺采用新型的反力传导钢盘，在反力钢盘顶面通过锚具连接桩头填芯钢筋，采用

图 6.1-2　传统抗拔静载试验装置

螺母固定主力钢筋两端，现场无需焊接作业，大大缩短了现场试验准备时间，提高了检测效率。

2. 检测效果好

本工艺在加载系统顶部采用单根主力钢筋穿过穿心千斤顶与其上承压钢板连接，底部通过反力钢盘使用锚具与管桩的填芯钢筋相连接，整体调节简便，确保试验过程中受力垂直、均匀，可避免传统方法因焊接质量问题而产生的脱焊现象。

3. 安装便利安全

本工艺所采用的反力钢盘体积小、重量轻(42kg)，吊装轻便，且通过锚具与填芯钢筋连接，主力钢筋采用螺母连接固定，可实现快速安装；同时，现场安装时无需焊接作业，操作便捷和安全。

4. 综合成本低

本工艺采用新颖的可装拆设计，反力传导钢盘及主力拉拔钢筋可重复使用，桩顶填芯钢筋也无需焊接延长钢筋，减少了材料浪费，装拆简便，节省了安装和人力成本，大大提升了检测工效，总体降低了检测成本。

6.1.3　适用范围

适用于桩径不超过 600mm 的预应力管桩抗拔静载荷试验；适用于试验荷载不超过 1200kN 的抗拔静载试验（配置主力抗拔精轧螺纹钢钢筋直径 40mm）；当试验荷载超出 1200kN 时，通过增大主力钢筋的型号可满足抗拔力要求。

6.1.4　工艺原理

1. 钢盘反力传导系统结构

本工艺采用的新型预应力管桩抗拔现场试验装置，主要由加载系统、反力支座系统、反力传导系统组成，具体见图 6.1-3。本工艺主要针对传统抗拔桩静载荷试验的反力传导系统进行改进创新，其反力传导系统主要由反力钢盘、锚具、主力钢筋构成。

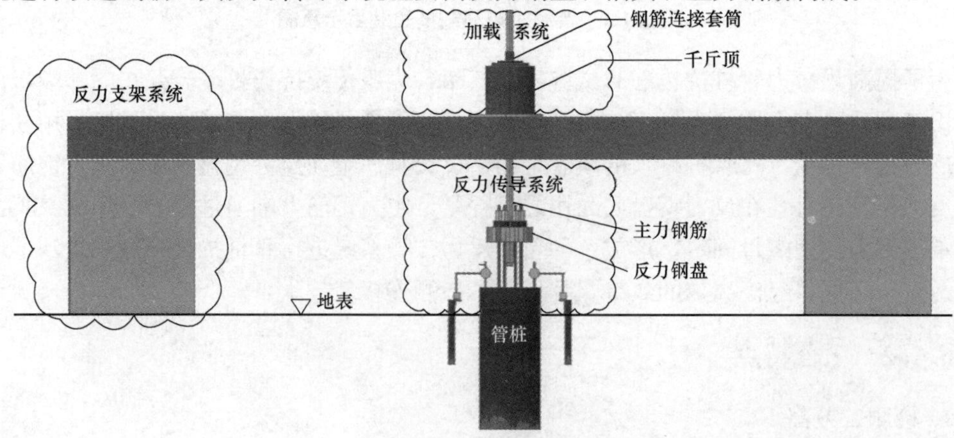

图 6.1-3　反力钢盘传导系统构成示意图

2. 反力钢盘

（1）本工艺使用的反力钢盘作为抗拔桩力传导的连接中心，其为主要的受力结构装置，材料选用合金钢，形状为圆盘形，反力盘直径400mm、厚度70mm，反力钢盘实物具体见图6.1-4。

图6.1-4 管桩静载抗拔试验反力钢盘及实物图

（2）反力钢盘中心开孔 ϕ50，用于旋入并固定直径40mm的主力钢筋；反力钢盘边缘呈梅花形60°夹角开槽，开槽宽度50mm，开槽长度135mm。反力钢盘开孔具体部位及尺寸见图6.1-5。

（3）反力钢盘正面中心孔位置下方焊接100mm高的钢筋连接套筒，用于连接主力钢筋。反力钢盘钢筋套筒连接见图6.1-6，反力钢盘底面设置实物及示意见图6.1-7、图6.1-8。

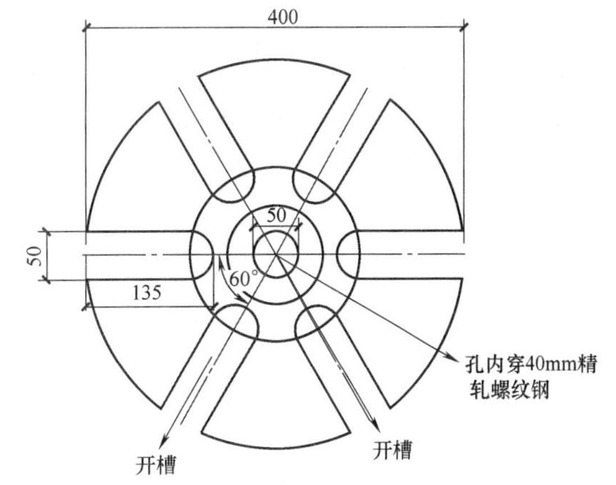

图6.1-5 反力装置开孔部位及尺寸示意图

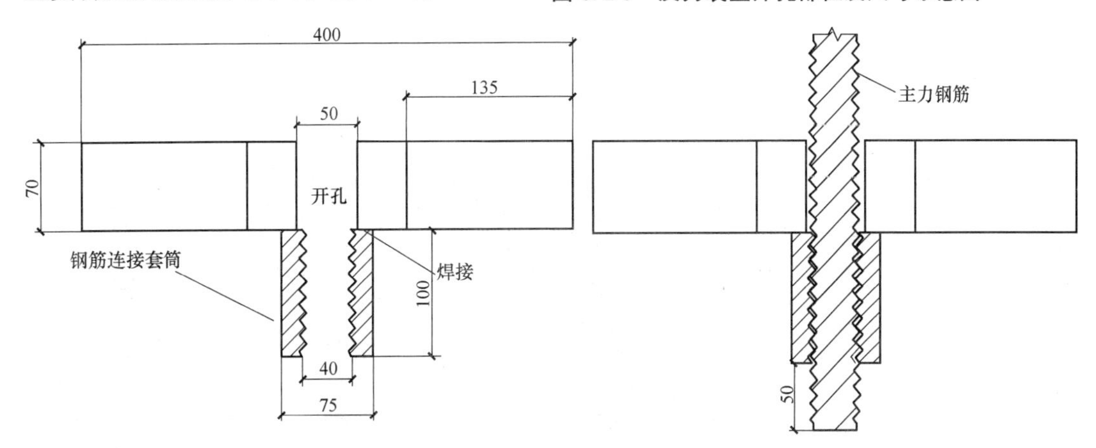

图6.1-6 预反力钢盘主力钢管套筒连接示意图

3. 锚具

（1）根据管桩桩头填芯钢筋的直径选择适用的单孔锚具，见图6.1-9。

图 6.1-7　钢盘底面主力钢筋套筒设置实物

图 6.1-8　钢盘底面主力钢筋套筒设置示意

（2）锚具为圆形夹片式，由锚套及3片工作夹片组成，工作夹片见图 6.1-10。

图 6.1-9　单孔锚具

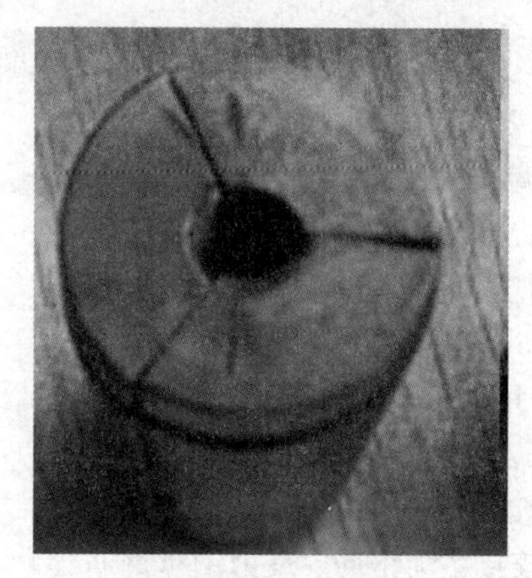
图 6.1-10　工作夹片

（3）锚具的锚套为锥形孔，锚固原理是先将锚套套入桩顶钢筋，然后将3片内有凹纹的楔形夹片置于锚套和钢筋间隙并用锤敲紧，承受拉力后钢筋与锚具呈自锁状态，越拉越紧。具体见图 6.1-11、图 6.1-12。

图 6.1-11　锚板安装

图 6.1-12　夹片安装锁定

4. 主力钢筋

（1）主力钢筋主要作用是将反力钢盘与千斤顶上带孔承压钢板连接，将千斤顶的顶升荷载传递到反力钢盘。

（2）主力钢筋直径的选择主要考虑抗拔荷载的大小，本工艺目前采用 $\phi40$ 的 1080MPa 精轧螺纹钢，抗拉强度为 1450kN，适用于 1200kN 的抗拔静载试验；如试桩需要 1500kN，可采用 $\phi50$ 的 1080MPa 精轧螺纹钢。

（3）主力钢筋的顶端穿过穿心千斤顶和其上带孔承压钢板，用套筒固定，连接套筒长 200mm，具体见图 6.1-13。

图 6.1-13 主力钢筋上部安装套筒固定

（4）主力钢筋的下端插入反力钢盘中心孔，与盘底的套筒连接提供反力支持，具体见图 6.1-14。

图 6.1-14 主力钢筋旋入反力钢盘

5. 反力传导系统原理

本工艺采用反力钢盘作为反力传导连接系统，反力传导系统下部采用锚具将桩顶填芯连接钢筋固定在反力钢盘条形槽顶面，$\phi40$mm 主力钢筋的下端与反力钢盘底部套筒固定；反力传导系统上部采用穿孔承压钢板、钢筋连接套筒及 $\phi40$mm 主力钢筋与架设在主梁上的穿心千斤顶进行锁定，形成一种新型的抗拔桩试验施压传力系统；在启动油泵后，千斤顶顶升荷载传递给主力钢筋向上拉升，主力钢筋通过反力盘将上拔力传递给桩顶填芯钢筋，填芯钢筋带动管桩承受向上的拉拔荷载。此时，利用架设在桩顶的位移传感器记录桩顶上拔位移，从而对管桩进行抗拔静载检测。

本工艺预应力管桩抗拔反力钢盘传导系统试验原理及试验现场见图 6.1-15、图 6.1-16。

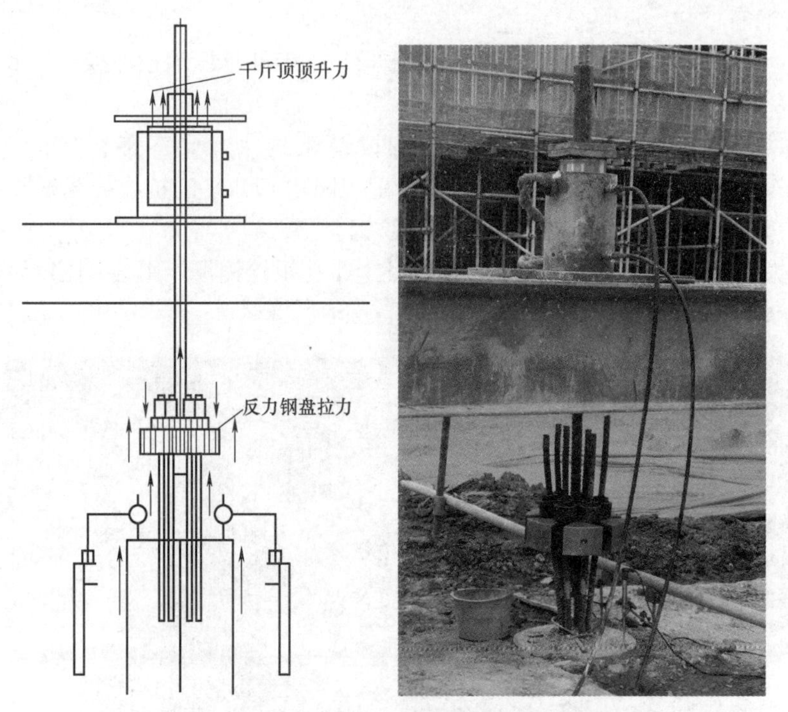

图 6.1-15　反力钢盘传导系统抗拔试验原理图

图 6.1-16　预应力管桩反力钢盘传力抗拔静载荷试验现场

6.1.5　施工工艺流程

预应力管桩反力钢盘传力抗拔静载荷试验工艺流程见图 6.1-17。

6.1.6　操作要点

1. 预应力管桩桩顶填芯钢管处理

(1) 检测前两周，受检桩的桩顶下 3～4m，按试验要求插 4 或 6 根钢筋并浇捣微膨胀细石混凝土。

(2) 管桩桩头切割至设计桩顶标高并磨平，保证位移传感器不会发生偏移，具体见图 6.1-18。

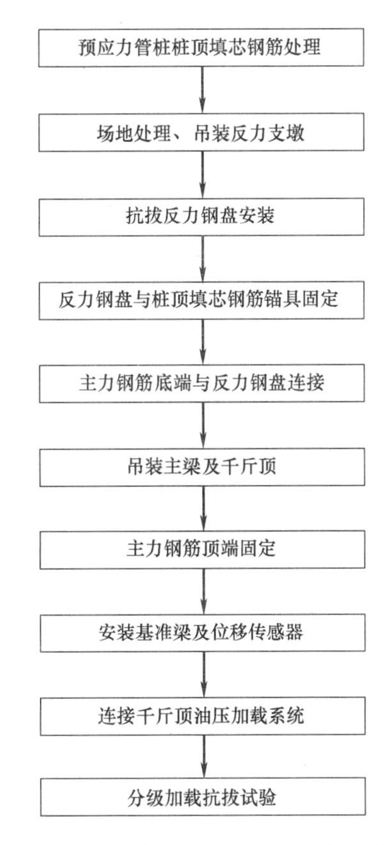

图 6.1-17 预应力管桩反力钢盘传力抗拔静载荷试验工艺流程图

图 6.1-18 预应力管桩桩顶填芯钢筋处理

2. 场地处理、吊装反力支墩

(1) 根据检测规范要求，管桩周边 6m×6m 范围内需要进行场地平整。

(2) 试验场地进行硬底化或铺设砖渣，以确保反力支墩放置平稳。

(3) 在反力支墩位置下铺设钢板，以增大地表受力面积。具体见图 6.1-19。

(4) 吊装反力支墩放置在钢板上。

3. 抗拔反力钢盘安装

(1) 起吊反力钢盘，反力钢盘正面朝上吊放。

(2) 反力钢盘接近桩顶填芯钢筋时，人工调整钢盘角度并顺着钢盘的开槽口插入，现场安装具体见图 6.1-20。

图 6.1-19 试验支墩位置铺设钢板

图 6.1-20 安装反力钢盘

4. 反力钢盘与桩顶填芯钢筋锚具固定

(1) 在反力钢盘底部设置临时支垫，其支垫高度大于主力钢筋露出反力钢盘底部连接套筒的长度，调整支垫使钢盘水平，具体支垫见图 6.1-21、图 6.1-22。

图 6.1-21 反力钢盘支垫 1

图 6.1-22 反力钢盘支垫 2

(2) 预应力管桩填芯钢筋通过锚具锁紧在钢盘槽孔顶面，夹片缠一层电工胶布，用锤敲实卡紧，方便试验结束后拆卸，具体见图 6.1-23、图 6.1-24。

5. 主力钢筋底端与反力钢盘连接

(1) 先清理主力钢筋上的杂质，确保插入时顺畅。

(2) 将主力钢筋底端人工插入反力钢盘中心孔，与盘底套筒螺纹固定，不能有卡顿。

(3) 主力钢筋底端安装最少露出反力钢盘底部钢筋套筒 50mm，具体见图 6.1-25。

图 6.1-23 用锤敲击锚套内夹片逐一锁紧桩顶填芯钢筋

图 6.1-24 反力钢盘锚具固定管桩填芯钢筋

图 6.1-25 安装主力钢筋

6. 吊装主梁及千斤顶

(1) 吊装主梁时，主梁的端部超过支墩宽度，以保证主梁稳固。

(2) 保证主梁中心与受检桩几何中心重合，避免受力不均匀。

(3) 主梁安放时保证水平，防止偏压失稳。

(4) 吊装千斤顶套入主力钢筋并置于主梁中部顶面，之后将带孔承压钢板套入主力钢筋并置于千斤顶油缸顶面，千斤顶最大荷载不得小于最大试验荷载的 1.2 倍且不大于 2.5 倍。

主梁现场吊装见图 6.1-26，千斤顶安装见图 6.1-27。

7. 主力钢筋顶端固定

(1) 将上部带孔承压钢板套入主力钢筋。

(2) 将钢筋连接套筒或六角螺母，人工顺时针旋入主力钢筋并拧紧。

(3) 安装时，要求钢板平整无弯曲，

图 6.1-26 主梁现场吊装

具体见图 6.1-28、图 6.1-29。

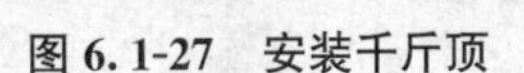

图 6.1-27　安装千斤顶

图 6.1-28　安装承压钢板

图 6.1-29　千斤顶套筒固定

8. 安装基准梁及位移传感器

（1）垂直于主梁方向对称设置 2 根基准桩，基准桩要稳固，将基准梁一端固定一端简支置于基准桩上。

（2）在桩顶对称安放位移传感器，直径在 500mm 以上的桩安置 4 个位移传感器，小于或等于 500mm 的桩对称安装 2 个位移传感器。具体见图 6.1-30。

9. 连接千斤顶油压加载系统

（1）油管连接千斤顶和油泵时，注意进油口和回油口的正确连接，见图 6.1-31。

（2）油泵连接电箱时注意检查电机旋转方向为顺时针，若发现旋转方向错误则替换火线位置。

图 6.1-30　测试位移传感器安装

图 6.1-31　油管安装

10. 分级加载抗拔试验

（1）施加荷载时，按试验相关规范要求，采用逐级加载，分级荷载为最大加载量的1/10，第一级可以取分级荷载的2倍。

（2）加载或卸载时，使荷载传递均匀、连续、无冲击，每级荷载在维持过程中的变化幅度不超过分级荷载的10%。

（3）每级荷载施加后，按第0min、5min、15min、30min、45min、60min测读桩顶沉降量，以后每隔30min测读一次；卸载时，每级荷载维持1h，按第15min、30min、60min测读桩顶沉降量后，即可卸下一级荷载，卸载至零后，测读桩顶残余沉降量，维持时间为3h，测读时间为15min、30min，以后每隔30min测读一次。

（4）试验过程中，无关人员严禁进入试验区范围。

现场试验具体见图6.1-32。

图6.1-32 分级加载抗拔试验

6.1.7 材料与设备

1. 材料

本工艺所使用材料主要为精轧螺纹钢、混凝土、碎石、锚具及铺垫钢板等。

2. 设备

本工艺主要机械设备配置见表6.1-1。

主要机械设备配置表 **表6.1-1**

设备名称	型号尺寸	生产厂家	备注
反力钢盘	直径400mm	自制	厚度70mm,通过主力钢筋连接千斤顶和管桩
千斤顶	QF200-20	德州海联	最大加压荷载2000kN
油泵	BZ70-1	上海	加压
主梁	长8m	—	承重
支墩	1m×1m×2m	—	混凝土块
静载荷测试仪	RS-JYC	武汉岩海	包含压力传感器及位移传感器
吊车	30t	上海	现场吊装

6.1.8 质量控制

1. 反力支架系统安装

（1）试验场地硬底化，整平压实，有必要时铺设钢板，以确保反力支墩放置平稳。

（2）反力钢盘系统安装前，由技术负责人对现场操作人员进行质量技术交底。

（3）吊装作业时，派专人在现场进行监督、指挥，采用卷尺、吊锤等工具保证位置准确。

2. 反力传导系统安装

（1）主力钢筋端部不得有局部弯曲，不得有严重锈蚀和附着物。

(2) 使用锚具锚固填芯钢筋后，检查夹片是否发生移动，确保锚具锁定牢固。

(3) 反力钢盘与桩顶连接钢筋锚固后，检查其水平位置，确保其受力均匀。

(4) 使用前检查反力钢盘正面钢筋连接套筒，如发现丝口磨损严重或其他损坏，则及时更换套筒。

3. 抗拔试验

(1) 千斤顶、桩基静载荷测试仪和位移传感器等均定期送检标定。

(2) 安装位移传感器时，磁座夹紧传感器杆部并保证位移顺畅。

(3) 进行静载试验时，严格按照检测规程、检测方法进行。

(4) 试验过程进行中禁止无关人员靠近，避免触碰基准梁或位移传感器等，影响检测结果。

6.1.9　安全措施

1. 反力支架系统安装

(1) 吊装作业前，预先在吊装现场设置安全警戒标志并设专人监护，非作业人员禁止入内。

(2) 吊装作业前，对各种起重吊装机械的运行部位、安全装置以及吊具、索具进行详细的安全检查，吊装设备的安全装置灵敏可靠；吊装前进行试吊，确认无误方可作业。

(3) 吊装作业时，按规定负荷进行吊装，吊具、索具经计算选择使用，严禁超负荷运行；所吊重物接近或达到额定起重吊装能力时，检查制动器，用低高度、短行程试吊后，再平稳吊起。

(4) 现场安装反力架时，派专人旁站指挥。

2. 反力传导系统安装

(1) 安装主力钢筋时，下方严禁站人和通行。

(2) 反力钢盘与管桩填芯钢筋锚固夹片敲紧锁死，锁具顶面用板遮挡以防试验过程中夹片飞出。

(3) 在主梁上安装油压千斤顶和主力钢筋就位时，操作人员作好安全防护工作，防止坠落。

3. 抗拔试验

(1) 试验过程中注意用电安全，遇大风、暴雨天气时停止现场检测工作。

(2) 试验过程中，操作油泵时做好现场用电安全防护措施，防止大风、暴雨产生漏电对人身安全造成伤害；雨后恢复试验前，进行一次全面的线路和用电设备检查，发现问题及时处理。

(3) 抗拔过程中，定期检查反力钢筋与桩顶连接钢筋的锚固是否有松动情况。

(4) 现场设置安全警戒标志并设专人监护，非作业人员禁止入内。

6.2　基坑逆作法灌注桩深空孔多根声测管笼架吊装定位技术

6.2.1　引言

大直径灌注桩通常采用超声波法检测桩身完整性，声测管是灌注桩进行超声检测时探头进入桩身内部的通道，通过与钢筋笼的绑扎连接预埋在桩身混凝土内，施工时须严格控制埋设声测管的质量，以确保后续灌注桩桩身质量检测顺利进行。

随着城市建设的迅速发展，基坑工程规模朝大面积和大深度方向发展，工期进度及资源节约等要求日益严苛，为加快工程进度，深大基坑常采用逆作法施工。逆作法施工要求在基坑开挖前，首先在地面施工基坑支护结构，并进行桩基施工、安装与桩基对接的钢结构柱，然后施工首层楼板，通过首层楼板将支护、桩基与柱连为一体，作为施工期间承受上部结构自重和施工荷载的支承结构。在逆作法施工中，桩基在楼板开挖施工前需先在地面进行检测。

深圳市城市轨道交通 13 号线 13101-1 标深圳湾口岸站主体围护结构工程，基坑开挖深度 21m，项目设计采用逆作法施工，桩基形式为基坑底以下为灌注桩，基坑地下室开挖范围为钢管结构柱；按照设计要求，桩基施工完成后进行检测，检测合格后方可开挖基坑。因此，需在地面对桩基进行超声波检测，设计安装声测管 4 根。由于桩空孔段长约 21m，即声测管从灌注桩钢筋笼笼底接长安装至地面，对空桩段的声测管安装定位提出更高的技术要求。

通常对于深空孔段的声测管安装，往往通过减少桩身钢筋笼主筋数量，以简易副笼的方式进行钢筋笼空桩段接长，将接长声测管绑扎在副笼主筋上，吊放副笼至对接位置完成声测管定位至指定标高位置处，具体见图 6.2-1。由于本项目灌注桩数量大，该方法在实际施工应用中需耗费较多钢筋，副笼制作也需要额外花费更多的人工和时间，浪费较大。

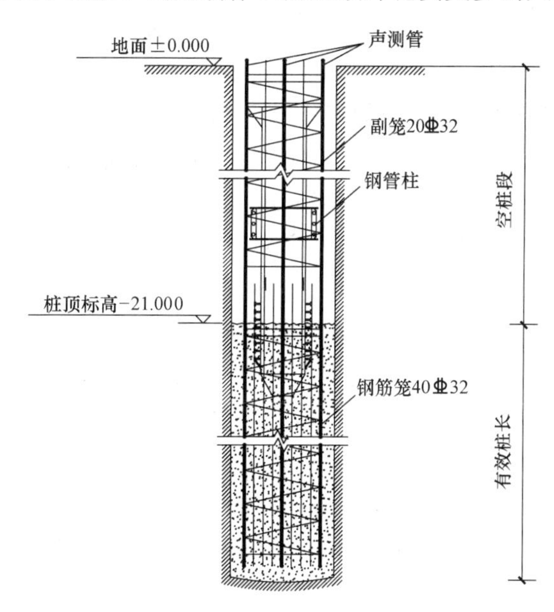

图 6.2-1 通过减少主筋制作副笼进行空桩段声测管接长示意图

针对上述问题，经反复试验、完善，项目组研究发明了一种用于深长空孔段安装定位声测管的“田”字形笼架，采用吊车起吊笼架，笼架再同时吊起 4 根按空孔段长度计算的 1 根主筋和绑扎在主筋上的声测管，吊至孔口位置与桩身钢筋笼上相应的主筋、声测管连接，即可快速实现声测管通长布置埋设，并有效保证了钢筋笼下放安装的垂直度要求，减少钢筋使用量，降低施工成本，提高声测管接长安装效率，取得了显著效果。

6.2.2　技术路线

1. 项目概况

以深圳市城市轨道交通13号线深圳湾口岸站项目桩基础空孔段声测管安装为例说明。本项目桩基础设计为底部灌注桩插钢管结构柱形式，共89根，灌注桩桩径ϕ1800mm，钢管立柱直径ϕ800mm；底部灌注桩混凝土强度等级C35，桩顶标高距地面约21m；灌注桩设计桩身埋设声测管4根，沿钢筋笼内圆周呈对称布置，空桩段声测管接长示意见图6.2-2。

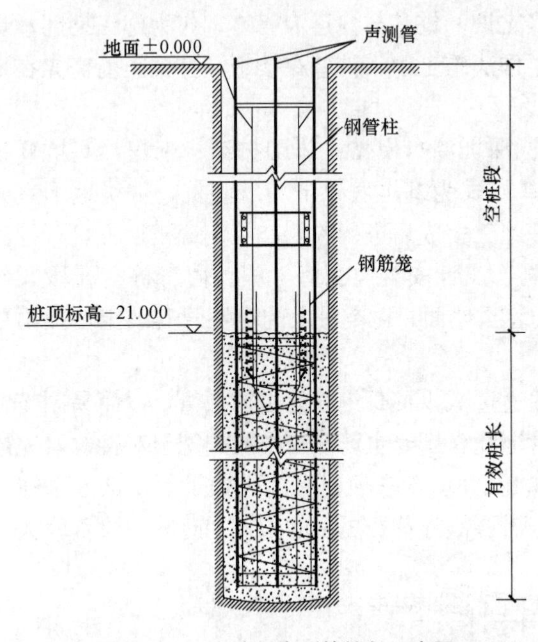

图6.2-2　空桩段声测管接长示意图

2. 技术路线

（1）深圳城轨13号线深圳湾口岸站项目声测管埋设数量设计为4根，由此，设想一种可实现一次性吊装4根声测管的方形提升架，代替通过简易钢筋副笼接长安装空桩段声测管的常规形式，以提升架连接声测管同时完成钢筋笼吊装。

（2）该方形笼架除了可以一次性吊装4根声测管外，还可通过接长声测管提动整体钢筋笼，使钢筋笼在完成声测管接长安装后能够移动定位至指定标高位置，则笼架需具备一定的刚度及承重能力。由此，设计该笼架由厚钢板制成，在方形框架内增加内部支撑钢板，形成稳固的“田”字形提升安装笼架结构，通过与钢丝绳连接可承受钢筋笼约20t的起吊重量。

（3）传统方法是采用“副笼＋声测管”的结构进行接长安装声测管，由于设计采用“田”字形提升安装钢笼架代替副笼，为了确保声测管固定，设想采用“1根主筋＋1根声测管”一对一的绑扎组合结构进行吊装安放，最大限度地减少材料浪费。

根据以上技术路线分析，提出采用一种“田”字形结构的提升安装钢笼架，通过钢丝绳吊装系统，实现笼架与吊车、笼架与“钢筋＋声测管”绑扎组合与孔口桩身钢筋笼和声测管的有效连接。由此，设计的4根接长声测管同步吊装定位笼架系统见图6.2-3。

6.2.3　笼架吊装系统结构

本工艺笼架吊装系统包括“田”字形整体提升安装笼架和接长声测管两部分。

1.“田”字形整体提升安装笼架

“田”字形整体提升安装笼架由“田”字形钢笼架、钢丝绳吊装系统（钢笼架钢丝绳、接长声测管钢丝绳）组成，具体见图6.2-4。

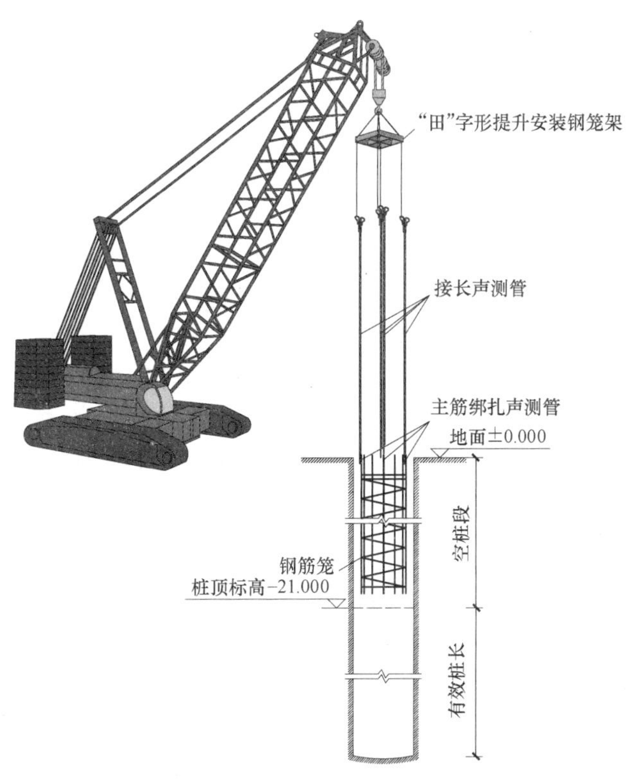

图 6.2-3　"田"字形钢笼架一次性吊装定位接长声测管示意图

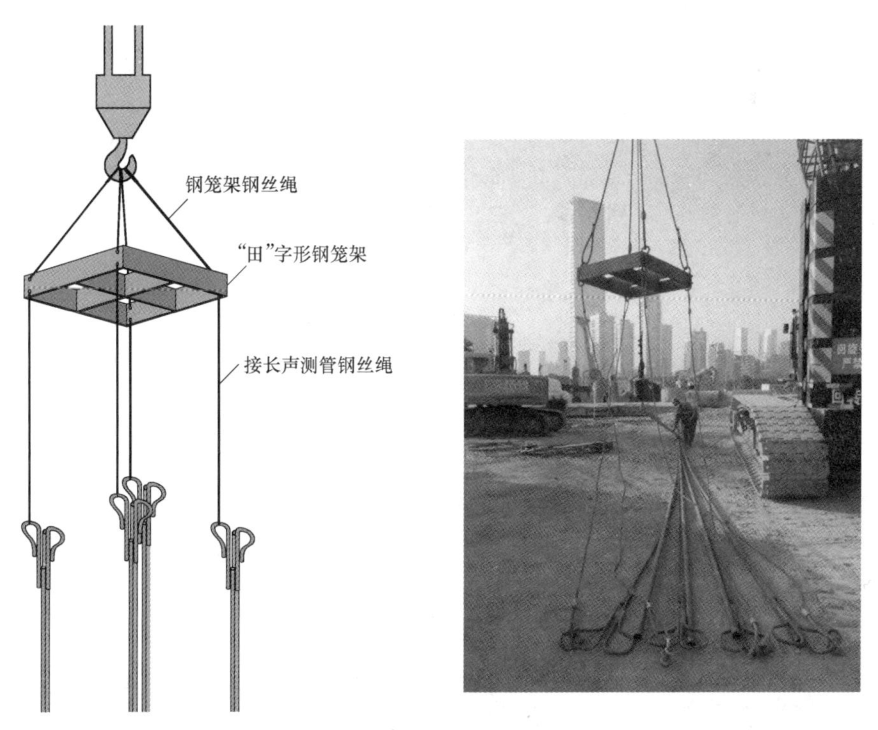

图 6.2-4　"田"字形提升安装笼架

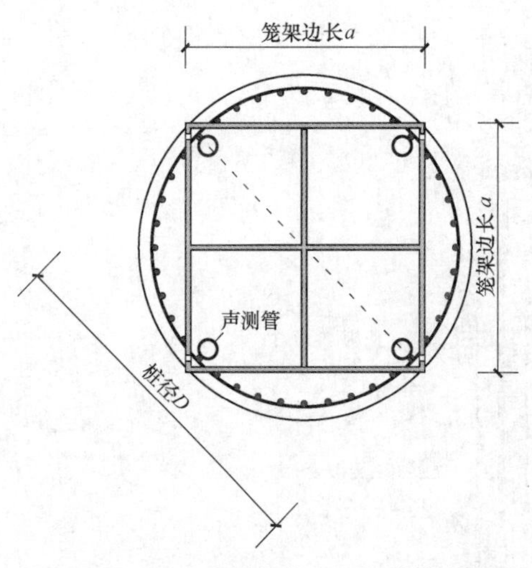

图6.2-5　“田”字形钢笼架边长计算示意图

（1）“田”字形钢笼架

“田”字形钢笼架由3cm厚Q235钢板制成。

钢笼架边长根据勾股定理可通过桩径确定，即桩径的平方为2倍笼架边长的平方（见图6.2-5，$a^2+a^2=D^2$）。在深圳湾口岸站项目，桩径ϕ1800mm，计算出笼架边长a取1300mm。“田”字形钢笼架平面形状见图6.2-6。

（2）钢丝绳吊装系统

在钢笼架的一组对边上钻4个上层、4个下层的钢丝绳吊眼，孔径ϕ30mm，钢丝绳吊眼位置示意及实物见图6.2-7、图6.2-8；笼架上层吊眼安挂笼架钢丝绳，下层吊眼安挂接长声测管，钢丝绳起吊系统现场吊装见图6.2-9、图6.2-10。钢笼架上、下层的吊眼各穿入1根钢丝绳，上层钢丝绳直径不小于ϕ28mm，下层钢丝绳直径不小于ϕ24mm，卸扣型号根据钢筋笼重量进行适配，具体见图6.2-11。

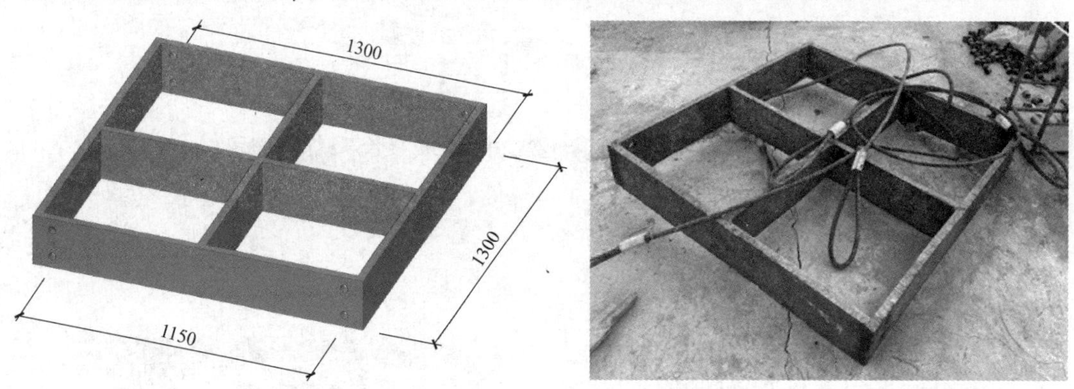

图6.2-6　“田”字形钢笼架平面示意图

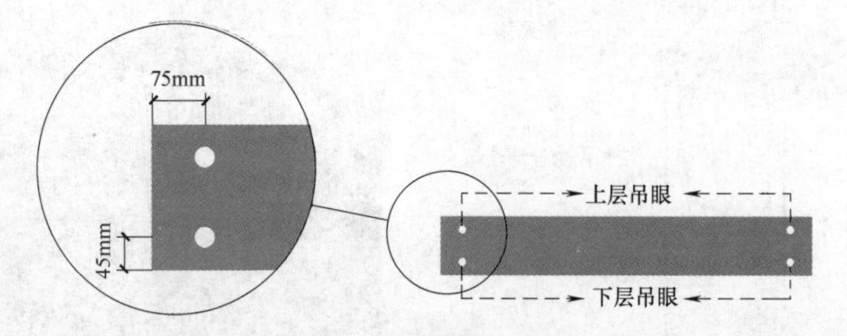

图6.2-7　钢丝绳吊眼开孔位置布设示意图

2. 接长声测管结构

（1）接长主筋

准备4根与钢筋笼主筋直径相同的钢筋，长度取“地面标高－桩顶标高＋搭接长度”。每根接长主筋的起吊端焊接固定2个吊耳，一个吊耳用于起吊，另一个吊耳用于在护筒口固定，吊耳设置具体见图6.2-12。

图 6.2-8　钢丝绳吊眼开孔位置实物图

图 6.2-9　上层吊眼安挂笼架钢丝绳

图 6.2-10　下层吊眼安挂接长声测管钢丝绳

图 6.2-11　钢笼架上、下层钢丝绳及卸扣

图 6.2-12　接长主筋起吊端焊接固定吊耳

（2）接长声测管

准备 4 根接长声测管，长度取“地面标高－桩顶标高”。接长声测管按计算长度配置，

由若干短节管焊接成整根设置，声测管焊接采用套焊方式，套筒长度不小于 5cm，具体见图 6.2-13。

图 6.2-13　接长声测管套焊连接

图 6.2-14　接长声测管通过钢丝与接长主筋绑扎

（3）“接长主筋＋接长声测管”绑扎组合

4 根接长主筋分别与 4 根接长声测管一一对应形成绑扎组合，声测管全长用钢丝间隔绑扎固定于接长主筋上，钢丝绑扎不宜太紧，以免后续声测管对接时不便于进行方向调整，“接长主筋＋接长声测管”绑扎组合结构具体见图 6.2-14。

（4）临时固定弯钩

为了将声测管固定在钢筋上，在接长主筋底部焊接一个临时固定弯钩，将接长声测管底端插入该弯钩，则起吊时接长声测管可以“稳坐”于弯钩上。临时固定弯钩设置具体见图 6.2-15，设置临时固定弯钩实物见图 6.2-16。

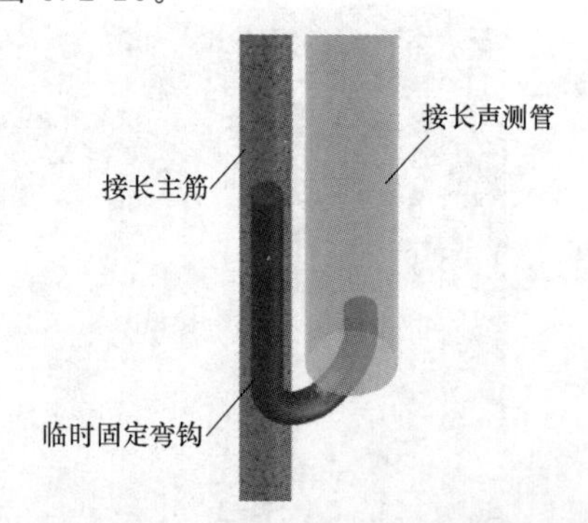

图 6.2-15　设置临时固定弯钩示意图

图 6.2-16　设置临时固定弯钩实物

6.2.4　深空孔多根声测管钢笼架吊装定位原理

1. 钢笼架一次性提升吊装原理

采用“田”字形提升安装钢笼架，设置 4 根起吊钢丝绳，一次性完成 4 根接长声测管的起吊安装。起吊安装过程中，采用钢丝将接长声测管和接长主筋临时绑扎，并在接长主筋底部采用临时弯钩将接长声测管固定。

“田”字形钢笼架一次性提升吊装“接长主筋+接长声测管”绑扎组合原理见图 6.2-17。

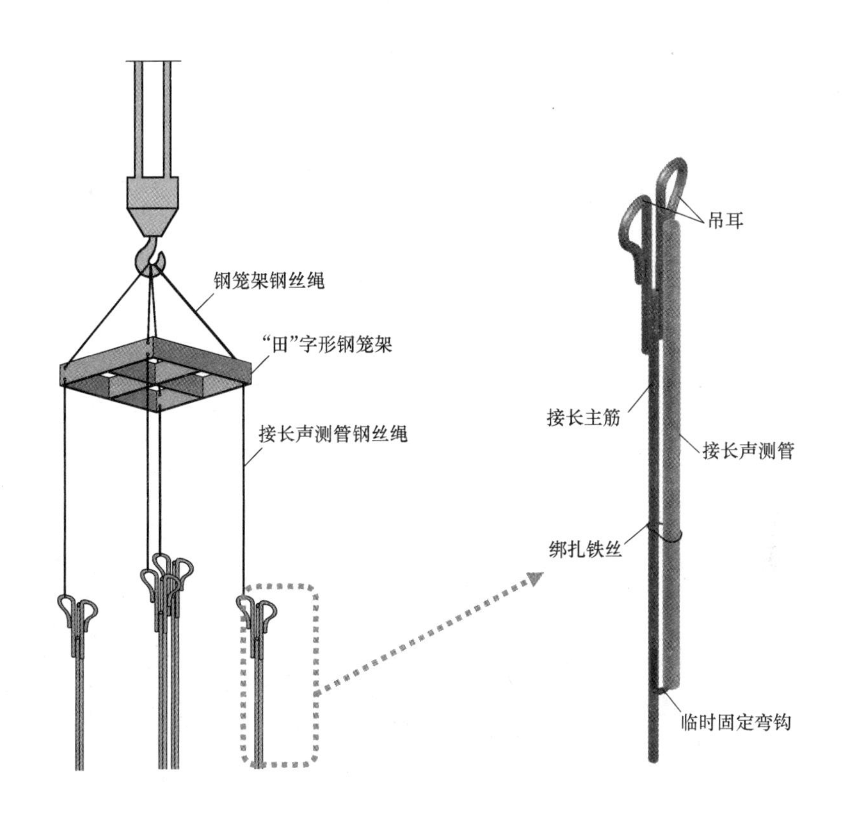

图 6.2-17 “田”字形钢笼架一次性提升吊装“接长主筋+接长声测管”绑扎组合原理示意图

2. 声测管孔口对接安装原理

由于接长声测管底部设置弯钩固定于接长主筋底部，同时全长间隔绑扎钢丝与接长主筋临时连接，声测管相对钢筋处于固定位置无法调节；为此，利用定滑轮原理，引入上、下 2 个存在一定高差的转换弯钩，接长主筋上的弯钩标高相对在上、弯钩方向朝上，接长声测管上的弯钩相对标高在下、弯钩方向朝下，并将一条折叠绳带穿挂于声测管弯钩上，利用接长主筋上的弯钩向下拉绳，对声测管施加一个上提力，然后将临时固定弯钩割除，再通过松拉绳带将松散绑扎于接长主筋上的接长声测管导引至钢筋笼上的声测管处进行对接。

声测管孔口对接安装见图 6.2-18。

3. 声测管套筒连接工艺

为了便捷高效地完成声测管接长施工，采用声测管套筒连接工艺，即接长声测管导引插入钢筋笼声测管的连接套筒孔内。完成对接后，采用二氧化碳气体保护焊进行焊接相连，最后以吊车通过接长主筋实现钢筋笼和声测管的一次性吊装至孔底。声测管套筒连接见图 6.2-19、图 6.2-20。

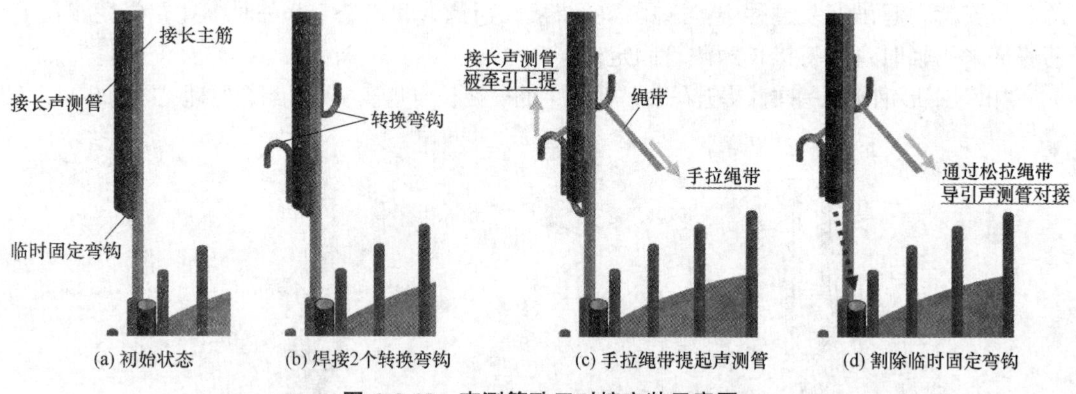

图 6.2-18　声测管孔口对接安装示意图

图 6.2-19　钢筋笼声测管顶端连接套筒

图 6.2-20　声测管套焊对接

6.2.5　工艺特点

1. 笼架设计及制作简单

"田"字形提升安装笼架所用钢板、焊条等材料容易获取，整体笼架设计、制作简单，连接卸扣及钢丝绳即可通过吊车直接使用，操作便捷。

2. 提高施工效率

本工艺相比借助副笼进行接长声测管定位安装的传统方法，制作"田"字形提升安装笼架较制作与空桩段长度相同的副笼，减少了人力投入、材料耗费及施工时间，有效缩短工期，提高施工效率。

3. 降低施工成本

采用"田"字形提升安装笼一次性起吊 4 根接长声测管完成定位安装，相比传统借助副笼的方法，制作钢笼架耗材大大减少，节省施工成本，有效提高经济效益。

6.2.6　适用范围

适用于空桩部分距地面 15m 及以上、桩径大于 ϕ1600mm 的灌注桩声测管接长安装定位，适用于 4 根声测管接长安装定位。

6.2.7 施工工艺流程

基坑逆作法灌注桩深空孔多根声测管笼架吊装定位施工工艺流程见图 6.2-21。

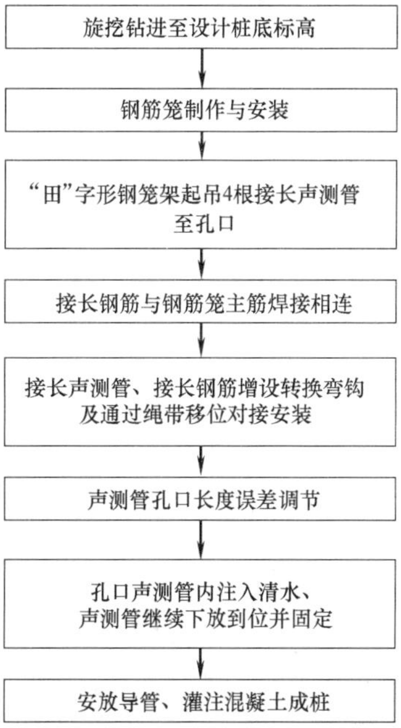

旋挖钻进至设计桩底标高
↓
钢筋笼制作与安装
↓
“田”字形钢笼架起吊4根接长声测管至孔口
↓
接长钢筋与钢筋笼主筋焊接相连
↓
接长声测管、接长钢筋增设转换弯钩及通过绳带移位对接安装
↓
声测管孔口长度误差调节
↓
孔口声测管内注入清水、声测管继续下放到位并固定
↓
安放导管、灌注混凝土成桩

图 6.2-21 基坑逆作法灌注桩深空孔多根声测管笼架吊装定位施工工艺流程图

6.2.8 工序操作要点

1. 旋挖钻进至设计桩底标高

(1) 土层段采用旋挖钻斗钻进，岩层段更换为截齿筒钻，直至钻进成孔至设计入岩深度。

(2) 钻进成孔过程中，采用优质泥浆护壁，始终保持孔壁稳定。

(3) 终孔后，采用旋挖捞渣钻斗进行桩底清孔操作，如发现钻头内钻渣较多，则多次重复捞渣清孔。

2. 桩身钢筋笼制作与安装（声测管埋设）

(1) 根据桩长加工制作钢筋笼，并按照设计要求进行声测管安装。

(2) 安装声测管前，确认声测管承插口端密封圈完好无损，插入端内外无毛刺，以免安装插管时割伤密封圈，影响管体密闭性。

(3) 声测管绑扎固定于钢筋笼主筋内侧，固定点的间距一般不超过 2m，其中声测管底端和接头部位设置固定点；声测管底部密封防止漏浆，完成全长绑扎后封闭上口，以免落入杂物致使孔道堵塞。具体见图 6.2-22。

(4) 钢筋笼采用专用吊钩多点起吊安放，并采取临时保护措施，使钢筋笼吊运过程中整体保持稳固状态，具体见图 6.2-23；孔口吊装时对准孔位，吊直扶稳，缓慢下入桩孔，具体见图 6.2-24。

图 6.2-22 声测管底部密封处理

图 6.2-23 钢筋笼多点起吊

(5) 钢筋笼吊装过程中，当笼顶接近孔口时，在最上层主筋处穿杠使笼体托卡于护筒上，使笼顶钢筋外露，便于后续空孔段声测管接长安装，具体见图 6.2-25。

图 6.2-24　钢筋笼吊放入桩孔

图 6.2-25　穿杠将桩身钢筋笼固定于护筒口

3. “田”字形钢笼架起吊 4 根接长声测管至孔口

(1) 4 个“接长主筋＋接长声测管”绑扎组合制作，分别由 1 根主筋（其上焊有 2 个吊耳、1 个临时固定弯钩）、1 根声测管组成。

(2) 使用吊带将 4 个“接长主筋＋接长声测管”绑扎组合从中部绑紧与吊车副钩相连，防止后续吊运过程中绑扎组合松散甩开，具体见图 6.2-26。

(3) 采用吊车连接“田”字形钢笼架同时起吊 4 个“接长主筋＋接长声测管”绑扎组合至桩孔位置上方，具体见图 6.2-27。

图 6.2-26　绑扎组合中部绑吊带连接吊车副钩

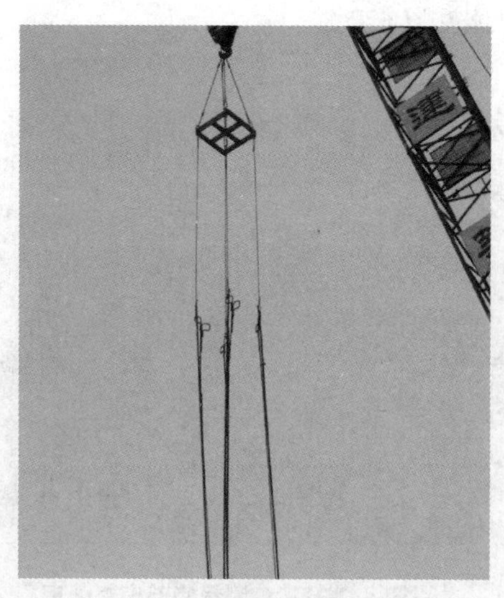

图 6.2-27　钢笼架起吊绑扎组合

4. 接长主筋与桩身钢筋笼主筋焊接相连

（1）“接长主筋+接长声测管”绑扎组合吊运至孔口位置后，解除中部绑扎吊带，使4个绑扎组合散开与钢筋笼上安装声测管的主筋位置一一对应定位。

（2）把接长主筋与桩身钢筋笼上绑扎有声测管的4根主筋焊接相连，具体见图6.2-28；通过绑扎组合将钢筋笼整体向筒内吊放，使钢筋笼上绑扎的声测管顶端位于稍低于护筒顶沿的位置处，具体见图6.2-29。

图6.2-28 接长主筋与钢筋笼主筋相连

图6.2-29 通过绑扎组合吊笼至护筒内

5. 接长声测管、接长主筋增设转换弯钩及绳带移位对接安装

（1）在接长主筋和接长声测管上分别焊接1个转换弯钩，接长主筋上的弯钩标高相对在上、弯钩方向朝上，接长声测管上的弯钩相对标高在下、弯钩方向朝下，转换弯钩见图6.2-30，焊接2个转换弯钩见图6.2-31、图6.2-32。

图6.2-30 转换弯钩

图6.2-31 焊接第1个转换弯钩

（2）准备一条长约1.5m的绳带，绳带一端绑扎形成一个可用于钩挂的绳圈，将绳带缠绕经过2个转换弯钩，形成接长声测管牵引提拉装置，并将接长声测管拉紧，具体见图6.2-33。

图6.2-32　焊接第2个转换弯钩

图6.2-33　将绳带套入转换弯钩

（3）采用乙炔烧焊割除连接接长声测管与接长主筋的临时固定弯钩，使接长声测管可相对于接长主筋自由移动，具体见图6.2-34；再通过松拉绳带，将接长声测管导引至钢筋笼声测管套筒端口处进行对接，完成声测管整体接长定位安装，然后采用二氧化碳气体保护焊进行焊接相连，对接现场操作见图6.2-35。

图6.2-34　割除临时固定弯钩

图6.2-35　松拉绳带导引对接声测管

6. 声测管孔口长度误差调节

（1）通过吊车将钢筋笼及绑扎组合整体吊放至孔底，如出现由于计算或搭接长度误差等导致接长后声测管未安装至指定标高位置的情况，则通过加装较短的调节声测管进行长度补足，调节声测管短管见图 6.2-36，增加调节声测管短管接长见图 6.2-37。

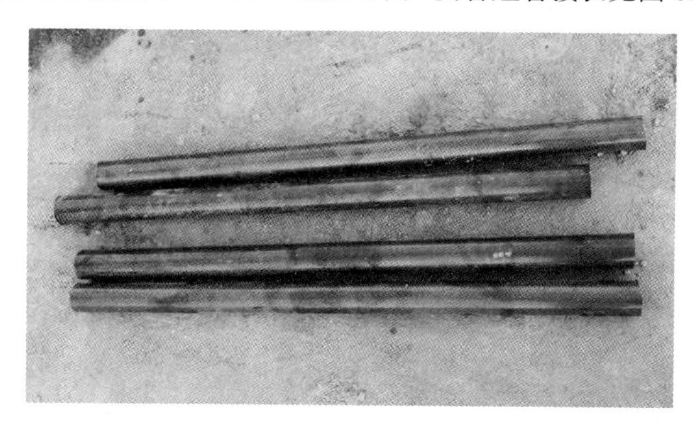

图 6.2-36 调节声测管短管

图 6.2-37 加设调节声测管短管

（2）完成声测管整体接长安装后，为增强接长声测管与接长主筋的牢固连接，加焊固定弯钩并增加钢丝绑扎，确保声测管自笼底至地面竖直固定，后续连同钢筋笼整体吊装更稳固，具体固定形式见图 6.2-38、图 6.2-39。

7. 孔口声测管内注水、声测管下放到位并固定

（1）在孔口处往声测管内注入清水，检查声测管畅通情况，现场操作见图 6.2-40。

（2）声测管内灌满水后，采用吊车通过接长声测管连接整体桩身钢筋笼吊放至孔口位置处，在接长主筋的闲置吊耳处穿杠挂于护筒上，具体见图 6.2-41。

8. 安放导管、灌注混凝土成桩

（1）现场根据孔深确定配管长度，缓慢下放混凝土灌注导管，导管居中下放，避免因导管歪斜或大幅度晃动导致触碰破坏声测管。

图 6.2-38　加焊弯钩固定接长声测管

图 6.2-39　接长声测管和接长主筋绑扎

图 6.2-40　声测管内注水

图 6.2-41　吊耳穿杠挂于护筒上

（2）浇灌混凝土前，测量孔底沉渣，进行二次清孔，清孔时注意对声测管的保护。

（3）混凝土灌注采用水下导管回顶灌注法，灌注方式根据现场条件，可采用混凝土罐车出料口直接下料，或采用灌注斗灌注；拆卸导管时注意缓慢操作，保证对声测管进行有效保护。

（4）完成灌注桩身混凝土后，起拔护筒，全程缓慢操作，避免护筒起拔时碰撞使声测管断裂。

6.2.9　材料与设备

1. 材料

本工艺所用材料、配件主要为钢筋、钢板、声测管、二氧化碳气体保护焊丝、钢丝等。

2. 设备

本工艺现场施工主要机械设备见表 6.2-1。

主要机械设备配置表　　表 6.2-1

名称	型号	参数信息	备注
二氧化碳气体保护焊机	NBC-350A	额定电流 35A、电压 31.5V	制作提升安装笼架、接长主筋等
钢筋切断机	GQ40	电机功率 2.2/3kW	制作接长主筋、钢筋笼等
型钢切割机	J3G-400A	功率 2.2kW	制作"田"字形提升安装笼架
剥肋滚压直螺纹机	GHG40	主电机功率 4kW	制作钢筋笼
履带起重机	SCC550E	最大额定起重量 55t	定位吊装接长声测管、钢筋笼等

6.2.10 质量控制

1. "田"字形提升安装笼架制作

(1) 严格根据桩径计算尺寸制作"田"字形提升安装笼架，4 个吊眼开孔位置保证对称分布，避免由于吊孔位置偏差导致起吊时笼架不平衡出现歪斜情况，影响声测管接长定位安装及钢筋笼整体起吊。

(2) 二氧化碳气体保护焊焊接操作前，对供气系统、焊材及钢板焊缝位置处进行检查，确保预热器、干燥器、减压器及流量计能够正常工作，电磁气阀灵活可靠，焊丝外表光洁、无锈迹、油污和磨损。

(3) 施焊过程中掌握焊接速度，防止未焊透及出现气孔、咬边等焊接缺陷。

(4) 完成焊接操作后关闭设备电源，用钢丝刷清理焊缝表面，目测观察焊缝表面是否有气孔、裂纹、咬边等缺陷。

(5) 完成制作的"田"字形提升安装笼架放置于项目平整场地或仓库内备用，可堆叠摆放，但注意不宜堆叠过高，防止倒塌造成笼架变形损坏。

2. "接长主筋＋接长声测管"绑扎组合制作

(1) 接长声测管套筒连接处应光顺过渡，并保证焊缝密实牢固，如发现焊缝缺陷情况，及时补焊开焊、漏焊部分。

(2)"接长主筋＋接长声测管"组合钢丝通长绑扎不宜太紧，以免后续声测管对接时不便于进行方向调整。

(3) 接长主筋底部的临时固定弯钩须保证焊接质量，并将接长声测管底端牢牢插入弯钩，确保起吊时声测管能够"稳坐"于弯钩上不致脱落。

3. 起吊定位安装接长声测管

(1)"田"字形提升安装笼架 4 个吊眼中插入的卸扣紧紧锁死，保证起吊稳固，防止因卸扣松开导致提升连接被切断，造成整体吊运失效。

(2) 声测管底部密封，完成管体全长绑扎并接长至地面后加盖封闭上口，以免落入杂物致使孔道堵塞，影响超声波检测。

(3) 接长声测管与钢筋笼主筋上声测管对接安装并完成焊接后，在接长主筋与接长声测管上增加钢丝绑扎及弯钩焊接固定，确保声测管自笼底至地面竖直固定，后续连同钢筋笼整体吊装更稳固。

6.2.11 安全措施

1. "田"字形提升安装笼架制作

(1) 制作主材钢板厚重，搬运时注意不要碰撞倾倒，以免出现伤人事故。

（2）制作“田”字形提升安装笼架的焊接作业人员佩戴专门的防护用具（如焊帽、防护罩、护目镜、防护手套等绝缘用具），并按照相关规程进行操作。

（3）二氧化碳气瓶竖立固定放置于距离热源大于3m的地方，气瓶阀门处不得有油污和灰尘，开启气瓶阀门时，不得将脸靠近出气口。

2.“接长主筋+接长声测管”绑扎组合制作

（1）采用二氧化碳气体保护点焊时，不得观看焊嘴孔，不得将焊枪前端靠近脸部、眼睛和身体，不得将手指、头发、衣服等靠近送丝轮等回转部位。

（2）在可能引起火灾的场所附近焊接时，备有必要的消防器材。

（3）接长主筋顶端的两个吊耳焊接密实牢固，保证焊缝质量，以防起吊过程中“接长主筋+接长声测管”绑扎组合脱落砸下导致伤人事故。

3. 起吊定位安装接长声测管

（1）现场施工作业面需进行平整压实，并设专人现场统一指挥，无关人员撤离作业区域，防止吊车通过“田”字形提升安装笼架起吊“接长主筋+接长声测管”绑扎组合至孔口位置时移机发生下陷倾覆伤人事故。

（2）吊车驾驶员和指挥人员严格遵守安全操作技术规程，工作时集中精力，谨慎工作，不擅离职守，严禁酒后操作。

（3）对已完成空桩段声测管接长定位安装的桩孔采取孔口覆盖防护措施，并放置安全标识，防止人员掉入或机械设备陷入事故。

4. 环保措施

（1）严格按现场平面布置要求规划、场容整洁、封闭施工，现场进行有组织抽排水。

（2）制作接长主筋吊耳所用钢材可从现场钢筋笼制作废料中直接取用，充分利用已有物资，提升现场文明施工水平。

（3）完成制作的“田”字形提升安装钢笼架及“接长主筋+接长声测管”绑扎组合应码放整齐，工完料尽，清理恢复，不再使用的材料、工具和机械设备及时清退出场。

（4）搬运钢板、钢材、“田”字形提升安装钢笼架及堆叠“接长主筋+接长声测管”绑扎组合时注意轻放，尽量减少对附近环境的噪声污染，施工场地的噪声应符合《建筑施工场界环境噪声排放标准》GB 12523—2011的规定。

第7章 灌注桩孔内事故处理新技术

7.1 灌注桩回转钻进孔内掉钻磁卡式打捞技术

7.1.1 引言

1. 大直径超深灌注桩回转钻进工艺

当灌注桩直径大于2000mm、孔深超过80m、桩底嵌入深厚硬岩时，受钻孔护壁、硬岩钻进噪声、钻孔垂直度控制等各方面的影响，常常选择采用大型液压回转钻机泵吸反循环钻进工艺。回转钻机由动力装置控制钻机转盘转动，带动钻头切削地层，采用泥浆泵吸反循环排渣，具有钻进速度快、孔底沉渣少、成桩质量好等特点。反循环回转钻进时，钻机通过钻杆传递钻压和扭矩，通过钻头切削地层、泵吸排渣钻进；钻进时，在孔口逐节加长钻杆，钻杆采用厚壁式专用钻杆，钻杆间采用螺纹丝扣连接。河北邯郸田野牌回转钻机钻进见图7.1-1，钻杆孔口接长及钻杆连接丝扣见图7.1-2、图7.1-3。

图7.1-1 反循环回转钻机钻进成孔

图7.1-2 回转钻进钻杆孔口接长

2. 大直径超深灌注桩回转钻进孔内掉钻事故

对于超深孔钻进，尤其是桩底嵌入岩层强度高、入岩深度大时，随着钻进成孔的时间增长，超长钻杆的受力逐渐加大，加之丝扣连接时受泥浆中砂粒的影响，钻杆的螺纹丝扣容易受到磨损、变形或局部损坏；或当钻进速度太快与孔内地层不匹配时，则容易造成钻杆丝扣的松动，至一定程度后引起钻杆在连接丝扣处脱落，或孔内钻杆连同钻杆的连接丝扣一并扭断而脱落，具体孔内掉钻工况见图7.1-4。

图 7.1-3　回转钻进钻杆连接丝扣

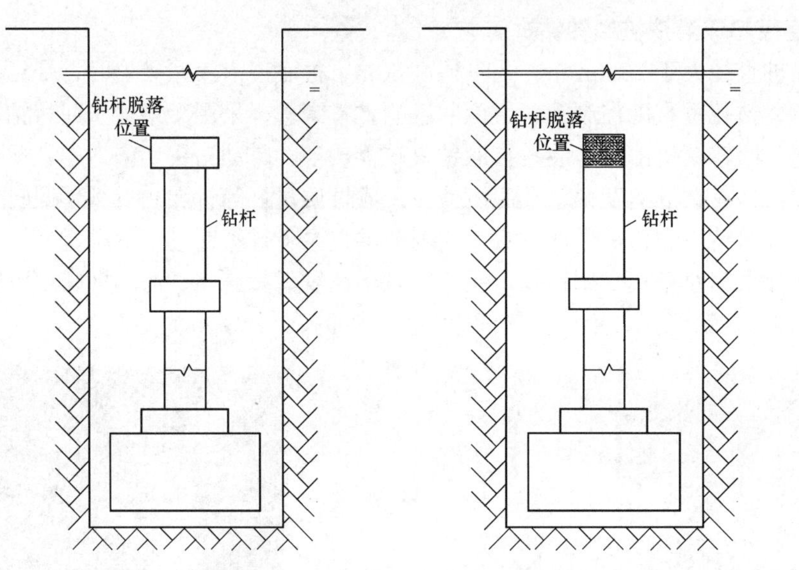

图 7.1-4　回转钻进钻杆掉落示意图

3. 大直径超深灌注桩回转钻进孔内掉钻事故处理方法

遇到超深孔回转钻进中钻杆与钻头一并脱落的情况，常见的处理方法有打捞钩打捞、潜水员下水打捞、报废处理。

图 7.1-5　钻杆孔内打捞钩

(1) 打捞钩打捞

打捞钩底部为带弯钩状，打捞钩为刚性体，其通过弯钩卡挂住掉落钻杆的接头处，再将钻杆提起，打捞钩具体见图 7.1-5。由于掉落的钻杆也为刚性结构，打捞钩在孔内错位后相互难以钩挂上，超深孔上下打捞器耗费时间长，打捞成功概率低。

(2) 潜水员下水打捞

此种打捞方法打捞速度快，但危险性

较大，尤其当钻孔深度超过 50m 时，潜水员在孔内泥浆中承受压力太大，难以实施下潜打捞。潜水员入孔打捞见图 7.1-6。

图 7.1-6 潜水员下潜打捞

（3）报废处理

在各种打捞办法无效时，对掉钻钻孔进行设计变更，对原桩孔进行报废回填处理，掉落的钻具不再打捞，并在桩位附近重新进行补桩（用 2 根桩代替），加大桩基承台；该方法将大大增加施工成本，延误工期，掉落的钻具经济损失大。

4. 灌注桩回转钻进孔内掉钻磁卡式打捞法

针对上述打捞方法存在的问题，项目组对灌注桩回转钻进孔内掉钻打捞施工技术进行了研究，发明了一种新型磁卡式打捞装置，通过钢丝绳将带磁铁的卡式打捞器放入孔内，通过磁铁将打捞器吸附在孔底钻杆上，再采用提拉钢丝绳调整打捞器位置，并准确卡住孔内掉落钻杆的凸起部位，与脱落的钻杆建立起新的连接，从而实现孔内掉钻的打捞，达到精准快速、安全可靠、降低事故处理成本的效果。

7.1.2 孔内掉钻打捞技术路线

1. 脱落钻杆打捞设想

回转钻机钻杆掉落是由螺纹丝扣连接失效造成的，设想如果能重新使打捞器与钻杆连接，则能将孔内钻杆顺利打捞出孔。为了实现掉落钻杆的精准打捞，我们从以下主要技术路线考虑：

（1）卡式打捞器设计

由于钻杆是钢质的，接头连接部位为凸起状，为此我们设计一个卡式打捞器，使打捞器卡住钻杆凸起部位。

（2）钢丝绳安放打捞装置

利用钢丝绳的弹性克服类似打捞钩的刚性连接安放打捞装置，钢丝绳具有较高的抗拉强度、抗疲劳强度和冲击韧性，并具有耐磨、稳定性好的特点；打捞时通过卸扣把钢丝绳与打捞器弹性连接在一起，以实现钢丝绳的顺利安放。

（3）磁性精准定位

拟在卡式打捞器上安装磁铁，利用磁铁的强磁性快速接近孔内脱落的钻杆，并吸附在孔内脱落钻杆杆体上，通过提拉钢丝绳打捞器将钻杆的接头处卡住。

2. 打捞器结构设计

根据以上技术路线，我们设计出专用的磁卡式打捞装置，打捞器由一根弹簧钢条、两个弹簧钢块、两个磁铁块组成；上部钻一个吊孔，方便吊装使用，使用时通过卸扣将钢丝绳和打捞器连接在一起。

打捞器结构见图 7.1-7，打捞器实物见图 7.1-8。

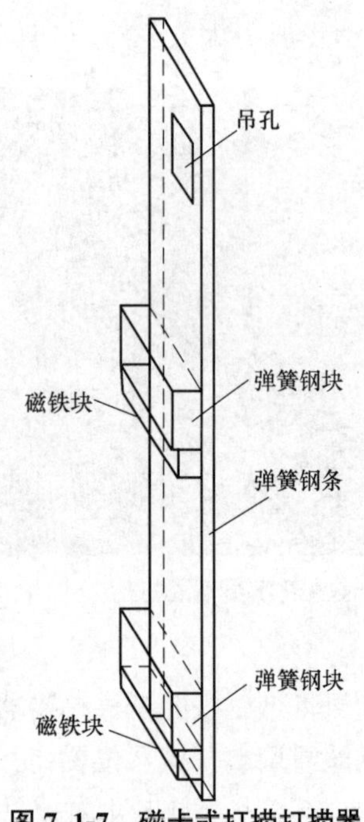

图 7.1-7 磁卡式打捞打捞器

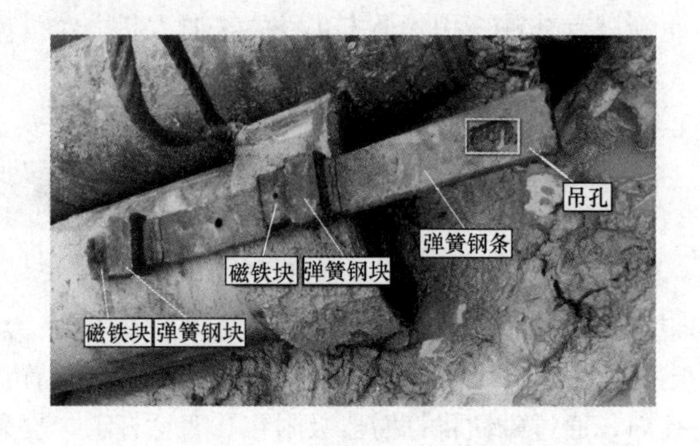

图 7.1-8 磁卡式打捞器实物

3. 打捞器设计尺寸

（1）回转钻杆技术参数

以河北邯郸田野牌回转钻机为例，直径 2000mm 灌注桩施工所用回转钻机的钻杆外径 275mm，钻杆接头处外径 335mm，接头凸起部分长度 200mm，钻杆接头见图 7.1-9。

（2）磁卡式打捞装置设计

依据钻杆的尺寸，对打捞器弹簧钢条、弹簧钢块和磁铁块进行设计和加工。弹簧钢条设计长度约 600mm、宽度 90mm、厚度 14mm；钢条上部开设一个吊孔，开孔大小 35mm×38mm，吊孔距离上端部位 35mm。弹簧钢块设计长度 90mm、宽度 50mm、厚度 30mm，两个弹簧钢块间距约 225mm。磁铁块设计长度 90mm、宽度 10mm、厚 25mm，具体尺寸见图 7.1-10。

4. 打捞器材质选择

（1）打捞器材料

考虑到孔内掉落的钻杆与钻头的重量大，一般材质的打捞器在提拉过程中可能会发生变形或者断裂，无法实现打捞。为此，我们选择采用汽车弹簧钢板作为打捞器的用材，弹簧钢板具有抗拉强度高、弹性极限高、疲劳强度高的特点，可确保打捞器的完好。弹簧钢板制作打捞器见图 7.1-11。

（2）磁铁

磁铁选择强磁材料，确保磁效，强磁为 N35～N52，密度为 7.5～7.6g/cm^3，表面镀层黑色环氧树脂，符合环保要求。强磁见图 7.1-12。

7.1.3 工艺特点

1. 打捞精准

使用本打捞方法，只需将打捞器沿稍靠近孔壁一侧放入孔内，然后向钻杆移动，打捞

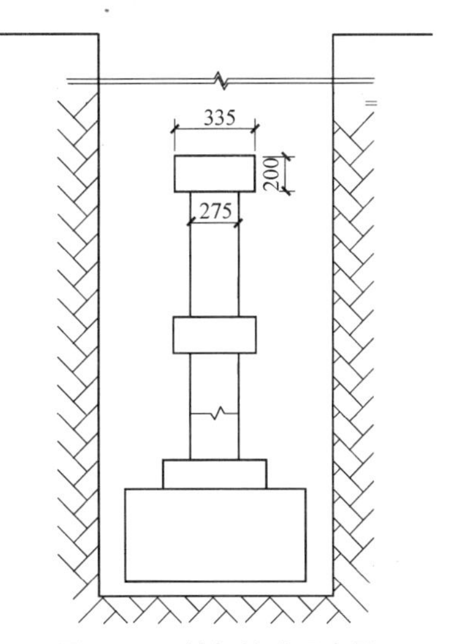

图 7.1-9　钻杆接头示意图

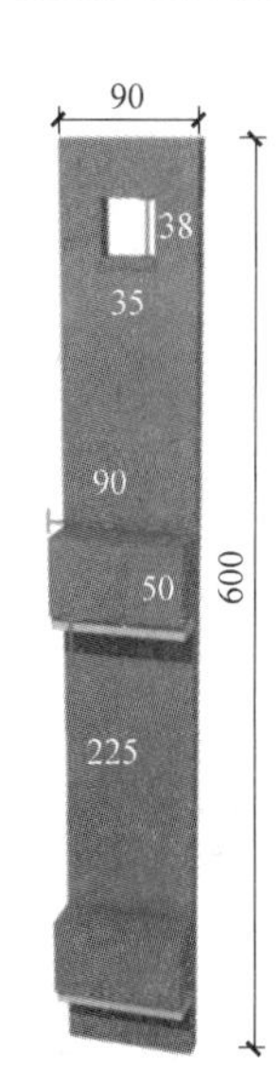

图 7.1-10　现场施工打捞器设计（mm）

图 7.1-11　弹簧钢板制作打捞器

器依靠磁铁产生的磁性会自动吸附在钻杆上，然后缓慢向上提拉钢丝绳，使打捞器卡住脱落钻杆接头凸出部位，实现打捞器与脱落钻杆的重新连接，确保精准快速实现打捞。

2. 结构简单

本工艺所述的打捞器结构简单，使用材料获取容易，现场制作简便。

3. 安全性高

本工艺所述的打捞器采用卡式结构，通过强力磁铁在孔内与掉落的钻杆重新建立连接，不需要潜水员下水作业，安全性较高。

图 7.1-12　打捞器强力磁铁

4. 成本低

打捞器由弹簧钢条、弹簧钢块和磁块组成，制作费用低；打捞器卡住钻杆后，通过钻机将脱落钻杆提升出孔，不需要进驻大型机械，使用成本低。

7.1.4　适用范围

适用于灌注桩回转钻进孔内钻杆脱落打捞，适用于直径 2000mm、孔深不大于 80m 的灌注桩打捞。

7.1.5　打捞工艺流程

回转钻进孔内掉钻磁卡式打捞工艺流程见图 7.1-13。

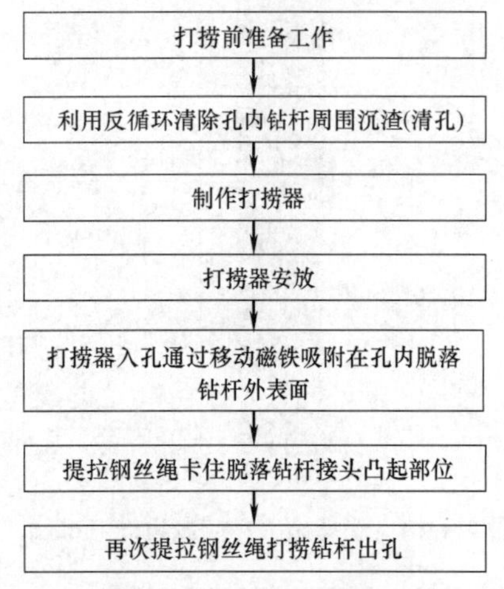

图 7.1-13　回转钻进孔内掉钻磁卡式打捞工艺流程图

7.1.6　工序操作要点

1. 打捞前准备工作

（1）掌握孔内掉钻的详细情况，包括事故经过、钻杆型号、掉落位置等。

（2）准备打捞材料，包括钢丝绳、弹簧钢块、弹簧钢条、磁铁块、卸扣等。

2. 利用反循环清除孔内钻杆周围沉渣（清孔）

（1）测量孔内实际深度，与掉落钻具时的钻进位置进行比对，摸清孔内沉渣厚度。

（2）调制好清孔泥浆，采用空压机形成气举反循环清孔，将孔内覆盖钻具的渣土清除干净。

（3）清孔至掉落钻具全部露出为止，并尽可能往下清理孔内沉渣，为打捞减少阻力。

3. 制作打捞器

（1）对掉落桩孔内的钻杆情况进行现场调查，摸清钻杆相关的各项技术参数和指标。

（2）根据桩孔直径及钻杆直径的大小，按照打捞器结构设计制作相应规格的打捞器，并用卸扣将钢丝绳与打捞器固定，见图 7.1-14、图 7.1-15。

图 7.1-14　打捞器现场制作

图 7.1-15　钢丝绳与打捞器固定

4. 打捞器安放

（1）沿孔内稍靠近孔壁一侧缓慢下放打捞器，以避免磁铁磁性影响打捞器就位，具体见图 7.1-16。

（2）打捞器卡位的选择：综合前述孔内钻杆脱落形式及图 7.1-4 工况分析，若使打捞器卡在钻杆断点处第一处凸起位置，则会导致打捞器在提拉过程中由于上部磁铁无吸附点，当钢丝绳上拉时如发生稍微的偏斜，则打捞器重心容易偏移而滑脱出卡点，造成打捞失败，具体工况分析见图 7.1-17。因此，经以上分析，将打捞器卡位点选在上、下磁铁块有效吸附的钻杆凸起节点处，见图 7.1-18，实际打捞工况见图 7.1-19。

5. 打捞器入孔通过移动磁铁吸附在孔内脱落钻杆外表面

（1）打捞器下放至孔内测定深度后，将打捞器向钻杆方向即孔内中心点位置移动，直至打捞器吸附在孔内脱落钻杆外表面。

（2）打捞器是否吸附在钻杆上，可通过适当放松钢丝绳，感测到打捞器停止下降来判断。具体见图 7.1-20。

6. 提拉钢丝绳卡住脱落钻杆接头凸起部位

（1）如判断确切吸附后，可适当轻提钢丝绳，将打捞器扶正。

（2）继续提拉钢丝绳，直至打捞器卡位至孔内脱落钻杆接头卡点处，并精准卡住凸起位置，具体见图 7.1-21。

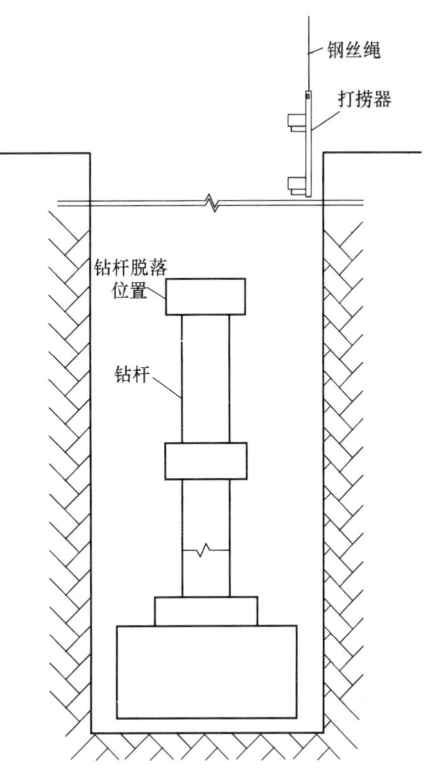

图 7.1-16 靠近孔壁一侧下放打捞器

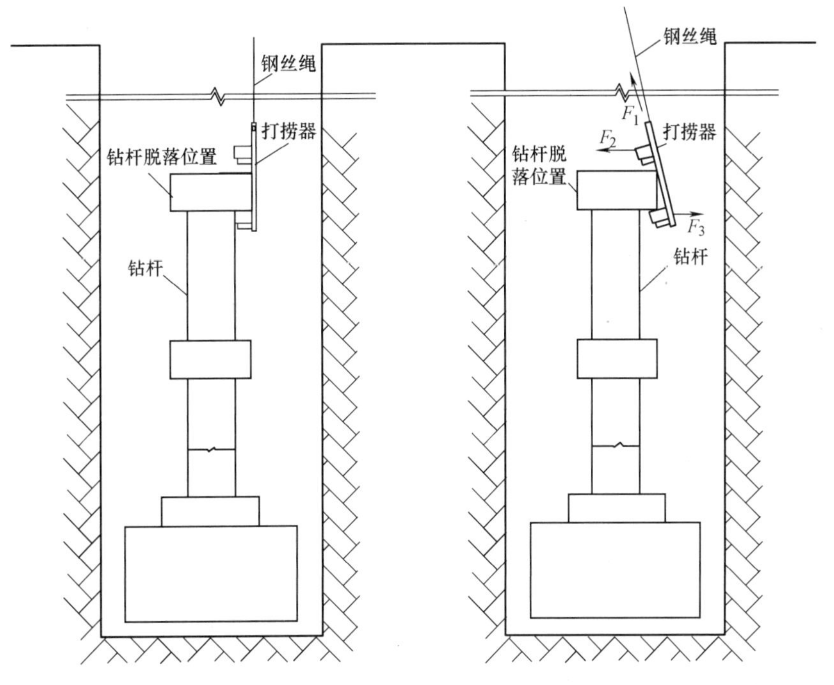

图 7.1-17 打捞器卡在钻杆断点凸起位置受拉时容易脱落工况分析示意图

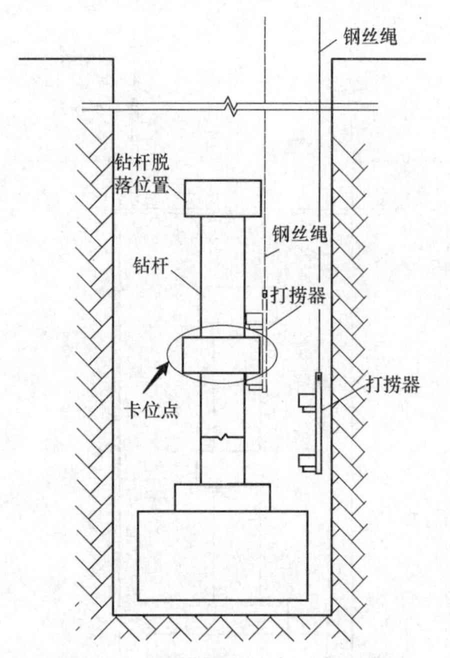

图 7.1-18　打捞器有效卡位点示意图

图 7.1-19　磁卡式打捞器实际打捞卡位

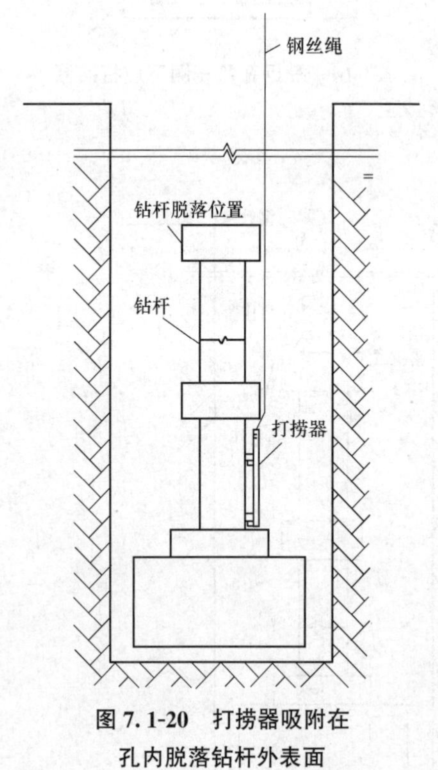

图 7.1-20　打捞器吸附在孔内脱落钻杆外表面

7. 提拉钢丝绳打捞钻杆出孔

(1) 提拉钢丝绳，若钢丝绳拉力变大，表明打捞器卡位成功；若钢丝绳拉力无变化，反复重复操作，或变换入孔位置，直到打捞器将钻杆对接。

(2) 打捞器卡位后，继续提升钢丝绳，直至将脱落钻杆提拉松动，并缓缓上提至孔口，打捞出孔见图 7.1-22。在孔口将钻杆与打捞器分离，打捞任务顺利完成。

7.1.7　材料与设备

1. 材料

本工艺所用材料及器具主要为弹簧钢条、弹簧钢块、磁铁块、钢丝绳、卸扣等。

2. 设备

本工艺现场施工主要机械设备见表 7.1-1。

7.1.8　质量控制及安全措施

1. 质量控制措施

(1) 打捞器下入桩孔前，充分清除钻具上覆盖的沉渣，不得急于开始打捞，否则容易出现打捞器难以卡住钻杆凸起位置的情况，影响处理效率。

(2) 清除孔内掉落钻具沉渣时，连接管路密封良好。

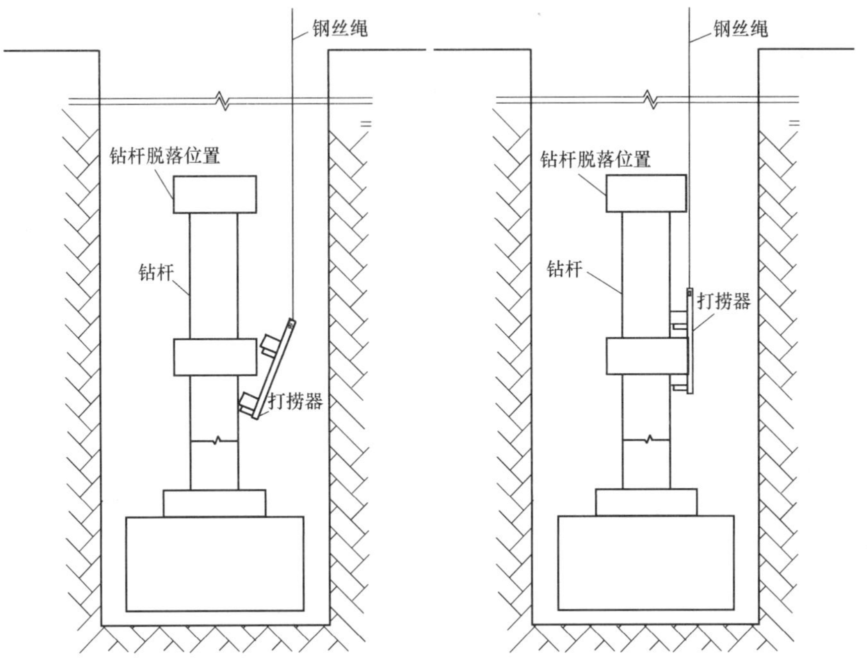

图 7.1-21 打捞器精准卡住孔内脱落钻杆接头凸起部位

图 7.1-22 打捞器将孔内脱落钻杆提升出孔

主要机械设备配置表 表 7.1-1

名　称	型　号	技术参数	备　注
全液压履带式反循环钻机	BXY500	功率 347kW	钻进
泥浆泵	3PN	流量 $54m^3/h$	抽渣、排浆
空气压缩机	90SDY	排气量 $13m^3/min$	清渣

（3）打捞器严格按照孔内钻具的尺寸制作，否则可能出现打捞器无法卡住钻杆凸起位置的情况，加长事故处理时间。

（4）打捞器制作完成后放置在平整的场地上，以免因碰撞等产生纵向变形和局部压曲变形，影响实际打捞效果。

（5）打捞过程中加强孔内泥浆水头高度控制，并保持性能良好，防止掉落的钻杆在脱离孔底地层时出现塌孔情况，以确保孔壁稳定。

（6）钻杆提出桩孔置于地面后，用清水冲刷干净，并仔细检查钻杆和钻头，及时修复。

2. 安全措施

（1）制作打捞器的焊接作业人员按要求佩戴专门的防护用具（如防护罩、护目镜等），并按照相关操作规程进行焊接操作；使用前，检查打捞器的完好状态，所有焊缝牢靠。

（2）连接打捞器的钢丝绳根据脱落钻杆和钻头的重量合理选择，并留有足够的提升能力。

（3）打捞时现场操作由具备丰富经验的机手完成，无关人员撤离现场。

（4）采用气举反循环清孔时，空气压缩机管路中的接头采用专门的连接装置，所有连接气管（或设备）绑牢，以防加压后气管冲脱摆动伤人。

7.2　灌注桩导管堵管振动起拔处理技术

7.2.1　引言

在钻孔桩灌注桩身混凝土时，由于混凝土坍落度过小、混凝土待料时间过长、导管埋管过深等原因，往往会发生灌注导管堵管现象，此时如不及时处理将造成灌注事故。

当遇到灌注堵管时，一般会发生如下两种堵管情况，一是灌注导管仍可以提动，导管内混凝土无法正常灌入；此时现场会采取不拔出导管而反复上下提动导管，试图通过冲振力来解除堵管；这种方法在堵塞严重的情况下往往没有效果，且在上提抖动导管时若操作不甚容易将导管底提离混凝土面造成断桩。二是灌注导管无法提升，被混凝土抱死而卡住；此种情况通常采取增大对导管的提升力，或辅助采用多台吊、液压回顶导管等办法，但往往难以奏效。

导管堵管是在灌注桩身混凝土时常见的质量通病，灌注时管控方面存在疏漏，较易发生。针对上述出现的导管堵管现象，设计制作出一种振动起拔器处理导管堵管，其主要是基于振动锤的强大激振作用，通过振动锤与灌注导管直接连接，在启动振动锤后利用产生的高频激振力，使导管内管的混凝土发生泌水或液化，以迅速解除导管堵管，保证后续正常灌注施工，达到处理高效、安全可靠、减少损失的效果。

7.2.2　工艺特点

1. 处理高效

振动锤与灌注导管通过导管接头刚性连接，激振器产生的高频激振力直接作用于导管，再通过导管传递至混凝土，导管和混凝土产生共振后，混凝土出现泌水现象，导管与混凝土间的侧摩阻力迅速减小，使灌注导管与混凝土从卡堵状态过渡到瞬间分离状态，迅速解除堵管。

2. 操作简便

当发生堵管时，卸掉料斗，换上事先准备好的振动锤导管装置即可实施堵管解除作业，现场操作简便。

3. 降低浪费

采用本装置处理堵管，大大降低了出现导管堵塞（卡管）事故后会发生的施工暂停和人、料、机的浪费，更避免了断桩造成的重大经济损失。

7.2.3 适用范围

适用于灌注桩身混凝土时初期发生导管堵管的处理。

7.2.4 振动器结构

该振动起拔器由液压高频振动锤及灌注导管接头组成。

1. 振动锤

振动锤通过动力源使液压马达作机械旋转运动，从而实现振动箱每组成对的偏心轮以相同的角速度反向转动；这两个偏心轮旋转产生的离心力，在转轴中心连线方向上的分量在同一时间将相互抵消，而在转轴中心连线垂直方向的分量则相互叠加，并最终形成激振力。

在振动锤的底部设置法兰，法兰通过螺栓连接灌注导管接头。振动锤底部接头及所连接的灌注导管直径一般为 255mm 或 300mm，选择使用 DJ95 或 DJ150 液压高频振动锤，采用 YZN 系列耐振电动机驱动。振动锤见图 7.2-1。

2. 导管接头

导管接头直接与振动锤底部法兰通过螺栓连接，为振动锤连接孔内灌注导管的转换接头装置，接头大小通过振动锤底部法兰大小调节，导管直径选择 255 或 300mm，接头长度一般 600mm。导管短接头见图 7.2-2。

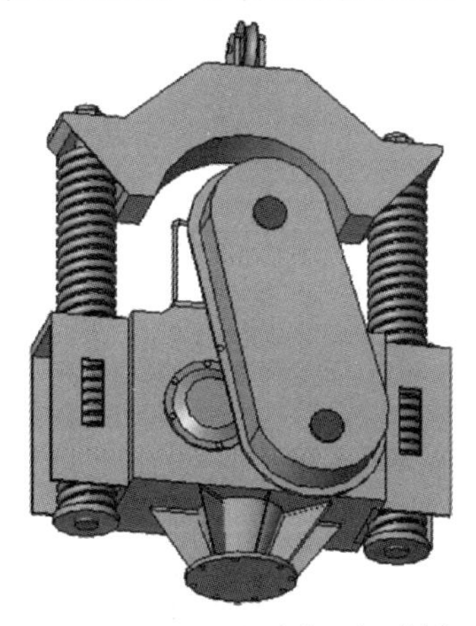

图 7.2-1 DJ 系列液压振动锤

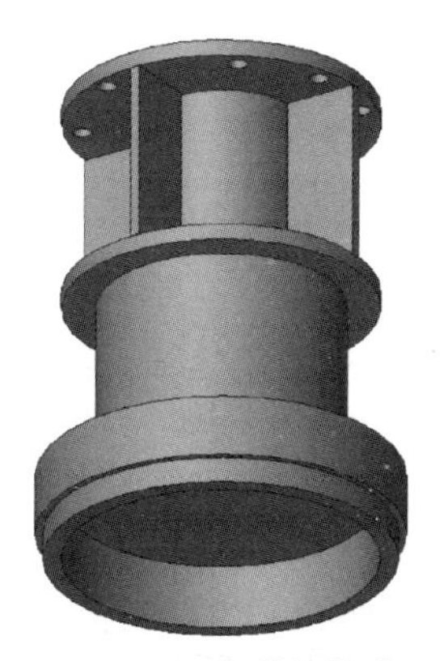

图 7.2-2 导管短接头

7.2.5 工艺原理

本工艺所述的导管堵管振动装置是将振动锤产生的振动，通过与振动锤联成一体的导

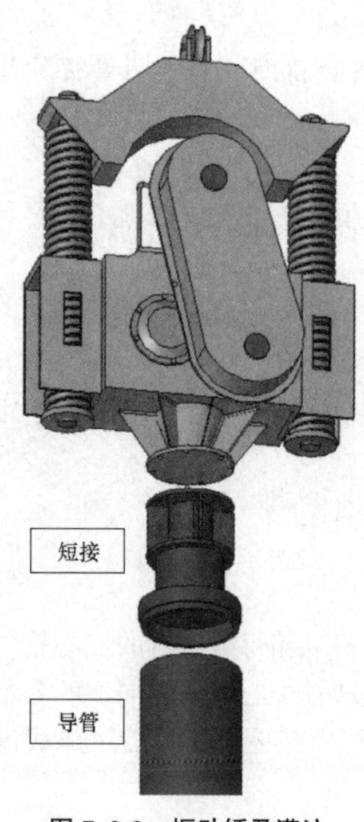

图 7.2-3 振动锤及灌注导管连接示意图

管短接头直接传递至发生堵管的灌注导管，使导管产生高频振动。振动锤是利用共振理论设计的，发生堵管时启动振动锤，当灌注导管与混凝土产生共振时，混凝土的振幅逐渐达到最大值，足够的振动速度和加速度能迅速削弱导管和混凝土间的粘结力，导管与混凝土间的侧摩阻力迅速减小，使灌注导管与混凝土从压紧状态过渡到瞬间分离状态，此时导管逐渐松动并快速解除堵管状态。振动锤装置连接见图 7.2-3、图 7.2-4。

7.2.6 施工工艺流程

采用振动锤装置处理导管堵管工艺流程见图 7.2-5。

7.2.7 工序操作要点

1. 灌注桩发生堵管

（1）灌注桩身混凝土过程中，派专人定期测量孔内、导管内混凝土面标高。

（2）当发生灌注斗内混凝土下料不畅时，结合孔内灌注监测数据，准确判断发生堵管情况。

2. 拆卸孔口灌注料斗

（1）当发生灌注导管堵管后，立即暂时中断灌注，拆卸孔口灌注斗，并将导管连接部位清洗干净。

（2）拆卸灌注斗的同时，派专人做好使用振动锤装置的准备，见图 7.2-6。

3. 连接振动锤装置

（1）采用吊车将振动锤吊至孔口，并迅速与孔内导管连接。

图 7.2-4 施工现场振动锤装置

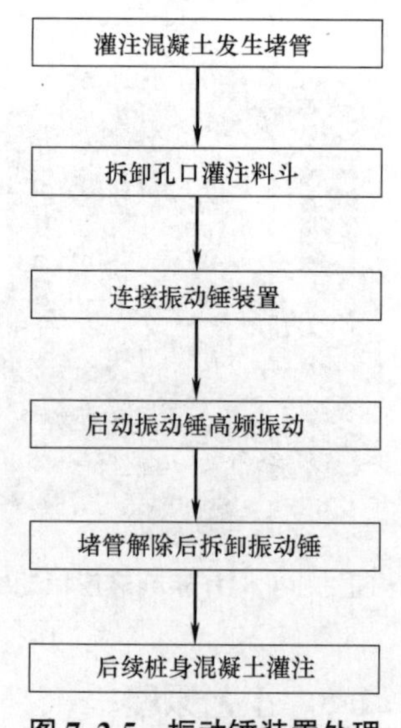

图 7.2-5 振动锤装置处理导管堵管工艺流程图

（2）起吊作业时，派专人指挥操作，确保作业安全。

4. 启动振动锤高频振动

（1）孔口连接振动锤装置后，检查电源线连接，确保安全状况下启动振动锤装置。

（2）启动振动锤装置后，保持起吊的垂直状态，确保振动力的直线传递，以达到振动的最佳效果。

（3）振动锤启动过程中，保持原位振动 30s，然后可以采用边振动边同时吊车向上提拉，当导管堵管解除后即可松动导管。

（4）振动锤调频振动时，派专人观察、监测孔内和导管内混凝土面位置的变化。

图 7.2-6　振动锤导管装置

5. 堵管解除后拆卸振动

（1）判断堵管解除后，及时拆卸振动锤导管装置。

（2）拆卸振动锤装置后，根据灌注情况，或中止灌注，或及时安排灌注料斗，继续后续桩身混凝土灌注。

第 8 章　绿色施工新技术

8.1　洗车池污泥废水一站式绿色循环利用技术

8.1.1　引言

为防止工地车辆污染市政道路，所有工地需配备洗车池对驶出工地的车辆进行冲洗。对于基坑土方开挖、灌注桩基础工程，其施工过程中产生大量钻渣以及基坑土外运导致泥头车频繁进出工地，尤其是雨期，对车辆清洗会产生的大量污泥废水。

目前，对于洗车产生的污泥废水普遍处理方式是采用在洗车池旁设置三级沉淀池，通过物理沉淀实现污泥废水的净化，再将沉淀后的水排入市政管道。这种处理方式需要定期对沉淀在沉淀池内的污泥废浆清理、外运，增加了泥浆外运的费用。由于这种处理方式净化速度慢，尤其在雨期净化效果不理想，直接排放则会导致市政管道污染。

针对这一问题，项目课题组开展了“洗车池污废一站式绿色循环综合利用技术”研究，将洗车产生的污泥废水在进行三级沉淀池预处理后，经专用的压滤系统实现固液分离，压滤处理后的清洁水可在现场循环利用，而废泥渣则被减量化压缩为塑性的泥饼，可直接装车外运。该工艺有效处理了项目现场洗车产生的污泥废水，使水资源得到了循环利用，泥渣减量化外运，处理方法绿色环保，取得了良好的社会效益和经济效益。

8.1.2　工艺特点

1. 现场就地处理

本工艺配合现场三级沉淀池就近设置压滤机，污泥废水经压滤处理后的清水循环利用，就地解决洗车产生的污废水，避免了大量污水的排放和泥渣的外运。

2. 模块化一站式便捷处理

本工艺设有污泥废水预处理系统、压榨过滤系统以及循环利用系统，除三级沉淀池外，其余均采用集水箱、压榨机等成套循环管路集成化设置，模块化一站式处理使得操作更便捷。

3. 处理效率高

相比于传统的三级沉淀池沉淀的处理方式，本工艺设置厢式压滤机对三级沉淀池预处理后的水进行二次处理，不仅提升了污泥废水的净化效果，净化效率也大大提升。

4. 有利于降低成本

本工艺将污废处理后，清洁水可用于洗车、现场防尘洒水和临时施工用水；压缩的泥饼相比直接运输废泥浆减量化程度高，且含水量低，大大节省了运输成本。

5. 绿色环保无污染

本工艺将污泥废水固液分离之后，泥饼可用于制作环保砖，清洁水可在现场循环使用，完全实现了对污泥废水的无害化循环处理利用，达到绿色、环保、无污染的效果；同时污泥废水的固化也减少了泥浆外运频率，降低了污染市政道路及管路的风险。

8.1.3 适用范围

适用于出土量较大的基坑、泥头车流量大、洗车用水量大的桩基础和土石方项目。

8.1.4 工艺原理

本工艺的目的在于提供一种高效、环保、经济的洗车池污泥废水处理方法，经过沉淀、压榨实现固液分离，达到减量化综合循环利用，旨在解决目前常用的污泥废水处理方式中处理效率低、污染环境等问题。

1. 废泥浆压滤固液分离循环利用处理系统

本工艺所述的处理方法是通过预处理系统、泵压系统、压榨系统将洗车产生的污泥废水进行固液分离，实现污泥废水的绿色处置和循环利用。预处理系统主要利用现场的三级沉淀池，预先对废水进行初步沉淀；泵压系统是利用隔膜泵将沉淀池内的污泥废水输送至厢式压滤机；压榨系统则是用厢式压滤机对污废水进行压榨处理，进而实现污泥废水的固液分离，产生干净的水和塑性的泥饼；处理后的水循环用于洗车或现场洒水降尘等，泥饼则可用于制作环保砖。

洗车池污废一站式绿色循环综合利用处理流程见图 8.1-1。

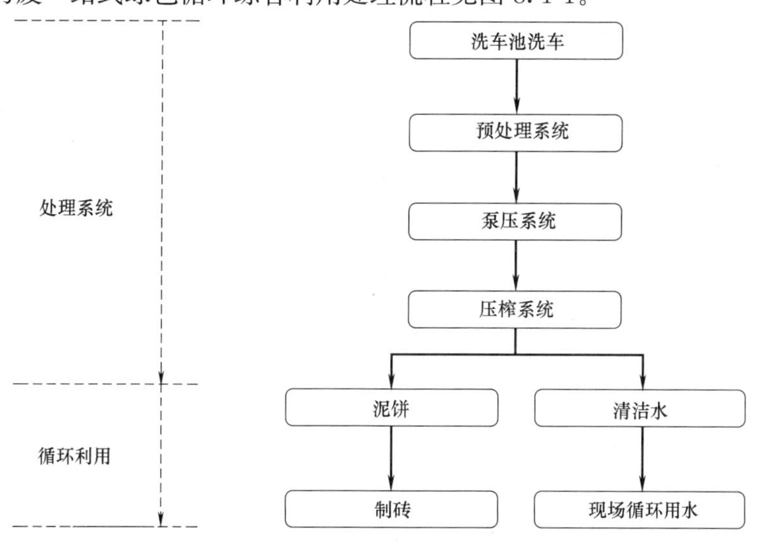

图 8.1-1 洗车池污废一站式绿色循环综合利用处理流程

2. 工艺原理

本工艺原理是将工地现场驶出车辆统一驶至洗车池洗车，洗车产生的污泥废水经沟槽流入三级沉淀池，利用水的自然沉淀作用对污水进行预处理，将废水中的较大颗粒先过滤沉淀；之后，利用隔膜泵将沉淀处理后的废水泵入厢式压滤机进行压榨，将其处理为干净的水和泥饼。

厢式压滤机的压榨由50块整齐排列的直径1200mm滤板和夹在滤板之间的过滤滤布完成，开始过滤时滤浆在进料泵的推动下，经止推板的进料口进入各滤室内，滤浆借助进料泵产生的压力进行固液分离，在过滤滤布和压榨机压力挤压的共同作用下，泥浆中的固体留在滤室内形成滤饼，滤液从出液阀排出；经过约30min压榨、过滤，排出的水存储于清水池中循环利用，压榨出的泥渣成塑性的圆泥饼，其含水率约30%，可直接装车外运，且该泥饼可用于制作环保砖。

洗车池污泥废水压滤固液分离系统处理工艺原理见图8.1-2。

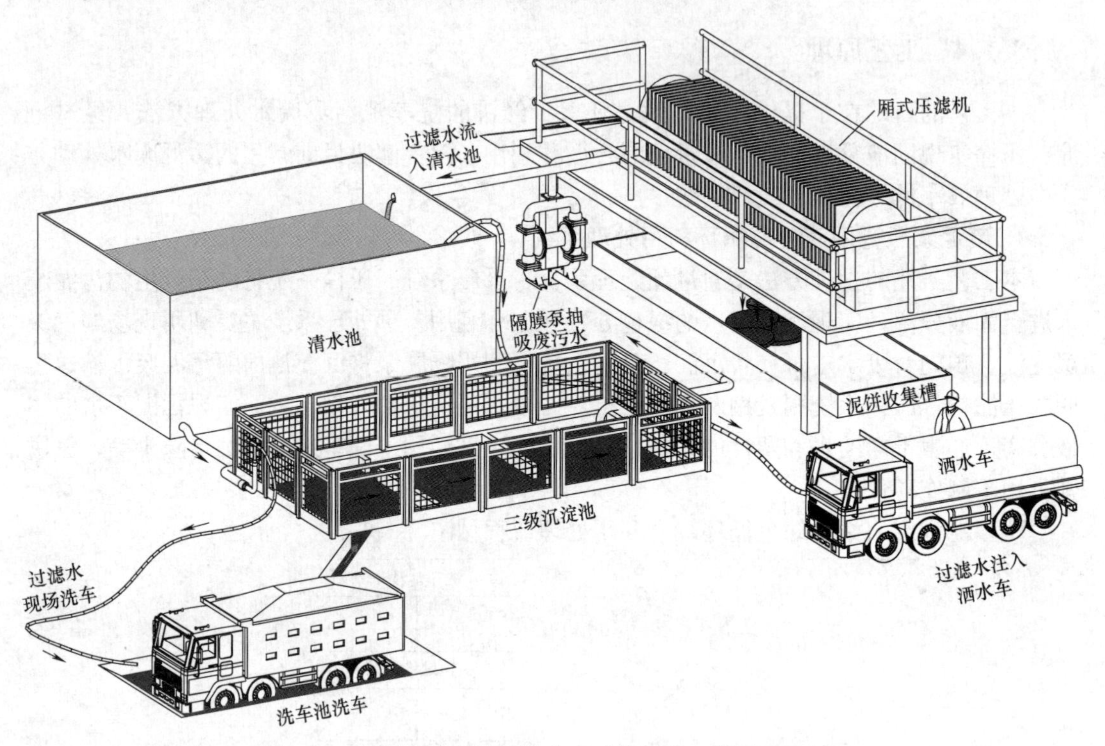

图8.1-2　污泥废水压滤固液分离系统处理工艺原理示意图

8.1.5　施工工艺流程

洗车池污泥废水固液分离循环利用施工工艺流程见图8.1-3。

8.1.6　工序操作要点

1. 洗车池洗车

（1）在工地出入口处设置洗车池，工地车辆统一经洗车池清洗后开离工地现场，见图8.1-4。

（2）洗车采用洗轮机加人工冲洗的方式。

（3）设置专门的排水沟将洗车池与三级沉淀池相连，使污泥废水统一流入沉淀池。

（4）定期检查洗车池内是否有漂浮杂物，并及时清理。

2. 三级沉淀池预处理

（1）开挖三级沉淀池，尺寸为3.0m×2.0m×1.5m，三级沉淀池容量需满足洗车的

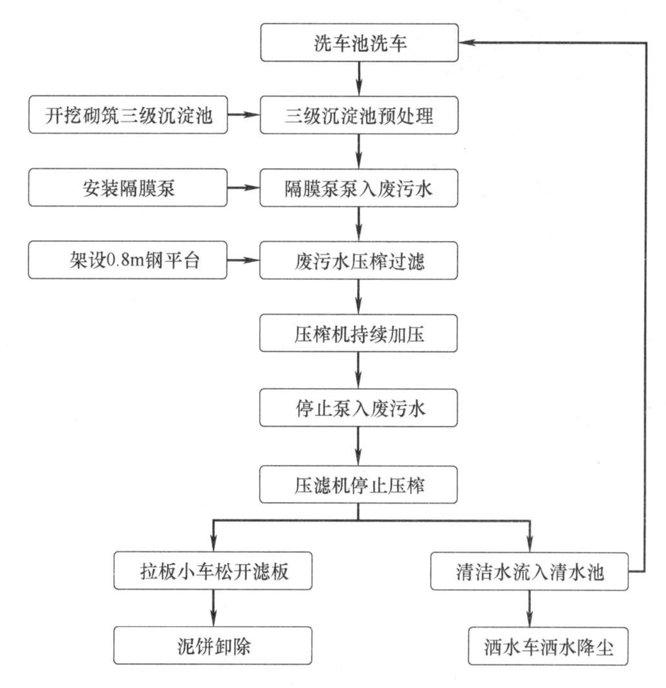

图 8.1-3 洗车池污泥废水固液分离循环利用施工工艺流程图

排水量需求。

(2) 污水流入三级沉淀池后，在重力作用下其中的细粒沉淀至沉淀池底部，三级沉淀池见图 8.1-5。

图 8.1-4 驶出车辆洗车池洗车

图 8.1-5 废污水经排水沟流入三级沉淀池

(3) 三级沉淀池上方铺设 ϕ14mm 单层双向间距为 150mm 的钢筋网片，并在池边四周安设护栏，防止人员跌落。

3. 隔膜泵泵入废污水

(1) 隔膜泵工作时，曲柄连杆机构在电动机的驱动下，带动柱塞作往复运动，柱塞的运动通过液缸内的液体传到隔膜，使隔膜来回鼓动。当隔膜片向传动机构一边运动，泵缸内工作时为负压而吸入液体，当隔膜片向另一边运动时，则排出液体，从而实现废污水的

图 8.1-6　隔膜泵

输送。现场隔膜泵见图 8.1-6。

(2) 本工艺隔膜泵采用 QBY-32，其相关参数见表 8.1-1。

(3) 隔膜泵安装在压榨平台附近，一端与三级沉淀池相连，一端与厢式压滤机进口管相连，具体见图 8.1-7～图 8.1-9。

4. 废污水压榨过滤

(1) 废污水的压榨由厢式压滤机完成，厢式压滤机构造及实物见图 8.1-10、图 8.1-11。

(2) 隔膜泵泵入的污泥废水由 50 块整齐排列的直径 1200mm 的滤板和夹在滤板之间的过滤滤布进行过滤处理，开始过滤时，滤浆借助进料泵产生的压力进入各滤室内进行固液分离，滤液从出液阀经排水板持续排出，为可利用的清洁水，存储于清水池用于现场循环使用；滤渣经压榨变为泥饼，拉板小车逐个拉开滤板后，泥饼自动卸除。

QBY-32 隔膜泵相关参数　　**表 8.1-1**

型号	最大流量(L/min)	最大扬程(m)	出口压力(kgf/cm)	吸程(m)	允许通过颗粒(mm)	最大空气消耗量(m^3/min)
QBY-32	150	70	6	7	4.0	0.6

图 8.1-7　泵抽吸污水入压滤机

图 8.1-8　隔膜泵抽吸污水

图 8.1-9　泵管连接沉淀池

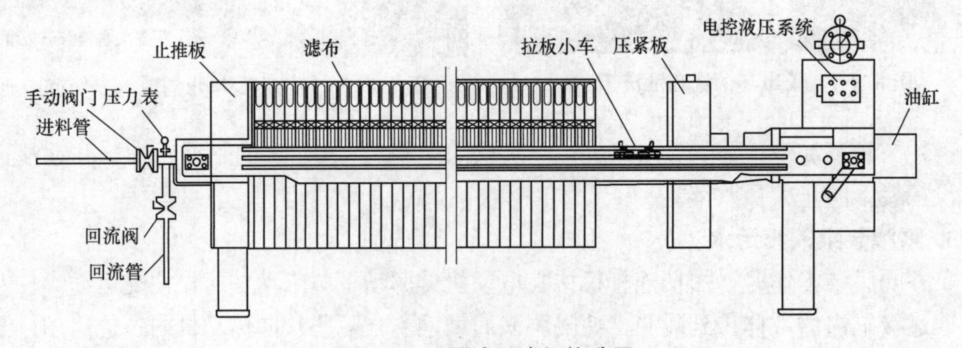

图 8.1-10　厢式压滤机构造图

(3) 现场架设 0.8m 高钢操作平台，厢式压滤机放置在操作平台上，平台设置安全楼梯和封闭的安全护栏见图 8.1-12。

(4) 压榨机下设置砖砌的滤饼收集槽，滤饼排出后落入下方收集槽内，之后装车外运。泥饼收集槽见图 8.1-13。

(5) 厢式压滤机压榨废泥浆，过滤水从出液阀排出沿滤板沟槽流至下方出液管道汇集，之后集中排入清水池；排出的滤液为可利用的清洁水，可供现场循环使用。具体见图 8.1-14、图 8.1-15。

图 8.1-11 现场厢式压滤机

图 8.1-12 钢操作平台

图 8.1-13 泥饼收集槽

图 8.1-14 过滤水流入出液管道汇集

图8.1-15　过滤水经出液管道流入清水池

（6）清水池紧邻厢式压滤机设置，尺寸为3m×2m×1.5m。

5. 压榨机持续加压

（1）根据工艺要求开启洗滤阀门进污废洗滤，持续进压缩空气。

（2）关闭洗滤阀，开启压榨阀，向隔膜滤板的压榨腔继续加压，压榨滤饼，以进一步提高滤饼的固化率。

6. 停止泵入废污水

（1）当压滤机泵压达到2MPa时，停止进料，压力泵油缸加压见图8.1-16。

图8.1-16　压力泵油缸加压

（2）开启放空阀，放空压榨清水后，松开滤板按钮，压紧板后退至适当位置后，按停止按钮，自动退至设定的行程开关处，压紧板自动停止。

7. 拉板小车松开滤板

（1）污泥废水压榨过滤完成后，转动排水板，由拉板小车逐个拉开滤板，滤室内压榨的泥饼实现自动卸除滤饼，见图8.1-17和图8.1-18。

（2）拉板卸料后，残留在滤布上的滤渣清理干净，滤布重新整理平整，开始下一工作循环。当滤布长时间使用受损时，则对滤布进行更换。

（3）经压榨处理后的滤饼含水率约30%，可直接装车运输至加工厂压制成环保砖，进而实现污泥废水的无害化循环利用，卸除后的泥饼见图8.1-19。

8. 清洁水流入清水池循环利用

（1）清水池内的水通过管道注入喷洒车，用作现场喷洒消尘，见图8.1-20、图8.1-21。

（2）清洁水流经增压泵加压后再次洗车，见图8.1-22。

图 8.1-17 拉板小车拉开滤板

图 8.1-18 滤室内泥饼下落

图 8.1-19 完成卸除泥饼

图 8.1-20 清水池连接用水管供循环使用

图 8.1-21 处理后清水池水泵将水压入喷水车

8.1.7 材料和设备

1. 材料

本工艺所使用的材料主要有胶管、钢管、钢板、焊条、螺母、螺栓。

2. 设备

本工艺所涉及设备主要有隔膜泵、厢式圆板型压滤机等，详见表 8.1-2。

主要机械设备配置表　　表 8.1-2

设备名称	型　号	备　注
隔膜泵	GBY-32	泵送废污水
压滤机	厢式压滤机	污水压榨、过滤

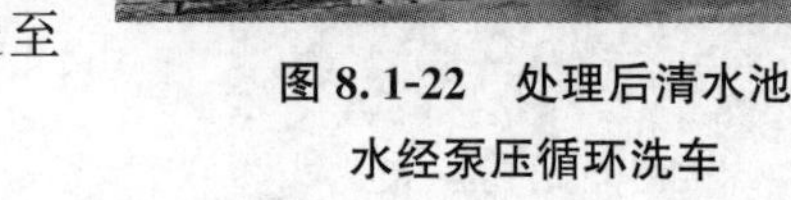

图 8.1-22　处理后清水池水经泵压循环洗车

8.1.8　质量控制

1. 三级沉淀池预处理

(1) 合理设置三级，沉淀池保证预处理效果。

(2) 出水口设置格栅阻隔异物，避免输送至隔膜泵后破坏泵体。

(3) 沉淀池内的污泥定期清理。

2. 压滤机污水压榨过滤

(1) 压滤机机架要求水平，止推板支腿用地脚螺栓固定。

(2) 滤板要求整齐排列在机架上，不允许出现倾斜现象，以免影响压滤机正常使用；过滤滤布保证平整，不能有折叠，否则会出现漏料现象。

(3) 污水压榨过程中控制好压力，掌握好加压处理时间，保证压榨效果。

(4) 对拉板小车、链轮链条、轴承、活塞杆等零件定期进行检查，使各配合部件保持清洁，润滑性能良好，对拉板小车的同步性和链条的悬垂度要及时调整。

(5) 操作人员在每次出泥结束后清洗滤布、滤板，清除上面的残渣，保证泥渣固化率。

8.1.9　安全措施

1. 三级沉淀池预处理

(1) 三级沉淀池上方铺设钢筋网片，四周设置安全护栏，防止人员跌落。

(2) 三级沉淀池周边设置相关警示标志，无关人员严禁进入。

(3) 派专人管理沉淀池，定期检查、清理沉淀池内沉淀物。

2. 压滤机污水压榨过滤

(1) 钢操作平台四周设安全扶栏和专门的安全爬梯，并设警示标志。

(2) 污水处理各个系统的连接要求紧密，胶管和钢管连接处密封。

(3) 压滤机工作时，进料压力需控制在标定最大过滤压力内，以免影响机器正常使用。

(4) 待压榨滤料不得混有杂物或坚硬物，以免破坏滤布。

(5) 冲洗滤布和滤板时，注意避免水溅到油箱电源。

8.2　基坑土洗滤压榨残留泥渣模块化自动固化台模振压制砖技术

8.2.1　引言

随着我国经济持续快速增长，建筑业突飞猛进，各类建筑废弃物的排放量逐年增长，其中深基坑开挖的土石方量越来越大。目前，随着建筑废弃物综合利用的普及，基坑土洗滤制砂、泥浆压榨处理技术得到推广，具体过程是首先将基坑土进行过滤，将粗颗粒进行分筛，形成粗渣；然后将分筛后的泥砂经洗砂机洗滤，生成洁净的砂和泥浆；最后将泥浆通过压榨机处理转换为无色的水和塑性的泥饼。基坑土经处理后产生的砂可用于搅拌站拌制混凝土和现场临时砌筑，水可用于现场洗车、喷洒等，一定程度上实现了资源循环再利用，基坑土洗滤压榨处理流程见图 8.2-1，洗滤压榨处理后残留泥渣见图 8.2-2。

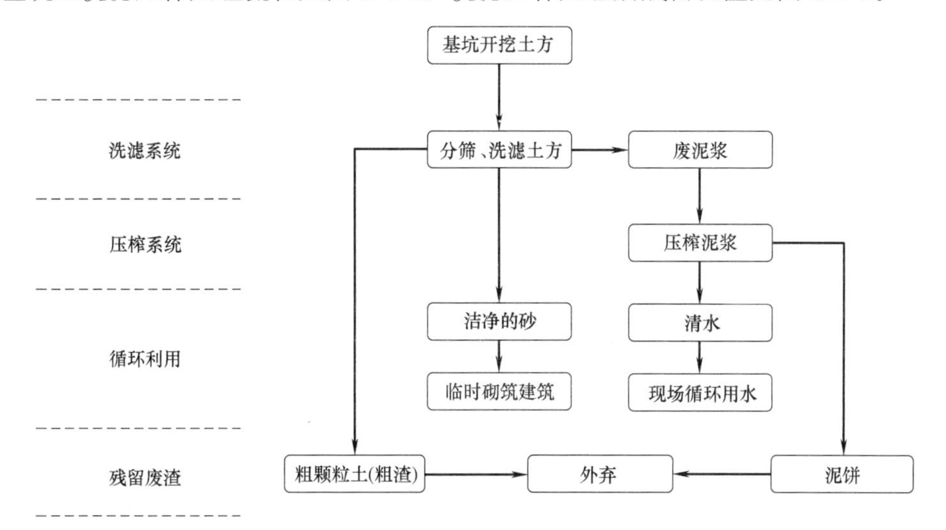

图 8.2-1　基坑土洗滤压榨处理流程图

图 8.2-2　残留的分筛粗渣和泥浆压榨后的泥饼

对于洗砂前分筛出的粗渣，一般为粒径＞4mm 的颗粒，圆砾及角砾质量占比大于 50%；泥浆压榨后产生的泥饼，主要为塑性饼状的粉质黏土，具有一定的黏性，其粒径＜0.075mm，含水率 30%～40%、黏粒含量 30%～50%。对于粗渣和泥饼目前大多采用外运堆弃，整体外运量仍较大，基坑土整体未得到充分综合利用。同时，堆弃场需占用大量的土地资源，并伴随一系列的环境生态问题。

鉴于此，项目组针对基坑土洗滤压榨后残留泥渣综合处理进行研究，对于需外运的粗渣和泥饼进行破碎处理后，采用水泥作为胶凝材料，混合适量的固化剂溶液，通过计量配料、强制搅拌、台模振压成型、成品养护等工艺压制成环保砖，变废为宝，大大提升了基坑土综合利用率，形成了基坑土洗滤、压榨、制砖的整体处理链，达到了资源再生、绿色环保的效果。

8.2.2　工艺特点

1. 制砖模块化处理

本工艺应用场地设在基坑周边的室外地坪上，处理设备占地面积小，通过模块化设计，将现场设备按制料、配料、搅拌、成型、出坯、养护等工序高度集成式组合安装，实现现场设备可移动，安装拆除快速的目的；该模块化处理的方式可缩短进出场时间，减少对施工现场的干扰。

2. 砖坯成型快

本工艺采用台模振压砌块成型机，通过上压、下振的方式使物料能够快速成型，每小时成砖数达到4000～5000块，制砖效率高。

3. 砖体强度高

在制砖原料中加入高性能固化剂，可加速物料板结，提高物料的连接强度和土体强度，经自然养护后成品砖强度可达8～12MPa。

4. 实现基坑土一站式处理

本工艺的实施，进一步实现了对基坑土洗滤、压榨、制砖全过程一站式废弃物综合再生利用，整体处理过程无害化程度高、效果好。

5. 绿色环保无污染

本工艺在施工现场就地将泥渣处理制成环保砖，大大减少了外运废物量，减少了泥头车运输量，避免了车辆污染环境和占用市政道路，绿色环保无污染。

6. 经济效益显著

本工艺将基坑土洗滤压榨残留泥渣转化成环保砖，对建筑废弃泥渣进行资源综合利用，可实现建筑余泥残渣无害化循环利用，变废为宝，经济效益显著。

8.2.3　适用范围

适用于基坑土经洗滤压榨残留泥渣的制砖处理，生产各种类型和形状的环保砖。

8.2.4　工艺原理

本工艺针对基坑土洗滤压榨残留泥渣的综合处理进行研究，其工艺原理是将废弃的粗渣和泥饼进行破碎加工成粗、细料，对粗、细料计量混合配料，掺入适量水泥作为胶凝材料，并混合掺入一定比例的固化剂溶液进行强制搅拌，然后通过传输带将拌合料送入台模振压砌块成型机压制成型后，由叠板机将成品砖进行堆叠，最后通过叉车将其运送至指定位置养护。基坑土洗滤压榨残留泥渣模块化自动固化台模振压制砖施工工序流程见图8.2-3。

在本工艺中，混合物料固化和台模振压制砖成型工艺是本技术的关键，本工艺在物料混合搅拌时加入高性能固化剂，与水泥、砂粒、细黏粒的共同作用下，在制砖成型后只需自然养护即可使砖坯自动固化，达到较高的砖体强度；在混合物料压制时采用台模共振加顶部静压的方式将物料压制成型，砖坯成型速度快、外观完整、尺寸准确、均称密实。

1. 混合物制砖自动固化原理

高性能固化剂在常温下能够与砂粒、黏土内的矿物反应生成胶凝物质，可直接胶凝混

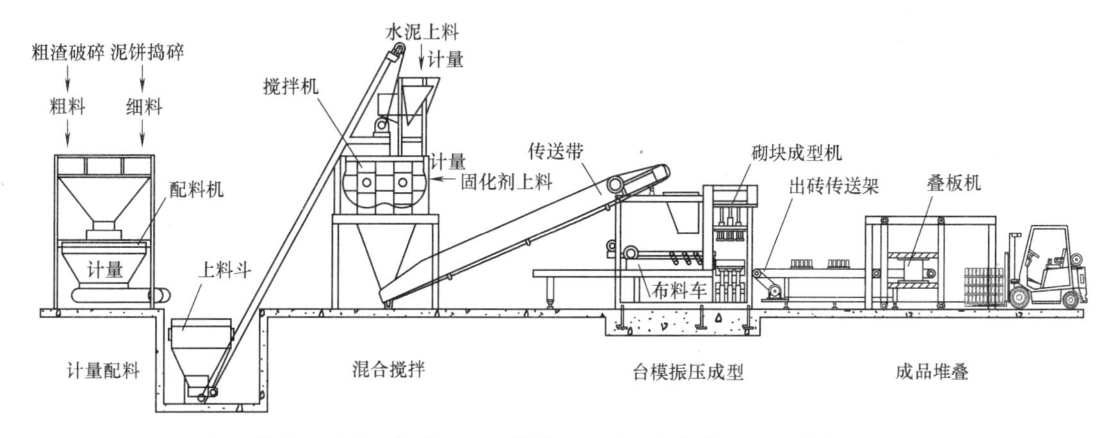

图 8.2-3　基坑土洗滤压榨残留泥渣模块化自动固化台模振压制砖施工工序流程图

合体颗粒表面，通过物理作用和化学作用来改变各种颗粒的粘结方式和工程性质。本工艺在制砖原料中添加高性能固化剂，可使砖坯在自然养护的条件下自动固化，并且能够加快砖坯固化速度，提高砖坯密实性，增强成品砖抗压强度。

(1) 固化剂主要成分

本工艺采用的高性能固化剂主要由氯盐（如氯化钾、氯化钠、氯化钙）、硫酸盐（如硫酸钙、硫酸钾等）、碱激发剂（如氢氧化钙、氢氧化钠）等制备而成，见图 8.2-4。

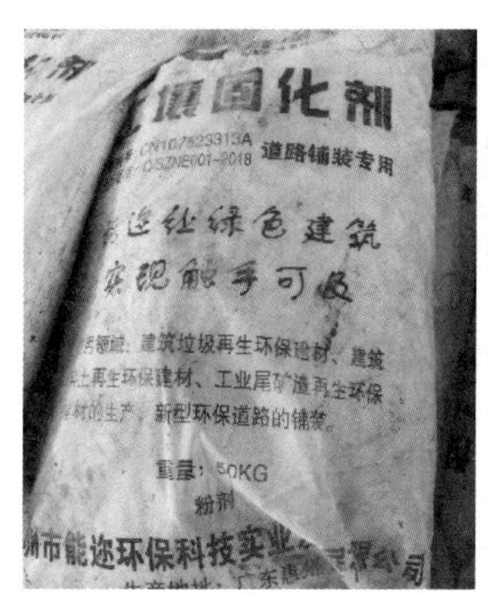

图 8.2-4　高性能固化剂

(2) 固化机理

固化剂在水中溶解液体状态下生成强力的带电离子，利用强离子来破坏混合颗粒表面的双电层结构，减弱颗粒表面与水的化学作用力，并且从根本上改变颗粒的表面性质，在压力作用下使得颗粒形成强度良好的抗水性能，其中还包括一定的离子交换促使颗粒具备良好的活性，从而促进混合物的稳定，并达到一定的强度。

2. 台模振压制砖成型原理

本工艺在混合物料压制时，利用专门设计的制砖机，采用振动台、砖模共同振动，同时加上顶部静压的方式，将混合物料压制成型。

(1) 台模振压砌块成型机结构

本工艺采用的台模振压砌块成型机由支架、料斗、布料车、振动台、电机、上油缸、下油缸、压头及模具等组成，具体见图8.2-5。

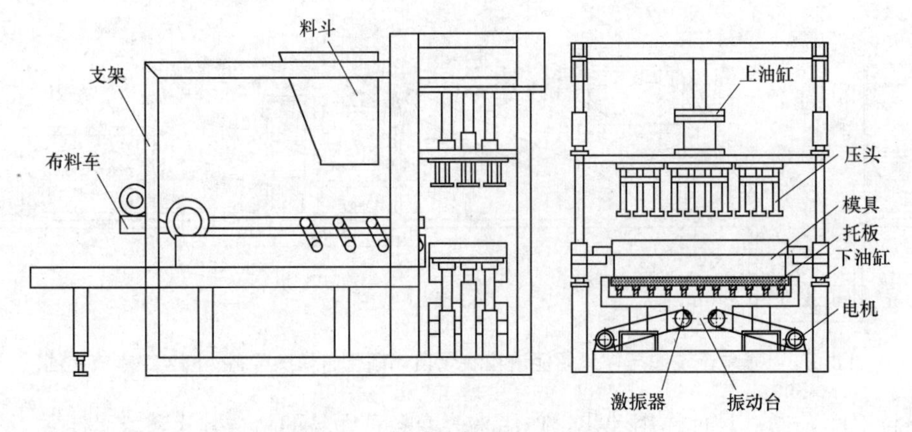

图8.2-5 台模振压砌块成型机

(2) 台模振压成型原理

台模振压成型工艺原理，是利用上油缸推动压头在对模具内混合料上表面施加一定压力的同时，振动台中的激振器产生激振力，使振动台与模具共同振动，即产生台模共振，混合物料在上压、下振的状态下，在砖模具内密实成型。

激振器是由一对相同的转轴组成，转轴上装有相同的偏心块；当激振器工作时，产生恒定大小的偏心力即激振力，在一定振幅范围内，其方向时刻发生改变，将此运动在平面内分解得到水平运动和垂直运动，水平方向激振力互相抵消，而垂直方向的激振力相互叠加，从而产生垂直定向振动。垂直定向振动使振动台以及模具共同振动，可有效降低物料内部相互之间的摩擦力，在上部压力的联合作用下，混合物料被振密压实，从而使模具内的砖坯快速、均匀、密实成型，具体见图8.2-6、图8.2-7。

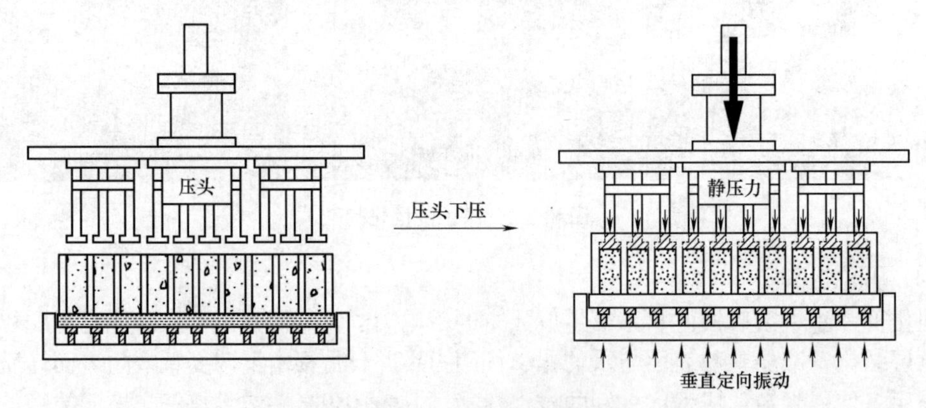

图8.2-6 台模振压成型原理

8.2.5 工艺流程

1. 施工工艺流程

基坑土洗滤压榨残留泥渣模块化自动固化液压台振制砖施工工艺流程见图8.2-8。

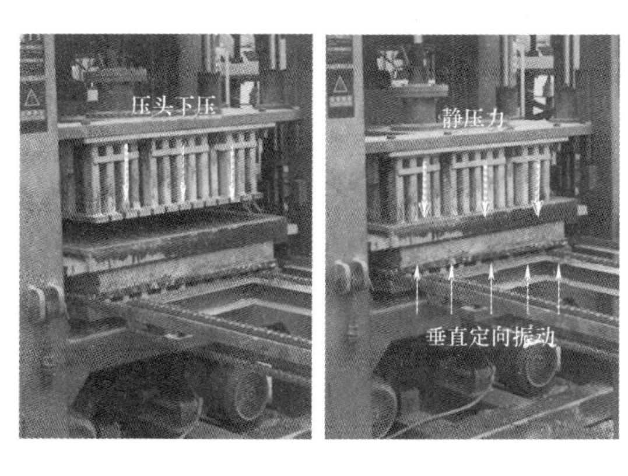

图 8.2-7 台模共振压制实物图

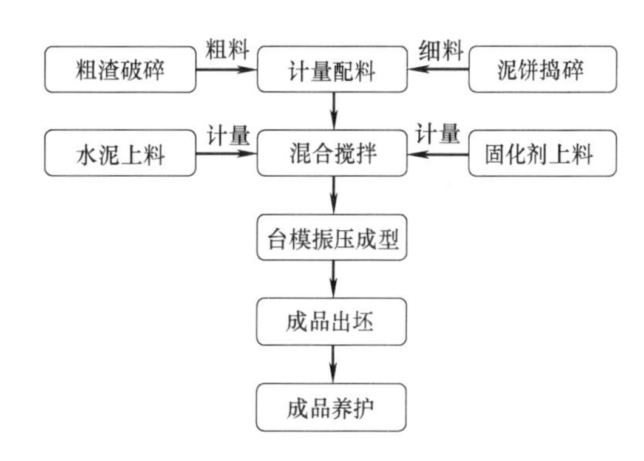

图 8.2-8 基坑土洗滤压榨残留泥渣模块化自动固化液压台振制砖施工工艺流程

2. 施工操作流程

基坑土洗滤压榨残留泥渣模块化自动固化液压台振制砖工序操作流程见图 8.2-9。

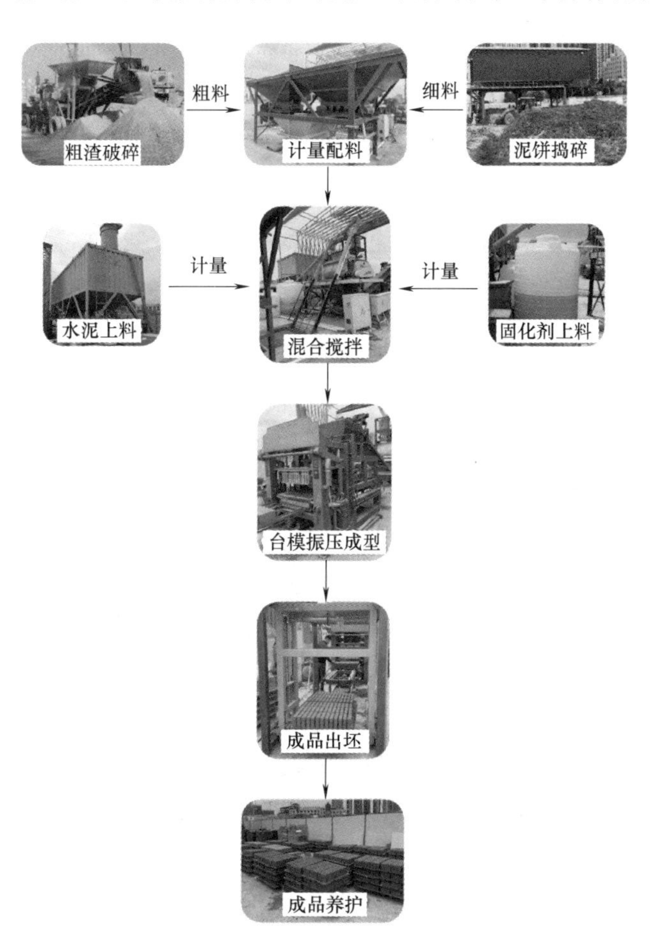

图 8.2-9 基坑土洗滤压榨残留泥渣模块化自动固化液压台振制砖工序操作流程图

8.2.6 工序操作要点

1. 粗渣破碎

(1) 粗渣粒径过大，不宜直接作为制砖原料，采用破碎机粉碎后使用，粗料粒径控制在6mm以下。

(2) 破碎采用专用破碎机现场破碎，铲车上料，按需要的粒径设置破碎方式，以满足制砖要求；对于不符合要求的粗颗粒，可采用再次重复破碎处理。

现场破碎机粗渣破碎具体见图8.2-10。

图8.2-10 移动式破碎机现场破碎粗渣

2. 泥饼捣碎

(1) 泥饼含水率过高，不宜直接作为制砖原料，使用装载机将泥饼运送至指定堆场人工捣碎并进行晾晒，作为制砖细料。

(2) 及时测定细料的含水率，其含水率控制在8%～10%，方便控制物料混合。

泥饼现场堆放及处理具体见图8.2-11。

图8.2-11 泥饼堆放及现场捣碎、晾晒现场

3. 计量配料

(1) 将处理好的粗料和细料由装载机分别送入粗、细两个储料仓内。

(2) 配料时，首先粗骨料皮带机开始工作，将粗骨料输送到计量斗，当计量斗内粗骨料重量达到其设定值时，粗骨料皮带机停止；接着细骨料皮带机自动开启，当称料斗中的物料重量达到粗骨料和细骨料设定值之和时，细骨料皮带机停止，配料完成。具体流程见

图 8.2-12、图 8.2-13。

（3）最后启动计量斗皮带机，将混合骨料送入搅拌机上料斗，具体见图 8.2-14。

4. 水泥上料

（1）散装水泥采用 P·O 42.5R，储存在卧式水泥仓中。卧式水泥仓为方形，底部由数条支腿支撑，出料锥体为方形锥体，仓体为瓦楞板和型材组成的框架焊接而成，底部设有螺旋输送机，可将水泥进行计量输送。存储仓规格为 4500mm×1500mm×2000mm，具体见图 8.2-15。

图 8.2-12 配料流程图

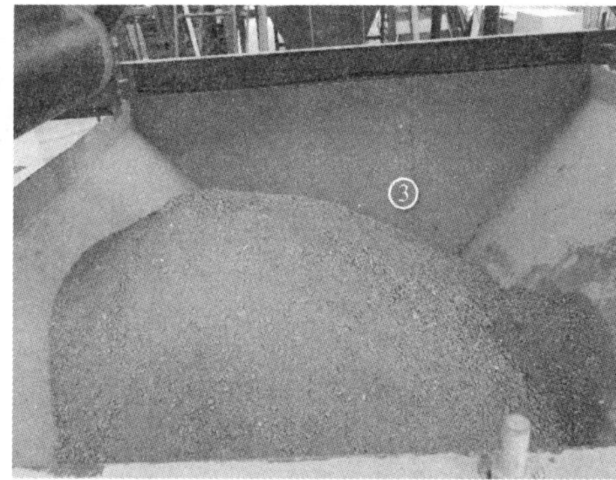

图 8.2-13 细料进入计量斗

图 8.2-14 计量斗皮带机将混合料送入上料斗

图 8.2-15 卧式水泥仓

（2）散装水泥按照设计配比，通过螺旋输送机计量后送入强制搅拌机中，见图 8.2-16。

图 8.2-16 水泥输送线路

5. 固化剂上料

(1) 固化剂与水按设计配比调制固化剂溶液，存放在 PE 储液罐中。

(2) 固化剂溶液通过塑料罐底部阀门，由抽水泵送入搅拌机中，见图 8.2-17、图 8.2-18。

6. 混合搅拌

(1) 粗细骨料计量配料后进入上料料斗，启动上料系统的卷扬制动电机，减速箱带动卷筒转动，钢丝绳经滑轮牵引料斗沿上料架轨道向上爬升，当爬升到一定高度时，斗门即自动打开，物料经进料漏斗卸入搅拌筒内，见图 8.2-19。

图 8.2-17 塑料罐外部固化剂溶液抽取

图 8.2-18 固化剂溶液进入搅拌机

图 8.2-19 料斗沿轨道向上爬升上料

(2) 搅拌前，先启动上料系统，将计量过的粗细混合料卸入搅拌机中，再启动螺旋输送机加入一定比例的水泥一起干拌 2～3min；然后，将预先按比例混合好的固化剂溶液，通过抽水泵注入搅拌机中，再搅拌 2～3min，完成搅拌工序。双轴强制搅拌机见图 8.2-20。

图 8.2-20 双轴强制搅拌机

(3) 搅拌完成后，拌合料通过搅拌机下方漏斗卸入传送布料带，传送布料带将拌合料送至台模振压砌块成型机，见图 8.2-21。

7. 台模振压成型

(1) 拌合料送入布料车后，布料车向前推进，在模具上方快速往复运动的同时振动台振动，拌合料受到冲击和振荡，均匀落入模具中并初步密实，具体见图 8.2-22。

(2) 布料完成后，砌块成型机将拌合料压制成砖坯。砖坯成型后，下油缸将模具提起，实现砖坯脱模，见图 8.2-23、图 8.2-24。

图 8.2-21 拌合料通过传送布料带进入砌块成型机料斗

(3) 本工艺采用的砌块成型机，通过可更换模具式设计，可根据需要更换模具，生产不同规格的环保砖，以满足各类使用场景，各类模具见图 8.2-25。

8. 成品出坯

(1) 在布料前，供板机将托板送至模具下方。物料压制成砖坯后，出砖传送架带动托板将砖坯托运至叠板机处，托板传送路线见图 8.2-26。

图 8.2-22　布料车受料后向前推进布料

图 8.2-23　台模共振静压成型

图 8.2-24　砖坯脱模

图 8.2-25　各类台模模具

(2) 出砖传送架由主动传送区和被动传送区两部分组成，主动传送区负责送砖，被动传送区末端设置叠板机行程开关，负责启动叠板机；当后一块托板送至被动传送区时，将会推动前一块托板前进直至触发叠板机行程开关，叠板机自行启动，见图 8.2-27。

图 8.2-26　托板传送线路

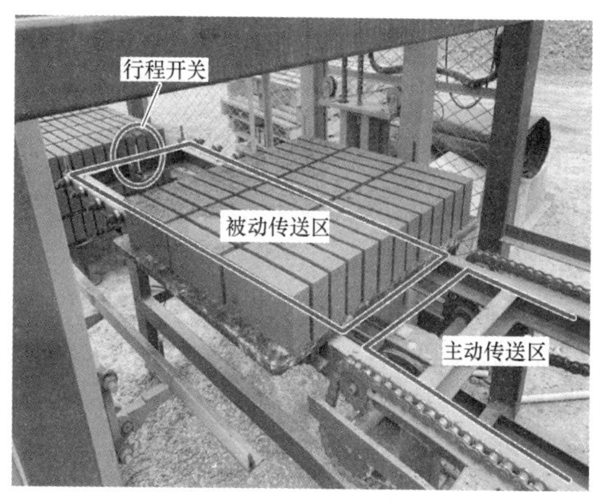

图 8.2-27　出砖传送架

(3) 叠板机工作时，升降机带动两板砖坯上升至一定高度后，叠板机通过滑轨水平前移，达到叠放区后升降机下降堆叠砖坯，最后自行返回原位。叠板过程见图 8.2-28。

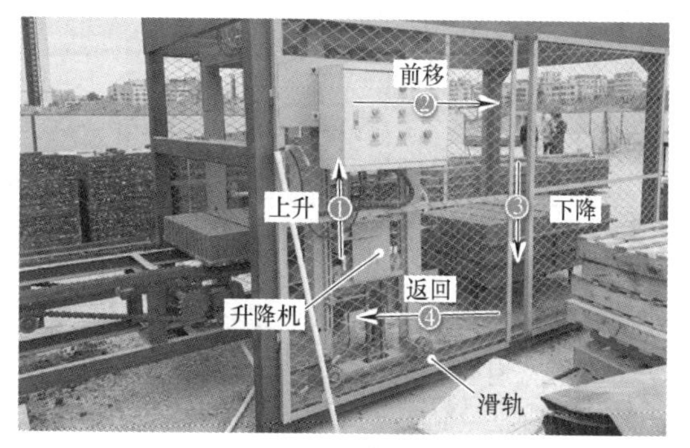

图 8.2-28　砖坯堆叠过程

(4) 叠板层数以 3～4 层为宜，防止托板变形过大。

9. 成品养护

(1) 将堆叠好的成品砖使用叉车运送至养护区养护，养护方式采用自然养护，养护时间为 24h，现场养护见图 8.2-29。

图 8.2-29　叉车运输砖坯至养护区

(2) 成品砖养护完成后，使用塑钢带打包，减少磕碰、方便运输；成品码放要整齐，严禁压角、搭茬以及明显错缝。具体见图 8.2-30。

8.2.7　材料和设备

1. 材料

本工艺所使用的材料主要有胶带、胶管、钢管、钢板、焊条、螺母、螺栓。

2. 设备

本工艺所涉及设备主要有滚筒筛、移动式破碎机、配料机、搅拌机、传送带、储液罐、供板机、砌块成型机、传送架、叠板机等，详见表8.2-1。

图8.2-30　PET塑钢带打包成品砖

8.2.8　质量控制

1. 原料配制及搅拌上料

（1）滚筒筛和破碎机运作时，派专人观察其工作状态，及时排除故障，特别注意入料口及排料口是否堵塞，保证正常工作。

主要机械设备配置表　　表8.2-1

设备名称	型　号	备　注
滚筒筛	GS1830	粗渣分筛
移动式破碎机	1416	粗渣破碎
螺旋输送机	LSY200	输送水泥
配料机	PLD800	计量配料
搅拌机	JS750	混合物搅拌
传送带	—	运输混合料
砌块成型机	QT10-15	压制砖坯
供板机	—	托板运送
叠板机	双排叠板机	砖坯叠板

（2）滚筒筛和破碎机使用完成后，派专人进行清理，清除滚筒筛及破碎机内腔中的沉积物，保持良好使用状态。

（3）启动配料机前，清空计量斗内余料，清零计量斗。

（4）配料机储料仓中的粗细骨料及时补充，防止储料仓骨料太少导致配料不准。

（5）配料机计量斗部分定期检查，出现较大误差值时查明原因，如属传感器及控制器内零件故障时，应及时更换同型号产品。

（6）搅拌机操作过程中，切勿使砂石等落入机器的运转部位，料斗底部粘住的物料应及时清理干净，以免影响斗门的启闭。

（7）当物料搅拌完毕或预计停歇半小时以上时，将粘在料筒上的砂浆冲洗干净后全部卸出；料筒内不得有积水，以免料筒和叶片生锈。

2. 固化台模振压制砖

（1）准确控制固化剂溶液配制比例。

（2）托板洁净，发现粘结的料块，清除后方可送入供板机。

（3）布料车底板保持与模具平面一致，定期进行检查。

（4）振压时间严格控制，必要时高速供料；随时注意各工序限位是否正常，螺栓是否松动，如有意外，及时停机调整。

（5）成品砖采用室外自然养护，当环境温度低于 20℃，采用塑料布、地工布等覆盖在砌块坯体上，以便保温保湿。

8.2.9 安全措施

1. 原料配制及搅拌上料

（1）用装载机移动下料斗和滚筒筛分机时，设专人指挥，确保安全移动。

（2）滚筒筛、破碎机运转时，严禁清除机械设备上的杂物。

（3）保证操作柜的清洁，严禁在上面置放杂物。

（4）停机后断开各设备的电源进线开关，并做好记录。

（5）配料机控制仪专人操作，操作前认真阅读使用说明书，严格按说明书操作。

（6）配料机在运行中随时检查各运转部分是否正常，输送皮带有无跑偏，皮带与从动轴之间有无异物掉入，如有异常情况立即停机排除。

（7）搅拌作业中如发生意外或故障不能继续运转时，则立即切断电源，将筒内混凝土清除干净，然后进行修理。

2. 固化台模振压制砖

（1）每次在启动制砖机前应检查免烧砖机的离合器、制动器、钢丝绳等配件保证其良好性，滚筒内不得有异物，保持制砖机液压系统，油路管道及液压站内部清洁。

（2）检查启动回路是否正常，检查操作台上各按钮是否在准备工作位置。

（3）机械设备发生故障后及时检修，严禁带故障运行和违规操作，杜绝机械事故。

（4）制砖机运行时，注意避免油温过高，以免影响机器性能。

（5）台模振压机工作时严禁非工作人员靠近，防止人员伤亡和机器损坏。

（6）日常使用过程中采取良好的防护措施，防止固化剂溶液上料软管受到挤压和砸碰。

（7）成型主机操作工熟练掌握操作技能，规范操作。

8.3 施工现场零散工字钢自动成捆技术

8.3.1 引言

施工现场搭设施工平台时，需要使用大量的工字钢材料。工字钢由工厂加工生产后机械自动打包捆装（图 8.3-1），并运至施工现场使用。在使用过程中，拆卸的工字钢集中堆放在现场，长时间使用后出现堆场杂乱（图 8.3-2）。当某个施工部位需要使用工字钢时，通常将零散的工字钢临时用钢丝绳绑扎或堆放在吊架上，采用吊装方法将工字钢转运。由于临时捆绑松散，如吊装操作不慎，易发生工字钢溜滑或散落，时常引发此类伤人事故。

针对上述现场工字钢堆放无序和吊装安全隐患的问题，项目组针对“工字钢现场自动捆装器与打包施工方法”进行了研究，发明了一种工字钢自动捆装器，通过专门设计的打捆架，以及设置的转动滚轴拉紧打捆工字钢的钢丝绳，再采用钢筋沿拉紧的钢丝绳打捆并

图 8.3-1　工厂捆装工字钢

图 8.3-2　现场工字钢堆场

焊牢，从而将工字钢捆装成型，达到了捆装操作简便、材料堆放有序、现场吊装安全的效果。

8.3.2　工艺特点

1. 打捆器制作简单

本工字钢捆装器结构设计简单，制作方便，工人只需要用钢材在施工现场进行焊接加工制作。

2. 操作方便

现场捆装时，工人利用撬棍手动调节滚轴拉紧钢丝绳即可完成打捆，省时省力，操作便捷。

3. 使用成本低

本装置现场操作时只需要 2 人即可满足要求，装置可重复使用，使用和制作综合成本低。

8.3.3　适用范围

适用于施工现场方形、矩形材料的打捆，包括工字钢、方钢、槽钢、U 形钢、方木等，其成捆材料叠放后的待打捆的形状，要求宽度不超过 3 排（行）、高度不超过 6 排（列）。

8.3.4　打捆装置结构设计与安装

1. 打捆装置结构

工字钢打捆器主要由打捆固定架、转动滚轴、钢丝绳三部分组成，其结构示意见图 8.3-3，打捆器实物见图 8.3-4。

本打捆器尺寸以打捆 3 行 3 列 I22a 工字钢（I22a 工字钢腰高（h）为 220mm，腿宽（b）为 110mm）即 9 根工字钢为例，其打捆周长为 1980mm（220×6＋110×6＝1980mm）。实际现场使用时，打捆器尺寸可根据钢材的规格、品种进行调整。具体打捆见图 8.3-5。

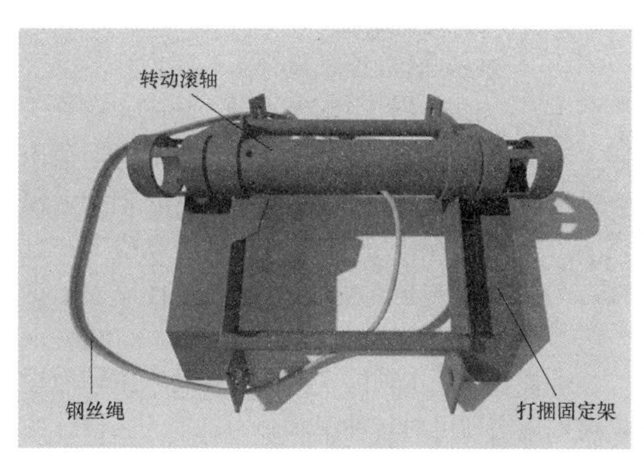

图 8.3-3 打捆器 3D 结构示意图

图 8.3-4 打捆器实物

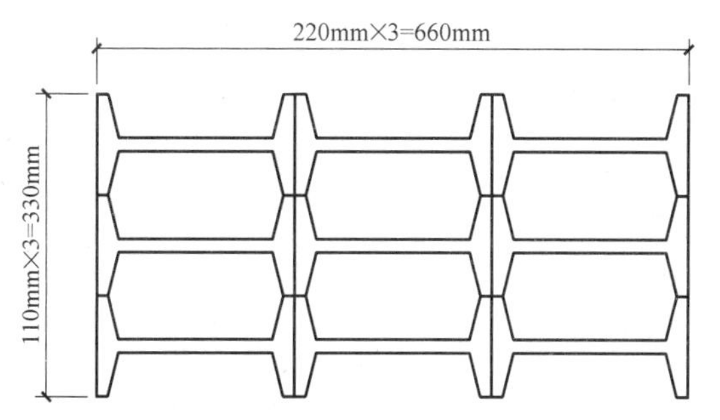

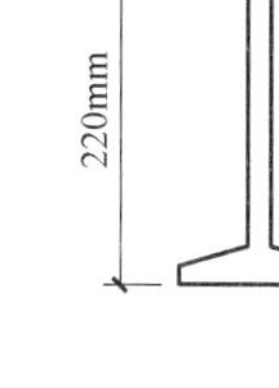

图 8.3-5 3 行 3 列工字钢打捆示意图

2. 打捆固定架

(1) 打捆固定架设计

打捆固定架由角钢和钢筋焊接而成，打捆固定架的角钢选用规格为 L56mm×3mm 的等边角钢，在角钢两端位置将其切割成三角楔形状；本工艺中采用的单根角钢长度为 970mm（220×3+10+150×2=970mm），具体见图 8.3-6。

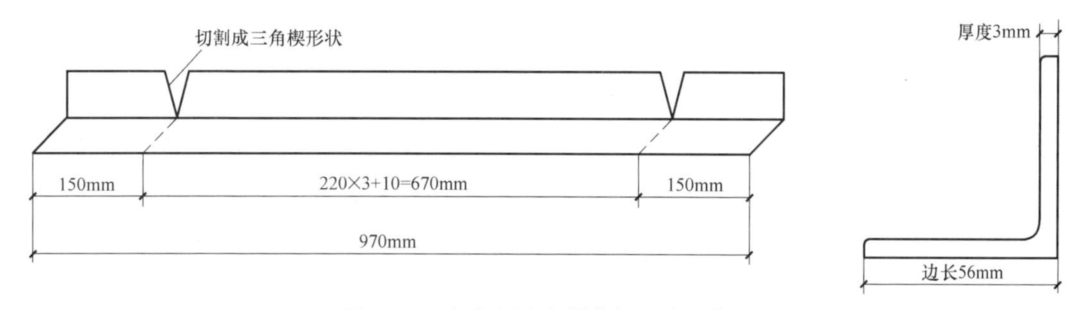

图 8.3-6 打捆固定架器角钢尺寸示意图

(2) 打捆固定架制作

利用钢材弯折机将角钢从三角楔形弯折 45°，形成打捆架形状，具体见图 8.3-7；再采用钢筋将两个角钢在三角楔形弯折处焊接，打捆固定架的钢筋可选用施工现场零星的圆钢或者螺纹钢，单根钢筋长度不小于450mm，具体见图8.3-8。

图8.3-7　角钢弯折后形成打捆架示意图

3. 转动滚轴

(1) 转动滚轴设计

转动滚轴由钢管主轴、套筒和钢管卡槽组成，具体见图8.3-9。钢管主轴采用规格ϕ48mm×3mm无缝钢管，钢管上预留直径7mm的孔洞（比钢丝绳略大并且可将钢丝绳穿入即可）；套筒直径大于钢管主轴的直径，可采用ϕ54mm×3mm钢管，保证主轴能在套筒中转动；主轴两端的钢管卡槽同样采用ϕ54mm×3mm钢管，插入撬棍即可对转动滚轴施力。本工艺设计的转动滚轴具体尺寸见图8.3-10。

图8.3-8　打捆架钢筋焊接连接

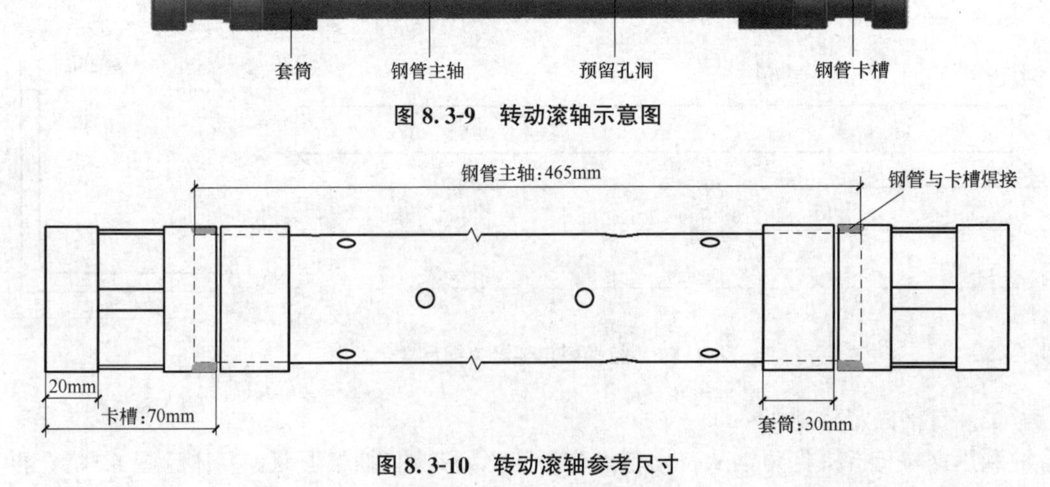

图8.3-10　转动滚轴参考尺寸

（2）转动滚轴制作与安装步骤

先将钢管主轴套进套筒内，再将钢管卡槽与钢管主轴的两端焊接上，并形成一个可在套筒内转动的整体结构，最后将套筒与打捆固定架的角钢焊接在一起，具体见图 8.3-11。

图 8.3-11 转动滚轴与打捆固定架焊接

4. 钢丝绳

（1）材料选用：采用直径 ϕ6mm 钢丝绳，其长度不小于打捆 3 行 3 列 I22a 工字钢的周长（1980mm）与钢管主轴横截面周长的两倍之和，以保证钢丝绳在定型工字钢时能完全绕钢管主轴两圈，具体见图 8.3-12。经计算，本工艺钢丝绳长度不短于 2282mm（$1980+\pi\times48\times2\approx2282$mm）。

图 8.3-12 钢丝绳示意图

（2）安装：钢丝绳两头分别穿入钢管主轴的预留孔洞内，从钢管卡槽内引出并固定，具体见图 8.3-13。

8.3.5 工艺原理

1. 工字钢成捆工艺原理

本工艺实现零散工字钢现场自动成捆的工艺原理，主要是通过专门设计的打捆固定

图 8.3-13　安装钢丝绳

架，并在打捆架上设置转动滚轴，使用时将固定在滚轴上的钢丝绳缠绕打捆的工字钢，工人利用撬棍手动转动滚轴，此时打捆工字钢的钢丝绳被拉紧，随着钢丝绳拉紧的过程工字钢逐步被压实靠紧；然后，采用钢筋沿拉紧的钢丝绳缠绕拉紧，并将钢筋重叠搭接焊牢，最后松开拉紧的打捆钢丝绳，现场完成工字钢捆装成型。

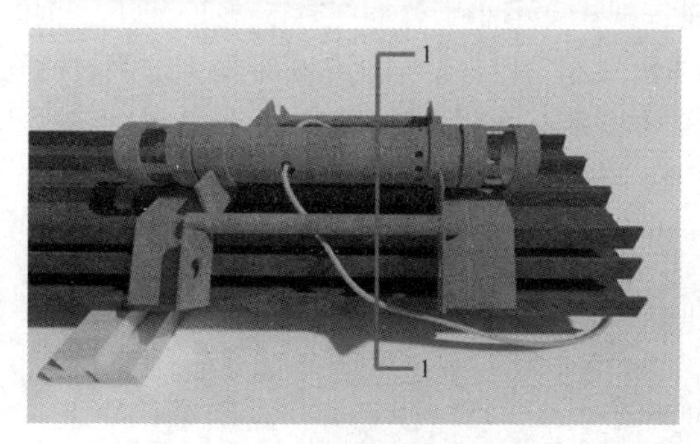

图 8.3-14　打捆架安放位置

2. 工字钢成捆操作原理图

（1）将装有钢丝绳的打捆固定架安放在打捆的工字钢顶部，钢丝绳缠绕工字钢，具体见图 8.3-14。

（2）利用撬棍对转动滚轴施力，将固定在钢管主轴上的钢丝绳逐渐拉紧，工字钢拉紧定型，具体见图 8.3-15。

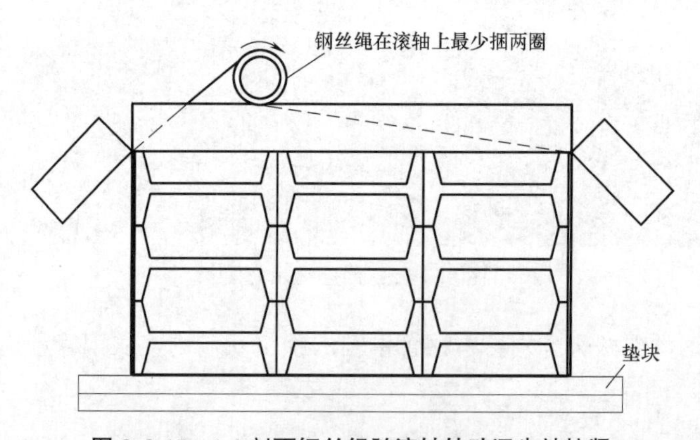

图 8.3-15　1-1 剖面钢丝绳随滚轴转动逐步被拉紧

（3）采用钢筋沿捆的工字钢四周捆绑，并焊接固定即完成工字钢的现场打捆，具体见图 8.3-16。

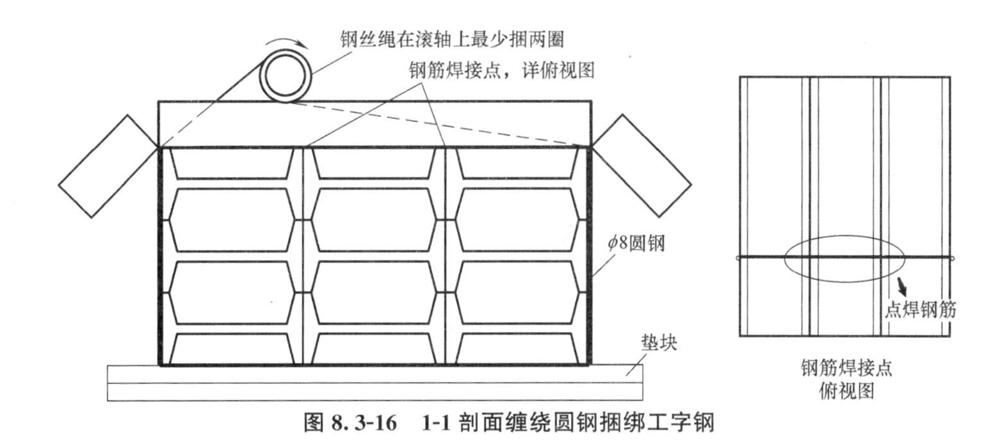

图 8.3-16 1-1 剖面缠绕圆钢捆绑工字钢

8.3.6 打捆工艺流程

现场零散工字钢现场自动捆装操作工艺流程图见图 8.3-17。

8.3.7 工序操作要点

1. 堆放工字钢

(1) 将打捆的工字钢叠放在平整坚实的场地上，为了方便捆装，在工字钢底部垫上垫块，垫块可选择表面平整的方木，以便于打捆钢丝绳缠绕工字钢，具体操作见图 8.3-18。

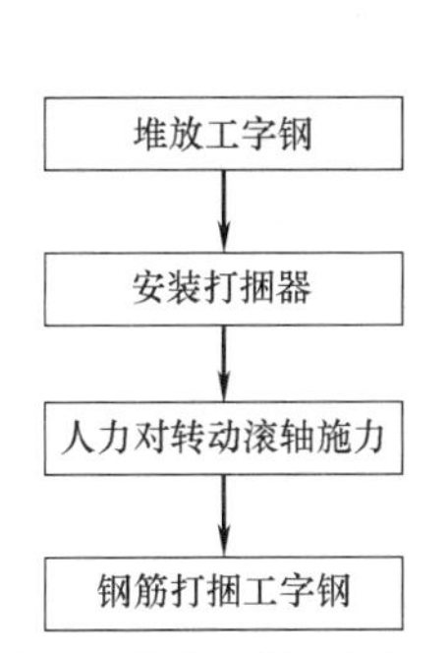

图 8.3-17 现场零散工字钢自动捆装操作工艺流程图

图 8.3-18 工字钢在垫块上叠放

(2) 工字钢堆放时，一般选择型号规格相同、长度相差不大的工字钢打成一捆，现场根据打捆器规格，将工字钢整齐地码放成矩形。

2. 安装打捆器

(1) 安装打捆器时，将打捆器平放在工字钢顶层上。

(2) 将钢丝绳从底层绕一圈套住待打捆工字钢，打捆准备工作即完成，具体安放打捆器见图 8.3-19。

3. 人力对转动滚筒施力

(1) 选择长度合适、方便施力的撬棍，现场可用 ϕ25mm、长度约 1.2m 的圆钢制作。

(2) 将撬棍插入钢管卡槽内，垂直于工字钢纵向方向，由上至下施力带动滚轴转动，

图 8.3-19　现场安放打捆器

钢丝绳在滚轴上被逐渐拉紧。

(3) 由于卡槽直径小，撬棍可转动行程受到限制，在人工转动滚轴时，采用两根撬棍在两端卡槽依次轮换交替施力，具体为首先转动撬棍 1 至行程终止，将撬棍 1 留在此端的卡槽内；同时，插入撬棍 2 并转至行程终止，将撬棍 2 留在此端的卡槽内；重复上述步骤，直至两端撬棍都不能转动且工字钢相互压紧挤实，即表明工字钢被捆紧。

(4) 用铁锤轻敲钢丝绳与工字钢，消除工字钢间空隙，使工字钢间贴合密实、捆装紧实。

具体撬棍转动滚轴卡槽钢丝绳捆紧压实工字钢见图 8.3-20。

图 8.3-20　撬棍转动滚轴卡槽钢丝绳捆紧压实工字钢

4. 钢筋打捆工字钢

(1) 在确定工字钢压实紧密后，撬棍压紧状态始终维持固定，此时采用直径 ϕ8mm 圆钢沿成捆的工字钢四周缠绕捆绑，敲击钢筋使其贴紧工字钢；圆钢长度满足缠绕工字钢一圈并搭接不少于 15cm，以确保打捆效果。

(2) 在打捆钢筋的搭接处，采用点焊将钢筋焊接，将工字钢固定，完成工字钢打捆，具体钢筋焊接见图 8.3-21。打捆完毕后，撬棍反向施力将钢丝绳松开，拆除打捆器，移至下一个位置进行打捆。

图 8.3-21　焊接圆钢完成工字钢打捆

8.3.8　材料与设备

1. 材料

本工艺所使用的主要材料有角钢、无缝钢

管、钢绞线、钢筋。

2. 设备

本工艺涉及的主要设备有电焊机、钢材切割机、弯曲机，主要机具设备见表 8.3-1。

主要机具设备配置表　　表 8.3-1

名　称	型　号	用　途
工字钢打捆器	自制	现场打捆工字钢
电焊机	ZX7-400T	现场焊接
钢材切割机	LJ40-1	现场切割
钢材弯曲机	GWB40	弯曲角钢两端,形成打捆架形状

8.3.9 质量控制

1. 材料

(1) 打捆固定架角钢的规格，根据施工现场工字钢的尺寸和实际打捆后的尺寸确定。考虑到钢材弯折后存在误差，打捆固定架的宽度可比工字钢打捆后的宽度多 10mm。

(2) 转动滚轴的主轴采用现场常用的 ϕ48mm×3mm 的无缝钢管，钢管主轴上的孔洞对称预留，避免钢丝绳捆紧工字钢时受力不均匀。

(3) 钢丝绳长度根据打捆后工字钢形状周长及钢管主轴横截面周长确定，钢筋长度根据打捆后工字钢形状周长加上点焊的搭接长度确定。

2. 工序操作

(1) 堆放工字钢时，选择平整坚实、工人便于操作的场地，垫块在工字钢头尾两侧垫起。

(2) 转动转动滚轴时，为保证钢丝绳能将工字钢捆紧，对左右两个卡槽交替施力。初次转动时，首先让钢丝绳绕至钢管主轴不会脱落即可，后续每次交替转动要保证撬棍施力至不能转动为止。

(3) 钢丝绳捆紧工字钢后即可在周围用钢筋打捆工字钢，确保工字钢不散落；点焊钢筋时预留一定的搭接长度，以保证打捆的效果。

(4) 为防止吊装或运输过程中工字钢不散落，长度小于 6m 的工字钢在头尾两个位置打捆，长度 6～9m 工字钢在头尾和中间三个位置打捆，9～12m 工字钢除了头尾和中间共设 4 个位置打捆。

8.3.10 安全及环保措施

1. 安全措施

(1) 打捆时，成捆的工字钢其长度保持基本一致，防止夹杂短的工字钢在吊运过程中脱落伤人。

(2) 施工现场电焊机、钢材切割机等机械操作人员经过专业培训持证上岗，熟练机械操作性能。

(3) 使用电焊机焊接打捆器及打捆的钢筋前，确保电源线及电机是否有漏电现象，穿戴好规定的劳保用品；工作结束后及时切断电源，电焊作业严格执行动火审批规定。

2. 环保控制

（1）现场打捆材料按规划位置摆放，零星材料堆放整齐。

（2）加强职工环保教育，不得随意敲击钢管，装卸材料轻拿轻放。

8.4　施工现场零散钢管自动成捆技术

8.4.1　引言

施工现场搭设施工平台时，需要使用大量的钢管。新购的钢管由工厂加工生产，并打成捆运送至工地，钢管运输及现场堆放见图 8.4-1。在钢管循环使用过程中，拆卸的钢管集中堆放，长时间使用后往往出现堆场杂乱现象。而当另一项目需要使用钢管时，一般采用货车零散转运，在车辆行驶时容易受振动或刹车时的惯性冲力等影响而散落或遗落，造成较大的安全隐患。钢管现场堆放和转运见图 8.4-2、图 8.4-3。另外，当现场吊运钢管时，往往临时用钢丝绳绑扎或零散堆放在吊架上，吊装过程如操作不慎易发生钢管溜滑或散落，时常由此引发高空坠落伤人事故。

图 8.4-1　钢管运输及现场堆放

图 8.4-2　现场钢管零散堆放

图 8.4-3　货车钢管散乱转运

针对上述现场钢管无序堆放和吊运引起的现场文明施工和安全隐患问题，项目组对现场钢管临时捆装技术进行了研究，发明了一种钢管现场自动捆装器与打包方法，即采用一种多滚轴钢管自动捆装器，通过转动钢丝绳滚轴将钢管拉紧压实，再转动钢筋滚轴将打捆钢筋拉紧并焊接固定，达到了现场捆装操作简便、材料堆放有序、现场吊装安全的效果。采用打捆装置对钢管打捆后堆放情况见图8.4-4。

图8.4-4 现场打捆后钢管堆放整齐有序

8.4.2 工艺特点

1. 制作简单

本工艺所述的钢管捆装器结构设计简单，制作方便，只需用现场的钢管、角钢焊接制作。

2. 操作方便

现场捆装时，只需利用撬棍手动调节滚轴拉紧钢丝绳和打捆钢筋即可完成，省时省力，操作便捷。

3. 安全性好

采用本工艺对钢管进行打捆，利用持续转动钢丝绳滚轴将钢管间的缝隙压紧压实，再采用钢筋焊接完成打捆，使得钢管间捆装严实，确保了吊运过程的安全。

4. 提升现场文明施工

采用本装置对现场堆放的钢管进行临时打捆，解决了现场钢管零散无序堆放的问题，提升了现场文明施工条件。

5. 成本低

本装置利用施工现场内的零星钢材自制，打捆的钢筋和钢丝绳可现场取材；操作时只需2人即可完成作业，人力成本低；打捆装置可重复使用，经济性好，综合成本低。

8.4.3 适用范围

适用于施工现场圆形材料的打捆，包括钢管、圆钢、圆木等；对于直径48mm钢管，打捆总根数不超过40根。

8.4.4 打捆装置结构设计及安装

1. 打捆装置结构

钢管打捆器由打捆固定架、钢丝绳滚轴、钢筋滚轴、钢丝绳组成，打捆器3D效果图见图8.4-5，实物图见图8.4-6。

打捆器的规格尺寸，可根据施工现场实际钢管规格进行调节。本工艺所述的打捆器装置以打捆19根ϕ48mm×3mm钢管为例，其打捆形状见图8.4-7，其打捆周长为761.6mm（144×2+118.4×4=761.6mm）。

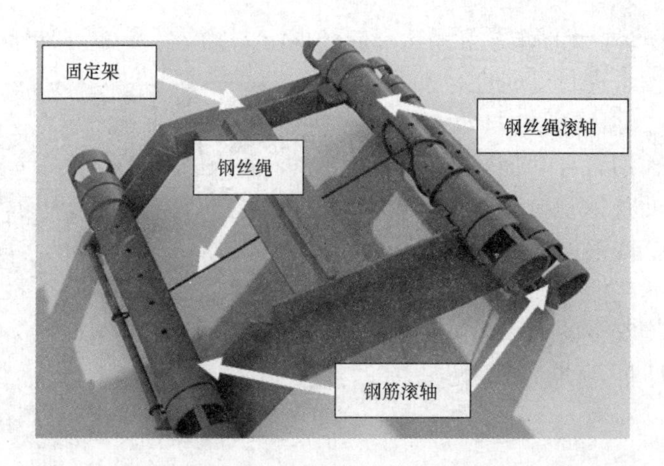

图 8.4-5　打捆器 3D 效果图

图 8.4-6　打捆器实物图

由于钢管本身为圆柱状，放置时易滚动，通常将钢管打捆为六边形结构；六边形具有良好的稳定性，且六边形结构便于钢管堆放，节省空间；其上下呈梯形对称，亦方便现场计算钢管的根数。

2. 打捆固定架

（1）打捆固定架设计

打捆固定架由角钢、钢筋、钢板焊接而成，形状为梯形。

打捆固定架的角钢选用规格为 L45mm×3mm 等边角钢（角钢等边边长 45mm，厚度 3mm），角钢长度根据成捆钢管的形状确定，在角钢两端位置将其切割成三角楔形状。

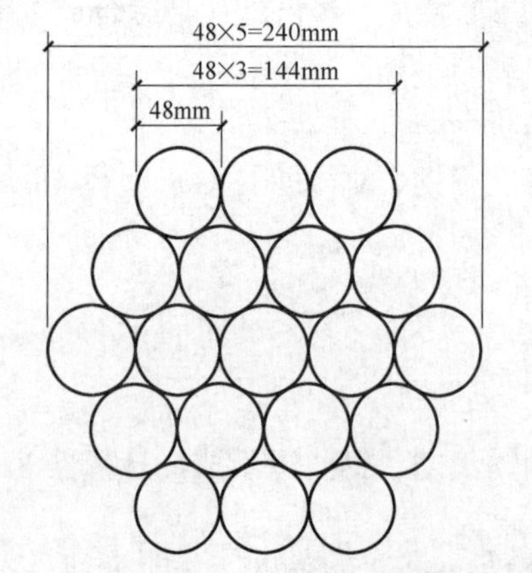

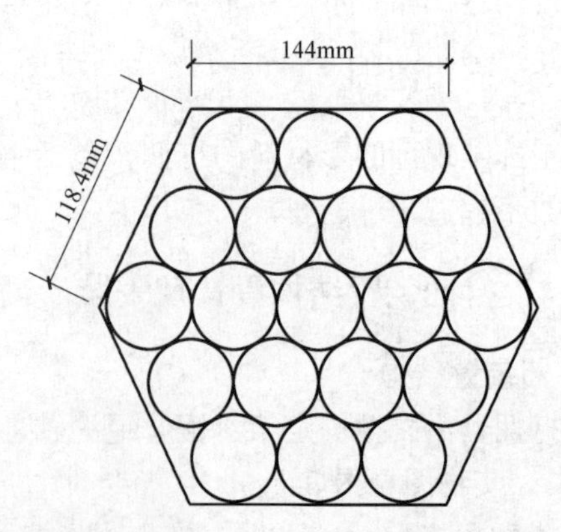

图 8.4-7　成捆钢管形状示意图

本工艺中采用角钢，单根长度 442mm（144＋10＋144×2＝442mm）具体角钢尺寸见图 8.4-8。

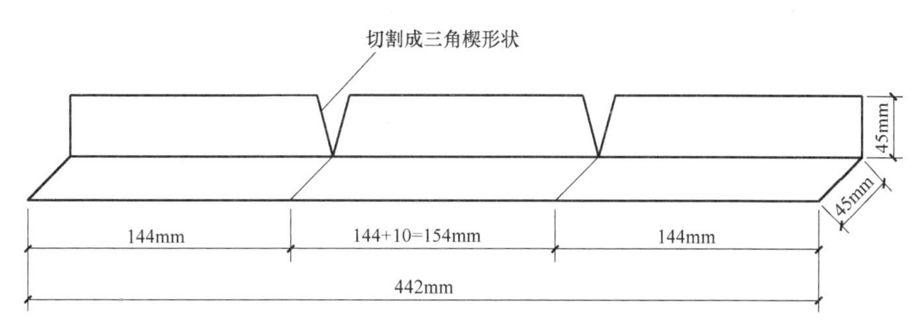

图 8.4-8 打捆固定架角钢尺寸示意图

（2）打捆固定架制作

利用钢材弯折机将角钢从三角楔形弯折 60°，形成打捆架形状，具体见图 8.4-9；再用一块钢板将两个角钢焊接在一起，钢板长度 200mm、宽度 50mm、厚度 4mm；最后，在打捆架底部角钢上焊接一根钢筋，底部钢筋的长度同钢板长度，钢筋直径 ϕ25mm 螺纹钢，此钢筋将作为打捆钢丝绳两端的定位点，具体见图 8.4-10。

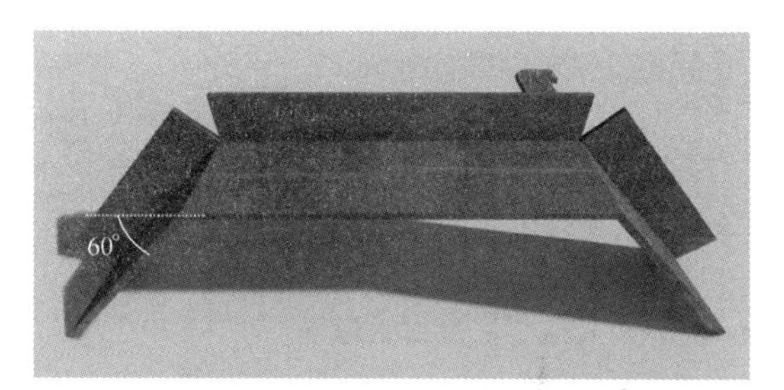

图 8.4-9 角钢弯折后形成打捆架 3D 示意图

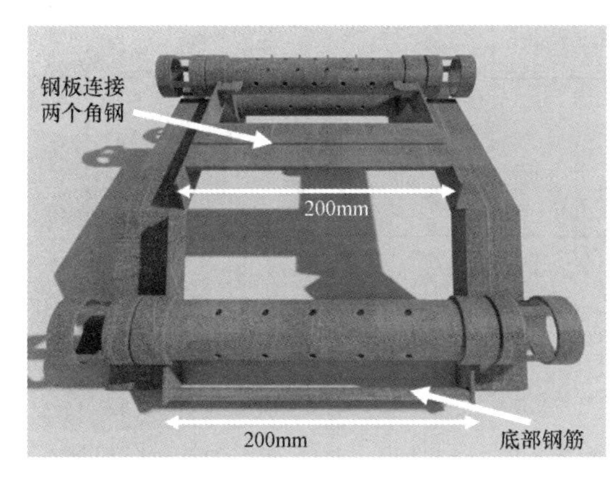

图 8.4-10 钢板连接角钢形成打捆固定架

3. 滚轴

（1）滚轴设计

钢管自动捆装器的滚轴由 1 个钢丝绳滚轴和 2 个钢筋滚轴三组滚轴组成。两种滚轴结构基本相似，由钢管主轴、套筒和钢管卡槽组成。

钢管主轴规格 ϕ48mm×3mm，采用无缝钢管；套筒直径大于钢管主轴的直径，采用 ϕ54mm×3mm 钢管，保证主轴能在套筒中转动；主轴两端的钢管卡槽同样采用 ϕ54mm×3mm 钢管，插入撬棍即可对滚轴施力转动。

（2）钢丝绳滚轴

钢丝绳滚轴的钢管主轴上焊接凸起的短钢筋，短钢筋选用现场零星钢筋切割而成，长度 15mm，具体尺寸及示意见图 8.4-11。钢丝绳滚轴主要功能是固定钢丝绳。钢丝绳与打捆固定架连接，并在滚轴上缠绕将钢管捆定型。

（3）钢筋滚轴

钢筋滚轴的钢管主轴上预留穿 8mm 钢筋的孔洞，孔洞直径 9mm，具体尺寸及示意见图 8.4-12，钢筋滚轴的主要功能是带动钢筋将钢管拉紧、捆实紧密。

（4）滚轴安装步骤

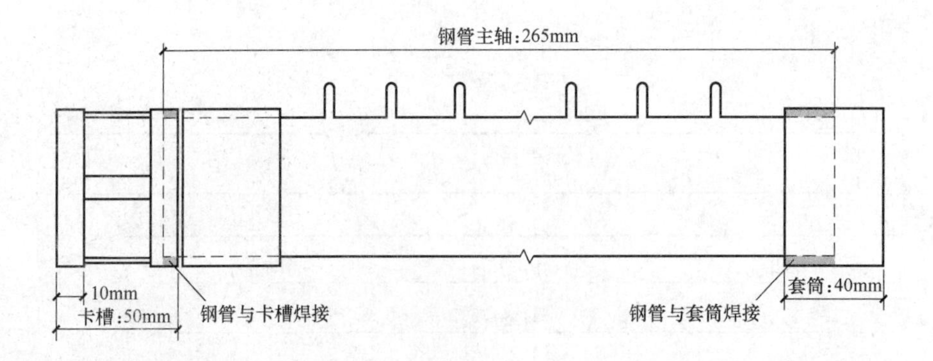

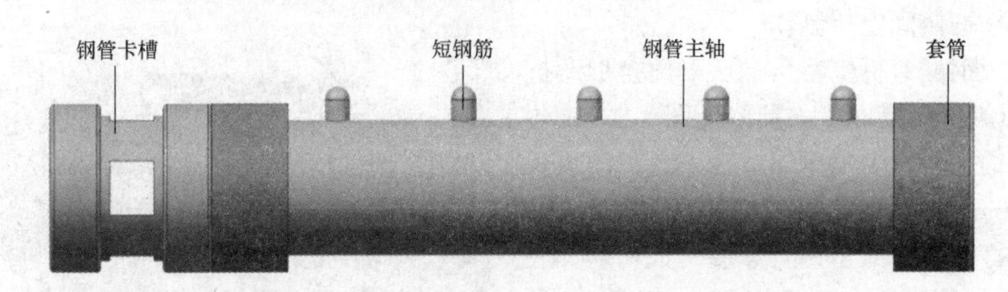

图 8.4-11　钢丝绳滚轴尺寸及示意图

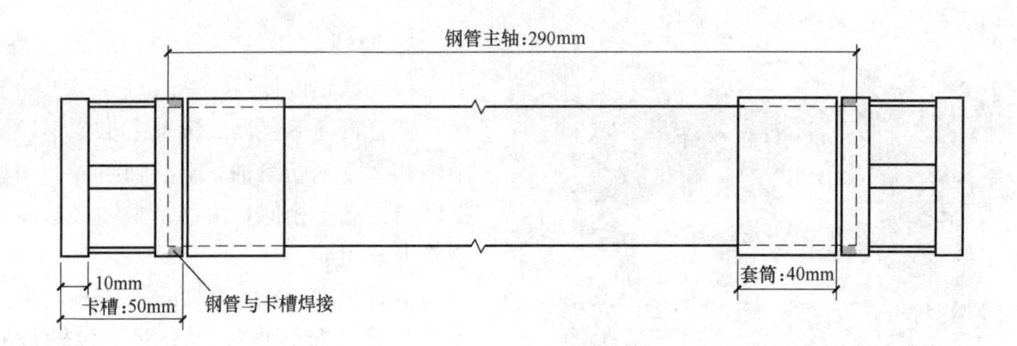

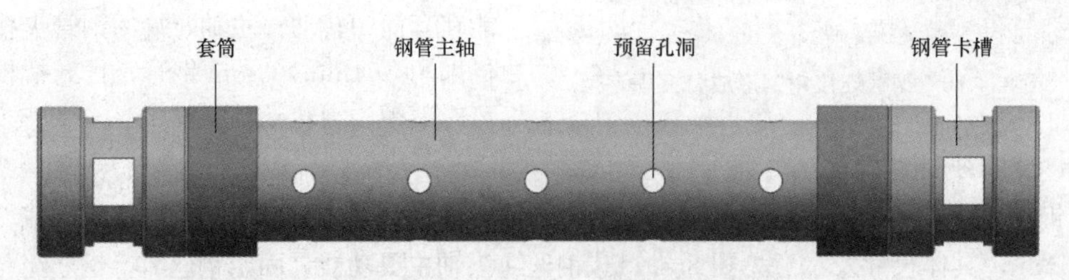

图 8.4-12　钢筋滚轴尺寸及示意图

首先，将钢管主轴套进套筒内；再将卡槽与钢管主轴的两端焊接上，并形成一个可在套筒内转动的整体结构；最后，将套筒与打捆固定架的角钢焊接在一起。具体滚轴安装见图 8.4-13。

图 8.4-13 套筒与角钢焊接及放大示意图

4. 钢丝绳

（1）型号及长度

选用直径 ϕ6mm 钢丝绳，由于钢丝绳需从成捆钢管底部绕到钢丝绳滚轴上方，且保证钢丝绳在定型钢管时能绕钢管主轴两圈及以上，其长度不短于一捆钢管的周长，即 761.6mm，具体见图 8.4-14。

（2）主要功能

钢丝绳的主要作用是用于定型钢管，通过钢丝绳将钢管相互压紧挤实，使钢管在打捆前紧密贴合呈六边形，便于钢筋焊接打捆钢管。

图 8.4-14 钢丝绳缠绕钢管主轴示意图

8.4.5 工艺原理

1. 钢管打捆工艺原理

本工艺实现钢管现场打捆的工艺原理，主要是通过专门设计的打捆固定架，并在打捆架上设置钢丝绳滚轴和钢筋滚轴；打捆钢管时，通过将钢丝绳从底部绕过钢管，并扣在钢丝绳滚轴的短钢筋上，工人利用撬棍手动转动钢丝绳滚轴；此时，打捆钢管的钢丝绳被拉紧，随着钢丝绳拉紧的过程，钢管间的缝隙逐步被压实、钢管靠紧；随后，将钢筋绕打捆的钢管一周，钢筋两头交叉分别插入钢筋滚轴上的预留洞内，再次采用人力用撬棍交替转动两个钢管滚轴，将缠绕在钢管上的钢筋拉紧，并将钢筋重叠部分搭接焊牢；最后，松开拉紧的打捆钢丝绳，现场完成钢管捆装成型。

2. 钢管打捆操作原理图

（1）把钢丝绳两头固定在底部钢筋两端，绕钢管底部至钢丝绳滚轴上，见图 8.4-15。撬棍对钢丝绳滚轴施力，转动滚轴将钢丝绳拉紧，具体见图 8.4-16。

（2）用一根钢筋从钢管底部绕至钢管上部，并将钢筋两头交叉方向，插入至两个钢筋滚轴的孔洞内、固定，具体见图 8.4-17。

（3）利用撬棍对钢筋滚轴施力，将固定在钢筋滚轴上的钢筋逐渐拉紧，将钢筋重叠部分搭接焊牢即完成钢管的打捆，具体见图 8.4-18。

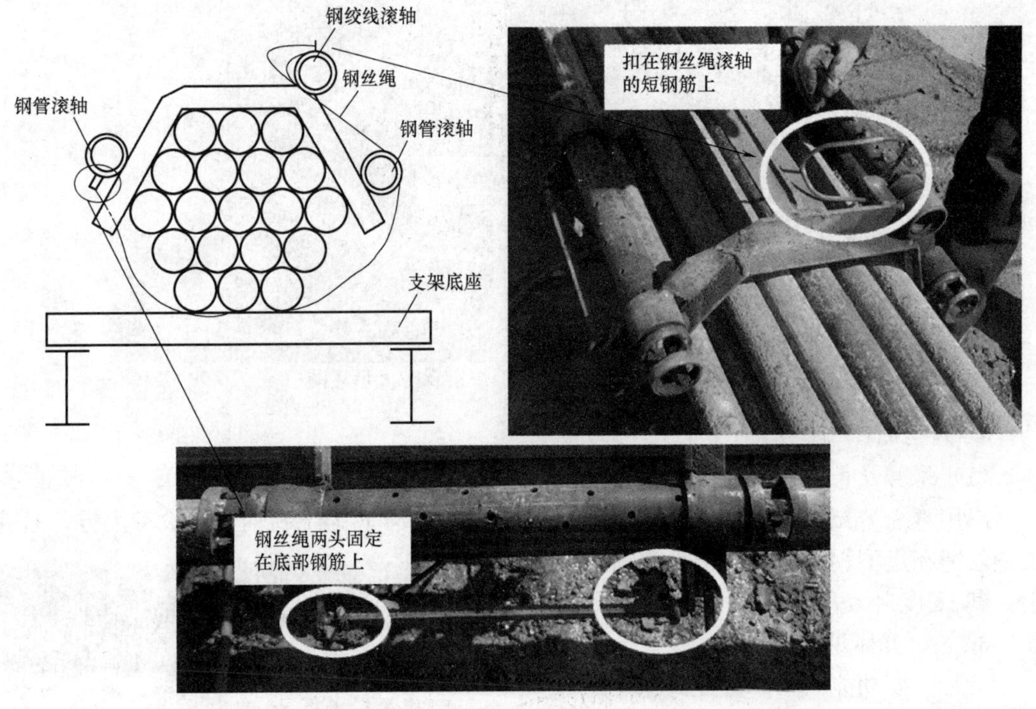

图 8.4-15　钢丝绳由底部绕至滚轴上

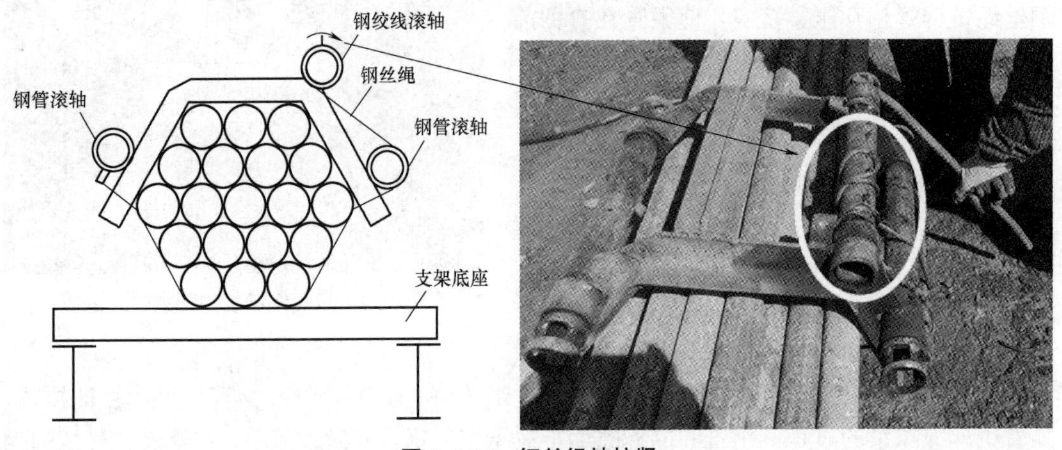

图 8.4-16　钢丝绳被拉紧

8.4.6　施工工艺流程

钢管现场自动捆装施工技术施工流程图见图 8.4-19。

8.4.7　工序操作要点

1. 堆放钢管

（1）将打捆的钢管叠放在平整坚实的场地上，为便于打捆施工的操作，制作钢管支架将零散钢管规整。钢管支架由工字钢、槽钢、钢管等焊接而成，两根 U 形槽钢斜向定型杆使打捆钢管呈正六边形。支架尺寸见图 8.4-20。

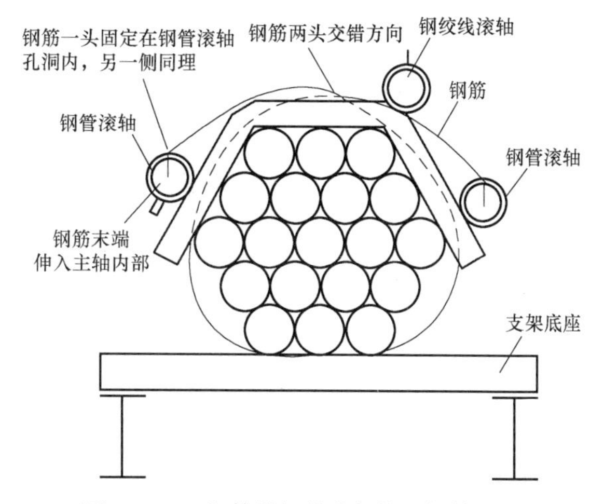

图 8.4-17 钢筋从钢管底部绕至钢管上部

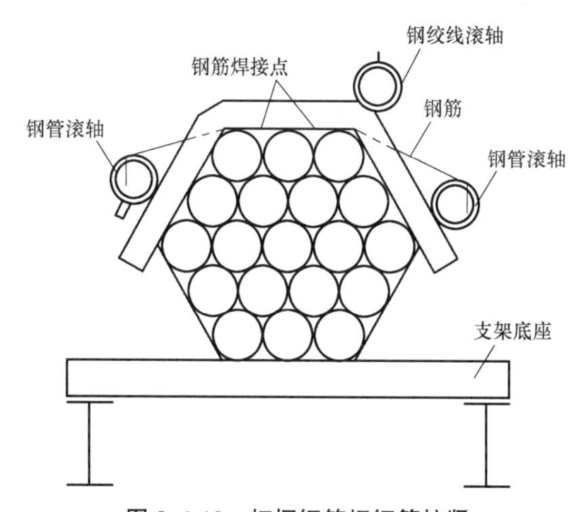

图 8.4-18 打捆钢筋把钢管拉紧

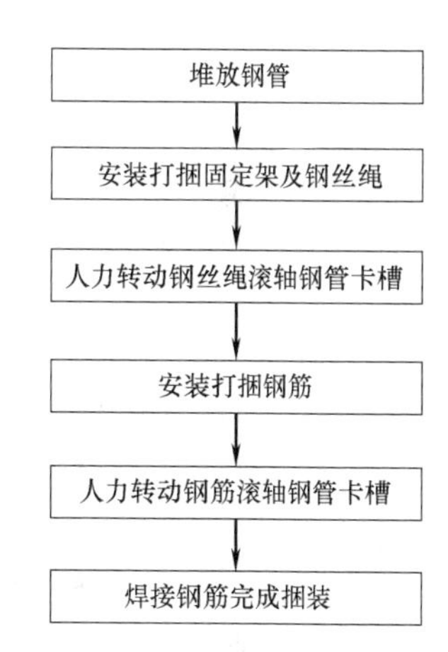

图 8.4-19 钢管现场自动捆装施工技术施工流程图

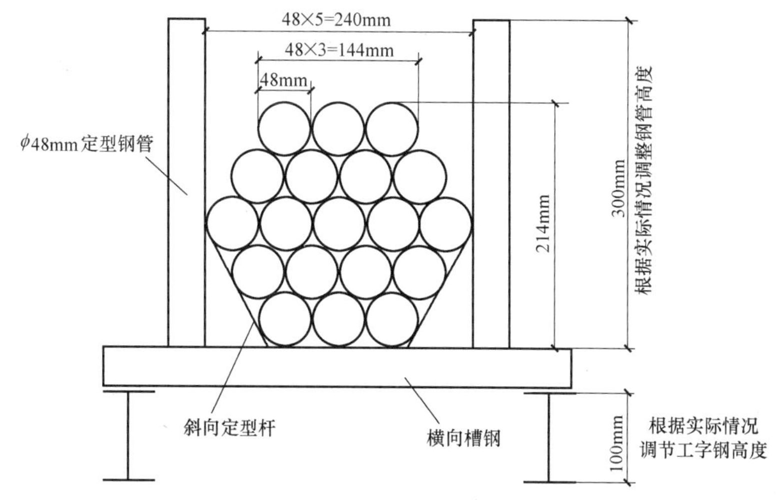

图 8.4-20 钢管支架参考尺寸图

（2）钢管堆放时，一般选择钢管直径、长度基本相同的拼成一捆；支架置于打捆钢管的两端，具体见图8.4-21。

图8.4-21 钢管打捆支架

2. 安装打捆固定架及钢丝绳

（1）将打捆固定架平放在钢管上方，保证钢管与打捆固定架贴合，钢管在无外力情况下不会发生移动。

（2）将钢丝绳的两头固定于底部钢筋两端，可通过钢丝绳夹固定牢靠，具体见图8.4-22；将钢丝绳从底部绕过待打捆钢管，钢丝绳绳头扣在滚轴的焊接短钢筋上。

图8.4-22 钢丝绳通过绳夹固定在底部钢筋

3. 人力转动钢丝绳滚轴钢管卡槽

（1）选择长度合适、方便施力的撬棍，现场可用ϕ25mm、长度约0.8m的螺纹钢。

（2）将撬棍插入钢管卡槽内，垂直于钢管的纵向方向，由上至下施力转动钢丝绳滚轴；由于受滚轴转动行程的影响，工人可对卡槽依次交替施力，钢丝绳在滚轴上被逐渐拉紧；此时，打捆固定架被牢固地卡在钢管上，同时钢管底座斜向定型杆将钢管拖住，钢管间逐渐被压紧，并定型呈六边形，具体见图8.4-23。

4. 安装打捆钢筋

（1）钢筋滚轴的钢筋选用ϕ8mm圆钢，直径过大钢筋弯曲或拉直较难、现场不易操作；打捆钢管的圆钢长度不少于待打捆钢管的两倍周长，即1523mm（761.6×2≈1523mm）。

（2）打捆钢筋先从钢管底部托住待打捆钢管，钢筋两头由打捆固定架的内侧绕至钢管上方交叉，见图 8.4-24；再分别穿入两侧的钢筋滚轴的预留孔洞内，固定在钢管主轴内，见图 8.4-25。

图 8.4-23　撬棍转动钢丝绳滚轴拉紧压实钢管

5. 人力转动钢筋滚轴钢管卡槽

（1）用两根长度合适，方便施力的钢筋作为撬棍，现场可选用 ϕ25mm、长度约 1.2m 的螺纹钢。

（2）两根撬棍分别插入打捆架的两个钢筋滚轴的卡槽内，钢筋垂直于钢管纵向方向，由上至下同时对两根钢管滚轴施力，使得在钢管上方交叉后的钢筋在各自滚轴的带动下，产生两个相反的拉力，钢筋在滚轴上逐渐被拉紧。

图 8.4-24　打捆钢筋交叉穿孔安装

图 8.4-25　打捆钢筋穿入钢筋滚轴预留孔内

图 8.4-26　撬棍交替转动卡槽捆紧压实钢管

（3）在人工转动滚轴时，两根撬棍先预加力，使钢筋贴合钢管；接着将撬棍 2 留在卡槽内，转动撬棍 1，完成转动行程后停住并保持拉力；再将撬棍 1 留在卡槽内，此时转动撬棍 2 至完成转动行程；重复交替上述步骤，直至两端撬棍都不能转动且钢管相互压紧挤实，即表明钢管被捆紧，具体见图 8.4-26。

图 8.4-27　铁锤敲击使钢筋和钢管捆紧

(4) 在撬棍交替施力拉紧过程中，用铁锤轻敲螺纹钢与钢管，消除钢管间空隙，使钢管间贴合密实、捆装紧实，具体见图 8.4-27。

6. 焊接钢筋完成捆装

(1) 在确定钢管压实紧密后，撬棍压紧状态始终维持固定，在打捆钢筋搭接的部位，采用单面焊接将打捆钢筋焊接，完成钢管打捆。

(2) 焊接完成打捆钢筋后，将撬棍松开，移开钢丝绳及打捆器至下一个位置进行打捆。

具体焊接、完成打捆见图 8.4-28、图 8.4-29。

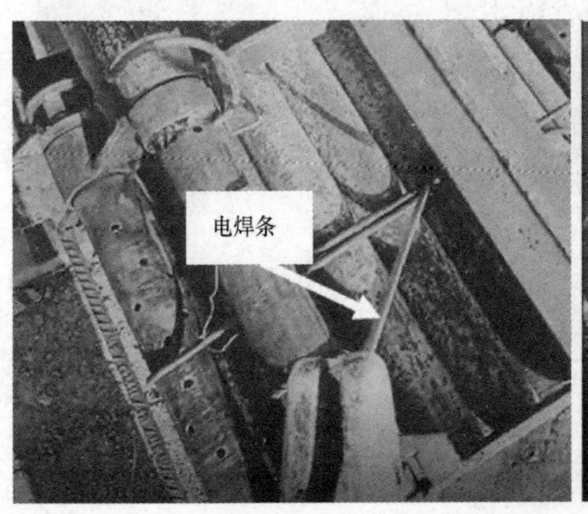

图 8.4-28　打捆钢筋电焊

图 8.4-29　打捆钢筋将钢管捆紧

8.4.8　材料与设备

1. 材料

本工艺所使用的主要材料有角钢、钢板、无缝钢管、钢绞线、钢筋。

2. 设备

本工艺涉及的主要设备有电焊机、钢材切割机、弯曲机，具体见表 8.4-1。

主要机械设备配置表 **表 8.4-1**

机械名称	型号	用途
钢管打捆器	自制	现场打捆钢管
电焊机	ZX7-400T	现场焊接
钢材切割机	LJ40-1	现场切割
钢材弯曲机	GWB40	弯曲角钢两端，形成打捆架形状

8.4.9 质量控制

1. 材料

（1）打捆固定架的角钢规格及尺寸，根据钢管的规格和实际打捆后的钢管尺寸确定；通常打捆后的钢管为六边形，因此弯折后的三段角钢的长度也近似相等。

（2）钢丝绳滚轴的短钢筋尽量焊接在一条直线上，有短钢筋一面朝上焊接在打捆固定架角钢上；钢管滚轴的钢管主轴上孔洞对称预留，避免钢丝绳捆紧钢管时受力不均匀。

（3）为保证钢丝绳能拉紧钢管，成捆钢管能固定成六边形，钢丝绳的长度不得短于打捆钢管一圈的周长。

（4）撬棍选择方便施力的零星螺纹钢即可。

2. 工序操作

（1）打捆前堆放钢管时，选择平整坚实、工人便于进行操作的场地；钢管支架的尺寸根据打捆后钢管的形状而调整，斜向定型杆能与打捆架的外部形状配合将钢管固定成六边形。

（2）安装打捆器时，2 名工人配合完成，1 名工人安放打捆器，1 名工人调整钢管形状，使钢管在不受外力情况下不发生移动。

（3）安装打捆钢筋时，钢筋两端伸入钢管主轴预留孔洞内一定的长度，确保撬棍在转动拉紧钢筋时钢筋不会脱落；由于钢筋的转动路径较长，转动钢筋的撬棍需比钢丝绳的撬棍稍长。

（4）为防止吊装或运输过程中打捆钢管不散落，长度小于 6m 的钢管在头尾两端位置打捆，长度 6～9m 钢管在头尾和中间三个位置打捆，9～12m 钢管除了头尾和中间共设四个位置打捆。

附：《实用岩土工程施工新技术（2022）》自有知识产权情况统计表

章名	节名	类别	名称	编号	备注
第1章 灌注桩施工新技术	1.1 抗拔桩嵌岩段孔壁泥皮旋挖伸缩钻头清刷施工技术	发明专利	对抗拔桩入岩段孔壁进行清刷的方法	202011396126.7	申请受理中
		实用新型专利	抗拔桩旋挖伸缩嵌岩刷壁钻头	202022902394.3	申请受理中
		工法	深圳市建设工程市级工法	SZSJGF056-2021	深圳建筑业协会
		论文	《第十一届深基础工程发展论坛论文集》	ISBN 978-7-112-26219-9	中国建筑工业出版社
	1.2 超厚覆盖层大直径嵌岩桩钻进与清孔双反循环成桩技术	发明专利	超厚覆盖层大直径嵌岩灌注桩钻进与清孔成桩方法	202110831701.X	申请受理中
		发明专利	超厚覆盖层大直径嵌岩灌注桩的泵吸反循环钻进结构	202110831662.3	申请受理中
		发明专利	超厚覆盖层大直径嵌岩灌注桩成桩施工设备	202110831698.1	申请受理中
		实用新型专利	超厚覆盖层大直径嵌岩灌注桩钻进设备	202121680276.0	申请受理中
		实用新型专利	超厚覆盖层大直径嵌岩灌注桩的气举反循环清孔结构	202121679374.2	申请受理中
		实用新型专利	用于砂土层高垂直度钻进的钻头	202121685063.7	申请受理中
		实用新型专利	气举反循环的清渣处理结构	ZL 2018 2 1498073.8 证书号第 9184786 号	国家知识产权局
		实用新型专利	灌注桩二次清孔结构	ZL 2019 2 0707972.2 证书号第 10384090 号	国家知识产权局
		实用新型专利	大直径超深灌注桩气举反循环二次清孔循环泥浆消压装置	ZL 2020 2 1318861.1 证书号第 13016927 号	国家知识产权局
		工法	深圳市建设工程市级工法	SZSJGF011-2021	深圳建筑业协会
		科技成果鉴定	国内先进水平	粤建协鉴字〔2021〕426 号	广东省建筑业协会

续表

章名	节名	类别	名称	编号	备注
第1章 灌注桩施工新技术	1.3 旋挖钻筒三角锥辅助出渣降噪施工技术	实用新型专利	便于钻筒出渣的施工结构	ZL 2018 2 1006438.0 证书号第9528773号	国家知识产权局
		工法	深圳市建设工程市级工法	SZSJGF092-2021	深圳建筑业协会
		科技成果鉴定	国内领先水平	粤建协鉴字〔2021〕422号	广东省建筑业协会
	1.4 长螺旋钻进糊钻粘泥自动清除技术	发明专利	一种长螺旋钻进粘泥自动刮除的方法	202110287963.4	申请受理中
		发明专利	长螺旋钻进粘泥自动刮除装置	202110287957.9	申请受理中
		实用新型专利	长螺旋钻进粘泥自动刮除装置	202120552000.8	申请受理中
第2章 灌注桩二次清孔施工新技术	2.1 超深灌注桩强力涡轮渣浆泵反循环二次清孔技术	发明专利	基于渣浆泵的灌注桩反循环清孔装置	202110387861.X	申请受理中
		实用新型专利	基于渣浆泵的灌注桩反循环清孔装置	202120739074.2	申请受理中
		外观设计专利	免真空泵吸反循环二次清孔强力泵	ZL 2020 3 0576605.1 证书号第6133146号	国家知识产权局
		工法	深圳市建设工程市级工法	SZSJGF019-2021	深圳建筑业协会
		科技成果鉴定	国内先进水平	粤建协鉴字〔2021〕431号	广东省建筑业协会
	2.2 超深桩气举反循环二次清孔循环接头弯管系统及清孔技术	发明专利	大直径超深桩气举反循环二次清孔泥浆循环系统	202110574215.4	申请受理中
		实用新型专利	气举反循环二次清孔结构	202121139061.8	申请受理中
		实用新型专利	用于桩孔清孔的空压机疏风结构	202121138566.2	申请受理中
		实用新型专利	用于连接泥浆管与灌注导管的接头弯管	202121138309.9	申请受理中
第3章 基坑支护施工新技术	3.1 基坑支护锚索渗漏双液封闭注浆堵漏施工技术	发明专利	基坑支护锚索渗漏双液封闭注浆堵漏施工方法	202110679047.5	申请受理中
		发明专利	基坑支护锚索渗漏双液封闭注浆堵漏施工结构	202110677565.3	申请受理中
		实用新型专利	基坑支护锚索渗漏双液封闭注浆布置结构	202121367536.9	申请受理中
	3.2 基坑支撑梁混凝土垫层与沥青组合脱模施工技术	发明专利	基坑支撑梁混凝土垫层与沥青组合脱模施工方法	202110834346.1	申请受理中
		发明专利	便于脱膜的基坑支撑梁施工结构	202110828768.8	申请受理中
		实用新型专利	便于脱膜的支撑梁施工结构	202121670419.X	申请受理中
		工法	深圳市建设工程市级工法	SZSJGF047-2021	深圳建筑业协会

续表

章名	节名	类别	名称	编号	备注
第3章 基坑支护施工新技术	3.3 大面积深基坑三级梯次联合支护施工技术	实用新型专利	一种采用三级梯次联合体系的基坑支护结构	ZL 2018 2 1106264.5 证书号8520679号	国家知识产权局
		实用新型专利	多级支护桩体系的围檩与支护桩的连接结构	202121670161.3	申请受理中
		工法	深圳市建设工程市级工法	SZSJGF016-2021	深圳建筑业协会
		科技成果鉴定	国内先进水平	粤建协鉴字〔2021〕425号	广东省建筑业协会
第4章 逆作法结构柱定位新技术	4.1 基坑逆作法钢管结构柱与工具柱同心同轴对接技术	发明专利	基坑逆作法钢管柱与工具柱同心同轴对接施工方法	202110269835.7	申请受理中
		发明专利	钢管柱与工具柱同心同轴对接平台结构	202110272115.6	申请受理中
		实用新型专利	钢管柱与工具柱同心同轴对接平台结构	202120528930.X	申请受理中
		工法	深圳市建设工程市级工法	SZSJGF045-2021	深圳建筑业协会
	4.2 逆作法大直径钢管结构柱“三线一角”综合定位施工技术	发明专利	逆作法大直径钢管结构柱全套管全回转施工方法	202110765628.0	申请受理中
		发明专利	逆作法大直径钢管结构柱全套管全回转施工装置	202110765626.1	申请受理中
		实用新型专利	全回转钻机中心线定位安装结构	202121533437.3	申请受理中
		实用新型专利	钢管柱安插垂直度监测结构	202121532813.7	申请受理中
		实用新型专利	安插后的钢管柱的方位角判断调节结构	202121533039.1	申请受理中
		实用新型专利	安插后的结构柱的水平线检测结构	202121533420.8	申请受理中
		工法	深圳市建设工程市级工法	SZSJGF068-2021	深圳建筑业协会
		科技成果鉴定	国内先进水平	粤建协鉴字〔2021〕428号	广东省建筑业协会
	4.3 基坑逆作法钢管结构柱装配式平台灌注混凝土施工技术	发明专利	基坑逆作法钢管结构柱灌注混凝土装配式平台施工方法	202110731770.3	申请受理中
		实用新型专利	基坑逆作法钢管结构柱灌注混凝土装配式平台	202121466915.3	申请受理中
		实用新型专利	装配式平台与工具柱的连接结构	202121463628.7	申请受理中
第5章 潜孔锤钻进施工新技术	5.1 松散填石边坡锚索偏心潜孔锤全套管跟管成锚综合施工技术	发明专利	潜孔锤跟管钻头	ZL 2014 1 0949858.5 证书号第2585271号	国家知识产权局
		发明专利	松散填石边坡锚索偏心潜孔锤全套管跟管成锚施工方法	202110699599.2	申请受理中
		发明专利	松散填石边坡锚索偏心潜孔锤全套管跟管成锚施工设备	202110701322.9	申请受理中

续表

章名	节名	类别	名称	编号	备注
第5章 潜孔锤钻进施工新技术	5.1 松散填石边坡锚索偏心潜孔锤全套管跟管成锚综合施工技术	实用新型专利	松散填石边坡锚索偏心潜孔锤全套管跟管钻进设备	202121418046.7	申请受理中
		实用新型专利	边坡偏心潜孔锤全套管跟管施工的全套管拔出设备	202121417995.3	申请受理中
		实用新型专利	潜孔锤全护筒跟管钻进的管靴结构	ZL 2014 2 0436322.6 证书号第4098251号	国家知识产权局
		实用新型专利	潜孔锤跟管钻头	ZL 2014 2 0870957.7 证书号4397426号	国家知识产权局
		实用新型专利	用于硬岩钻进的潜孔锤装置	ZL 2019 2 1466005.8 证书号第10719680号	国家知识产权局
		工法	深圳市建设工程市级工法	SZSJGF082-2021	深圳建筑业协会
		科技成果鉴定	国内领先水平	粤地学评字[2021]第7号	广东省地质学会
	5.2 地下连续墙硬岩套管管靴超前环钻与潜孔锤跟管双动力钻凿技术	发明专利	潜孔锤跟管钻头	ZL 2014 1 0849858.5 证书号第2585271号	国家知识产权局
		发明专利	全套管管靴与潜孔锤跟管双动力破岩施工方法	202110793092.3	申请受理中
		发明专利	全套管与潜孔锤跟管双动力破岩施工结构	202110793255.8	申请受理中
		实用新型专利	全套管与潜孔锤跟管双动力破岩施工结构	202121603888.X	申请受理中
		实用新型专利	用于与潜孔锤配合的钻进结构	202121603876.7	申请受理中
		实用新型专利	全套管与潜孔锤跟管钻进的集渣装置	202121593096.9	申请受理中
		实用新型专利	引孔设备	ZL 2013 2 0622206.9 证书号第3564574号	国家知识产权局
		实用新型专利	潜孔锤全护筒的灌注桩孔施工设备	ZL 2013 2 0365744.4 证书号第3428303号	国家知识产权局
		实用新型专利	潜孔锤全护筒跟管钻进的管靴结构	ZL 2014 2 0436322.6 证书号第4098251号	国家知识产权局
		实用新型专利	用于硬岩钻进的潜孔锤装置	ZL 2019 2 1466005.8 证书号第10719680号	国家知识产权局

续表

章名	节名	类别	名称	编号	备注
第5章 潜孔锤钻进施工新技术	5.2 地下连续墙硬岩套管管靴超前环钻与潜孔锤跟管双动力钻凿技术	实用新型专利	一种高效潜孔锤钻头	ZL 2019 2 1829518.0 证书号第10989926号	国家知识产权局
		实用新型专利	伸缩式钻进防护罩结构	ZL 2019 2 1987379.4 证书号第11200000号	国家知识产权局
		实用新型专利	一种大直径潜孔锤钻进降尘系统	ZL 2020 2 0293409.8 证书号第12356614号	国家知识产权局
		工法	深圳市建设工程市级工法	SZSJGF025-2021	深圳建筑业协会
		科技成果鉴定	国内领先水平	粤建协鉴字〔2021〕423号	广东省建筑业协会
第6章 桩基检测施工新技术	6.1 预应力管桩免焊反力钢盘抗拔静载试验技术	发明专利	预应力管桩免焊抗拔静载试验方法	202110791022.4	申请受理中
		发明专利	预应力管桩免焊抗拔静载试验装置	202110792173.1	申请受理中
		发明专利	反力钢盘与预应力管桩的填芯钢筋的连接固定结构	202110791021.X	申请受理中
		实用新型专利	预应力管桩免焊反力传导结构	202121591139.X	申请受理中
		实用新型专利	反力主筋与反力钢盘的连接结构	202121594886.9	申请受理中
		科技成果鉴定	国内领先水平	粤建协鉴字〔2021〕424号	广东省建筑业协会
	6.2 基坑逆作法灌注桩深空孔多根声测管笼架吊装定位技术	发明专利	基坑逆作法灌注桩声测管吊装定位施工方法	202110731742.1	申请受理中
		发明专利	基坑逆作法灌注桩声测管吊装定位施工结构	202110731738.5	申请受理中
		实用新型专利	基坑逆作法灌注桩接长声测管吊装结构	202121466909.8	申请受理中
		实用新型专利	基坑逆作法灌注桩多个接长声测管同步起吊结构	202121466908.3	申请受理中
		科技成果鉴定	国内先进水平	粤建协鉴字〔2021〕433号	广东省建筑业协会
第7章 灌注桩孔内事故处理技术	7.1 灌注桩回转钻进孔内掉钻磁卡式打捞施工技术	发明专利	大直径灌注桩回转钻进掉钻磁卡式打捞方法	202011589808.X	申请受理中
		实用新型专利	磁卡式打捞器	202023275217.3	申请受理中
		工法	深圳市建设工程市级工法	SZSJGF137-2020	深圳建筑业协会
		科技成果鉴定	国内领先水平	粤建协鉴字〔2021〕432号	广东省建筑业协会
	7.2 灌注桩导管堵管振动起拔处理技术	发明专利	解除灌注导管堵管的施工方法	202110321964.6	申请受理中
		发明专利	用于解除灌注导管堵管的振动装置	202110322639.1	申请受理中
		实用新型专利	用于解除灌注导管堵管的振动装置	202120614348.5	申请受理中
		实用新型专利	用于连接灌注导管与振动锤的连接头	202120616895.7	申请受理中

续表

章名	节名	类别	名称	编号	备注
第8章 绿色施工新技术	8.1 洗车池污泥废水一站式绿色循环利用施工技术	发明专利	洗车池污泥废水全过程收集压滤处理绿色施工方法	202110677577.6	申请受理中
		发明专利	洗车池污泥废水全过程收集压滤处理绿色施工结构	202110679035.2	申请受理中
		实用新型专利	洗车池污泥废水压滤处理装置	202121358979.1	申请受理中
		工法	深圳市建设工程市级工法	SZSJGF088-2021	深圳建筑业协会
	8.2 基坑土洗滤压榨残留泥渣模块化自动固化台模振压制砖技术	发明专利	基于基坑土洗滤压榨残留泥渣的自动固化制砖施工方法	202110624557.2	申请受理中
		发明专利	基于基坑土洗滤压榨残留泥渣的自动固化制砖生产线设备	202110624353.9	申请受理中
		发明专利	基于基坑土混合料的台模振压制砖设备	202110624562.3	申请受理中
		实用新型专利	基于基坑土洗滤压榨残留泥渣的台模振压制砖设备	202121250725.8	申请受理中
		实用新型专利	基于基坑土混合料的自动固化制砖设备	202121244348.7	申请受理中
		工法	深圳市建设工程市级工法	SZSJGF046-2021	深圳建筑业协会
		科技成果鉴定	省内领先水平	粤建协鉴字〔2021〕427号	广东省建筑业协会
	8.3 施工现场零散工字钢自动成捆技术	发明专利	工字钢现场自动打捆方法	202110316356.6	申请受理中
		发明专利	工字钢现场自动打捆器	202110316352.8	申请受理中
		实用新型专利	工字钢现场自动打捆器	202120603039.8	申请受理中
	8.4 施工现场零散钢管自动成捆技术	发明专利	钢管自动捆装方法	202110470256.9	申请受理中
		发明专利	钢管自动捆装器	202110470258.8	申请受理中
		实用新型专利	钢管捆装结构	202120908049.2	申请受理中
		实用新型专利	辅助捆装钢管的固定架	202120921608.3	申请受理中